21 世纪高职高专规划教材

Internet 应用技术

彭德林　李继武　主　编

金忠伟　李德有　迟国栋　副主编

中国水利水电出版社

内 容 提 要

"Internet应用技术"是计算机专业或计算机网络专业的一门专业技能课。注重"任务驱动式"教学模式，每小节均有若干任务提出，然后围绕所提出的任务组织教材内容，适应高职高专人才教育特点，注重应用型能力的培养。

首先简要介绍计算机网络基础知识；然后系统地讲解了Internet基本概念、Internet基本技术、Internet主要应用、几种主要服务器（Email、Web）的建立、html基础知识、主页制作等；最后介绍了远程登录（Telnet）、电子公告板（BBS）、网络新闻组（USENET）、IP电话等常用的Internet应用技能。

本书内容通俗易懂，技能性强，符合高职高专教学特点；原理说明简要透彻，应用技能丰富前沿，适合高职高专教学使用，也可用于高等教育自学教材和各类网络技能培训教材。

本书提供电子教案，读者可以从中国水利水电出版社网站免费下载，网址为www.waterpub.com.cn /softdown/。

图书在版编目（CIP）数据

Internet应用技术 / 彭德林，李继武主编.—北京：中国水利水电出版社，2006（2007重印）

21世纪高职高专规划教材

ISBN 978-7-5084-3948-8

I. I… Ⅱ.①彭…②李… Ⅲ.因特网－高等学校：技术学校－教材 Ⅳ.TP393.4

中国版本图书馆CIP数据核字（2006）第082977号

书 名	21世纪高职高专规划教材 Internet应用技术
作 者	彭德林 李继武 主 编 金忠伟 李德有 迟国栋 副主编
出版发行	中国水利水电出版社 （北京市海淀区玉渊潭南路1号D座 100038） 网址：www.waterpub.com.cn E-mail：mchannel@263.net（万水） sales@waterpub.com.cn 电话：（010）68367658（营销中心）、82562819（万水）
经 售	全国各地新华书店和相关出版物销售网点
排 版	北京万水电子信息有限公司
印 刷	北京市天竺颖华印刷厂
规 格	184mm×260mm 16开本 15.25印张 368千字
版 次	2006年8月第1版 2010年7月第4次印刷
印 数	13001—16000册
定 价	23.00元

凡购买我社图书，如有缺页、倒页、脱页的，本社营销中心负责调换

前　言

高等职业教育作为高等教育和职业教育的重要组成部分，已经蓬勃发展起来了。高职教育的目标是培养技能型、应用型人才，强调学生的基本实践能力与操作技能、专业技术应用能力与专业技能、综合实践能力与综合技能的培养。本书紧紧围绕高等职业教育的基本特征，突出高等职业教育的特色，按照高等技术应用型人才的培养目标，在保证科学性的前提下，突出适应性、实用性和针对性，能够充分引导学生积极思考和实践，让学生主动参与，勤于动手，使理论与实践能够更好地结合，重在培养学生分析问题和解决实际问题的能力。把提高学生的实践动手能力和培养学生的综合素质和创新能力放在首位。

Internet 是全球范围的信息资源宝库，随着信息高速公路的建设和网络高速化、综合化、个人化的发展，Internet 越来越普及，已经成为人们生活、学习中不可缺少的工具。《Internet 应用技术》作为计算机应用及相关专业的一门专业技能课，现已被广大业内人士所认同。

本书首先简要介绍计算机网络基础知识；然后系统地讲解了 Internet 基本概念、Internet 基本技术、Internet 主要应用、几种主要服务器（Email、Web）的建立、html 基础知识、主页制作等；最后介绍了远程登录（Telnet）、电子公告板（BBS）、网络新闻组（USENET）、IP 电话等常用的 Internet 应用技能。本书内容全面，理论知识浅显易懂，实践内容新颖适用。以“任务驱动式”教学模式组织教材内容，每小节均有若干任务提出，然后围绕所提出的任务解决问题，并在适当章节处配有实训，层层深入、环环相扣，在教材结尾配有综合实训。这样比较适应高职高专人才教育特点，注重应用能力的培养。

通过本教材的学习，可以掌握有关 Internet 的基础知识和基本应用，本书既适合高职高专教学使用，也可用于高等教育自学教材和各类网络技能培训教材。

本书由彭德林、李继武任主编，金忠伟、李德有、迟国栋任副主编。全书由彭德林和李继武统稿，金忠伟和李德有审稿。

第 1 章由彭德林和李继武编写，第 2 章由刘妍和李继武编写，第 3 章由金忠伟编写，第 4 章由曹立志编写，第 5 章由张延松编写，第 6 章由张宇编写，第 7 章由迟国栋编写，第 8 章由李德有和李继连编写。

本书在钱英军、宋志秋、付伟等专家的大力帮助下完成，出版社有关领导和编辑给予了大力支持和帮助，在此一并表示感谢。

由于编者水平有限，书中难免出现缺点和错误，敬请广大读者和同仁给予批评指正。

编者

2006 年 5 月

目　录

第 1 章　Internet 概述

本章的主要任务是初识 Internet 的基本概念和基础理论，掌握 Internet 的基本服务及特点。

本章学习目标：

- Internet 的基本概念
- Internet 的发展及现状
- Internet 的基本应用

1.1　Internet 的基本概念

1.1.1　初识计算机网络

1. 计算机网络的概念

计算机网络是现代计算机技术与通信技术密切结合的产物，是随着社会对信息共享和信息传递的日益增强的需求而发展起来的。在计算机网络发展的不同阶段中，人们对计算机网络提出过不同的定义。从目前计算机网络的特点看，资源共享观点的定义更为科学。所谓计算机网络就是利用传输介质和网络设备，将分布在不同地理位置的功能独立的多台计算机及设备连接在一起，再配以功能完善的网络软件，实现通信和资源共享。即以资源共享的方式相互连接的若干台自主计算机的集合。计算机网络示意图如图 1.1 所示。

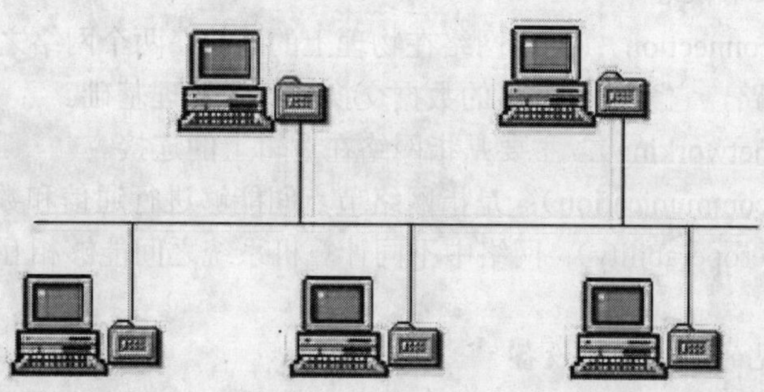

图 1.1　计算机网络示意图

2. 计算机网络的基本特征

首先，计算机网络建立的主要目的是实现计算机资源的共享。计算机的资源主要是指计算机的硬件、软件和数据。计算机网络用户可以使用本地计算机资源，也可以通过网络访问远程计算机资源，还可以调用网络中若干台不同的计算机共同完成复杂的任务。

其次，互连的计算机是分布在不同地理位置的多台独立的“自治计算机”，这些计算机之间可能没有明确的主从关系，可以联网工作，也可以脱网工作。网中计算机可以为本地用户提供服务，也可以为远程网络用户提供服务。

第三，联网计算机之间的通信必须遵循共同的网络协议。

3. 计算机网络的分类

目前，应用于计算机网络的分类方法可以是多样的。例如，按网络的覆盖范围分类、按数据传输类型分类、按信道访问技术分类、按拓扑结构分类等。其中比较流行的分类方法是根据网络覆盖的地理范围分类。按覆盖的地理范围将网络分为以下三类：

（1）局域网（LAN）。局域网（LAN，Local Area Network）的分布范围一般在几公里以内，最大距离不超过 10 公里。该类网络配置容易，计算机相对集中，传输速率高达到 10Mbps～10Gbps，是在小型机、微型机大量推广后发展起来的，一般位于一个建筑物或一个单位内。

（2）广域网（WAN）。广域网（WAN，Wide Area Network）也称为远程网。它覆盖的地理范围是从几十公里到几千公里。广域网覆盖一个国家、地区或横跨几个洲，形成国际性的远程网络。广域网的通信子网可以利用公用分组交换网、卫星通信网和无线分组交换网。这种网络将分布在不同地区的局域网或计算机系统互连起来，达到资源共享的目的。

（3）城域网（MAN）。城域网（MAN，Metropolitan Area Network）是介于广域网和局域网之间的一种高速网络。即在一个城市范围内操作的网络，或在物理上使用城市基础电信设施（如地下电缆系统）的网络，称为城域网。城域网建设的目标是要满足几十公里以内的大量企业、机关、公司的多个局域网互连的要求，以实现大量用户之间的数据传输。地理分布范围是 10 公里至 100 公里，通常使用与 LAN 相似的技术，传输介质以光纤为主，数据传输速率一般在 100Mbps 以上。

1.1.2 了解网络互连

网络互连技术日益被人们所重视，说明了社会对网络技术的需求在不断地增长，同时网络技术正在飞速发展，目前网络互联技术正在发生着根本性的变化。

1. 网络互连的几个概念

- 互连（Interconnection）：是指网络在物理上的连接，两个网络之间至少有一条在物理上连接的线路，它为两个网络的数据交换提供了物理基础。
- 互联（Internetworking）：主要是指网络在逻辑上的连接。
- 互通（Intercommunication）：是指网络节点间能够进行通信和数据交换。
- 互操作（Interoperability）：网络中不同计算机系统之间能够相互访问或共享对方的软硬件资源。

2. 认识几种常见的网络互连设备

（1）中继器。中继器又叫转发器，是两个网络在物理层上的连接，用于连接具有相同物理层协议的局域网，是局域网互连的最简单的设备。如图 1.2 所示。

（2）网桥。当局域网上的用户增多，工作站数量增加时，局域网上的信息量也将随之增加，这样就可能会引起局域网性能的下降，这是所有局域网共同存在的一个问题。在这种情况下，必须将网络进行分段，以减少每段网络上的用户量和信息量。将网络进行分段的设备就是网桥。

网桥的第二个应用场合就是用于互联两个相互独立而又有联系的局域网。比如可以将分布在不同教室的两个局域网使用网桥互连。

网桥是在数据链路层上连接两个网络，即网络的数据链路层不同而网络层相同时要用网桥连接。因此网桥被广泛地用于局域网的互连，网桥设备的形状如图 1.3 所示。

图 1.2　中继器

图 1.3　网桥

（3）集线器（HUB）。集线器（HUB）是对网络进行集中管理的最小单元，像树的主干一样，它是各分枝的汇集点。HUB 是一个共享设备，其实质是一个多端口中继器，只是一个信号放大和中转的设备，所以它不具备自动寻址能力，即不具备交换作用。如图 1.4 所示是集线器的实例图。

图 1.4　集线器

（4）路由器（Router）。路由器是用来实现路由选择功能的一种媒介系统设备。路由器工作在网络层，用于不同网络之间的连接。图 1.5 所示为一款 3COM 路由器。

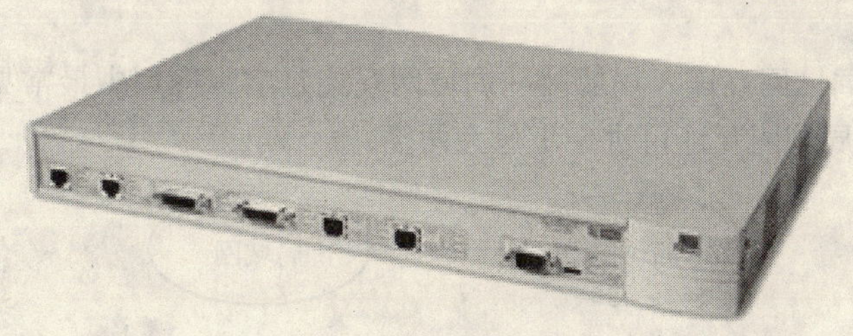

图 1.5　一款 3COM 路由器

路径的选择是路由器的主要任务，路径选择包括两种基本的活动：一是最佳路径的判定；二是网间信息包的传送，信息包的传送一般又称为“交换”。

相关知识链接

路由器与网桥的差别：路由器在网络层上提供连接服务，用路由器连接的网络可以使用在数据链路层和物理层完全不同的协议。由于路由器工作的 OSI 层次比网桥高，所以，路由器提供的服务更为完善。路由器可根据传输费用、时延、网络拥塞或信源和信宿间的距离来选择最佳路径。路由器的服务通常要由端用户设备明确地请求，它处理的仅仅是由其他端用户设备要求寻址的报文。

路由器与网桥的另一个重要的不同是，路由器知道整个网络、维持互连网络的拓扑结构、了解网络的状态，所以可使用最有效的路径发送数据包。

（5）网关（Gateway）。网关是将两个使用不同协议的网络连接在一起的设备。它的作用就是对两个网络中使用不同传输协议的数据进行互相的翻译转换，即实现协议转换功能。网关工作在互连网络中 OSI/RM 的网络层（不包括网络层）以上。典型网关的形状如图 1.6 所示。

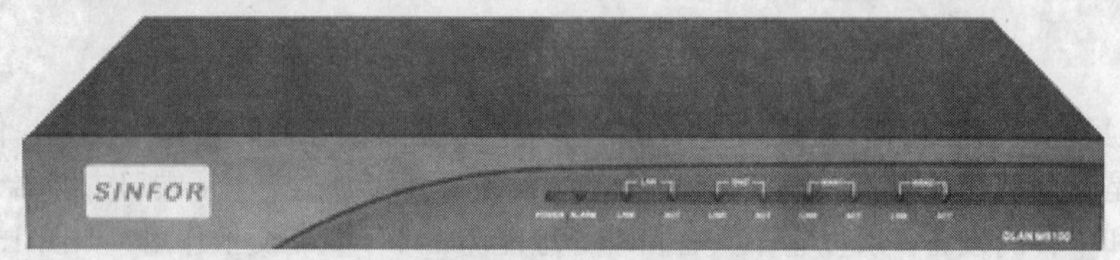

图 1.6 UTM 安全网关

相关知识链接

由于网关是实现互连、互通和应用互操作的设施。通常又多是用来连接专用系统，所以市场上从未有过出售网关的广告或公司。因此，在这种意义上，网关是一种概念，或是一种功能的抽象。网关的范围很宽，在 TCP/IP 网络中，网关有时所指的就是路由器，而在 MHS 系统中，为实现 CCITT X.400 和 SMTP 简单邮件传输协议间的互操作，也有网关的概念。SMTP 是 TCP/IP 环境中使用的电子邮件协议，其标准为 RFC 822，而符合国际标准的 CCITT X.400 发展较晚，但受到以欧州为先锋的世界范围的支持。为将两种系统互连，TCP/IP 标准制定团体专门定义了 X.400 和 RFC 822 之间的变换标准 RFC987（适用于 1984 年 X.400），以及 RFC1148（适用于 1988 年 X.400）。实现上述变换标准的设备也称为网关。

3. 网络互连的类型

计算机网络从类型上可分为广域网、城域网和局域网三类，所以网络互连的类型主要有以下几类：局域网—局域网、局域网—广域网、局域网—广域网—局域网和广域网—广域网的互连。

（1）局域网—局域网互连。局域网—局域网互连是实际应用中最常见的互连类型之一，结构如图 1.7 所示，局域网互连可进一步分为两类。

图 1.7 局域网-局域网互连

- 同种局域网的互连：符合相同协议的局域网互连叫作同种局域网的互连。例如两个以太网的互连，或是两个令牌环网的互连，都属于同种局域网的互连。这类互连一般用网桥就可以将不同地理位置的多个局域网互连起来。
- 异型局域网的互连：两种不同协议的局域网互连属于异型局域网的互连。例如，一个以太网和一个令牌环网的互连，异型局域网也可以使用网桥互连起来。

（2）局域网—广域网互连。局域网与广域网的互连也是比较常见的互连方式，结构如图 1.8 所示，路由器或网关是实现局域网—广域网互连的主要设备。

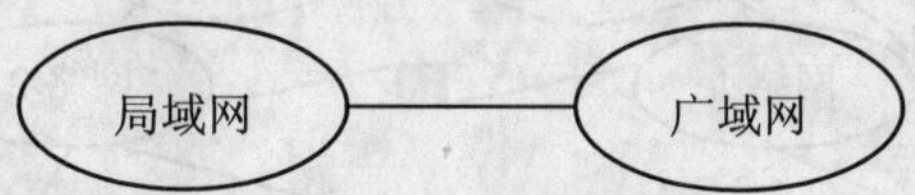

图 1.8 局域网-广域网互连

（3）局域网—广域网—局域网互连。几个分布在不同地理位置的局域网通过广域网实现互连，也是常见的互连类型之一，结构如图 1.9 所示，局域网主要是通过路由器或网关连到广域网上。

图 1.9 局域网-广域网-局域网互连

（4）广域网—广域网互连。广域网与广域网互连也是当前常见的互连方式，结构如图 1.10 所示，广域网—广域网通过路由器或网关互连，能够使分别连入各个广域网的主机实现资源共享。

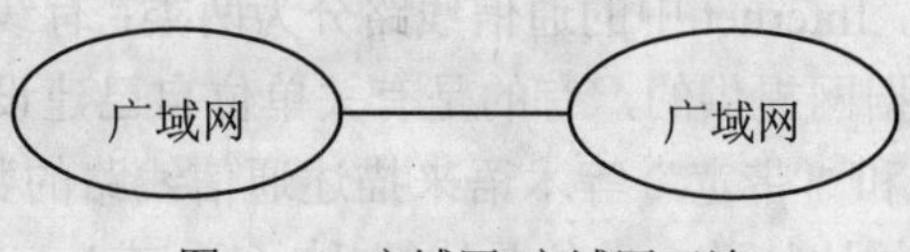

图 1.10 广域网-广域网互连

1.1.3 掌握 Internet 及其组成

1. 什么是 Internet

在我国，Internet 称为“因特网”，也称“国际互联网”，是全球性的、由成千上万个网络互联起来的规模空前的超级计算机网络，同时也是世界范围的信息资源宝库。

网络设计者认为，Internet 是计算机互联网络的一个实例，由分布在世界各地的大量的、各种规模的计算机网络使用网络互联设备（路由器）相互连接形成的全球性的计算机互联网。Internet 的逻辑结构如图 1.11 所示。

目前认为，Internet 是指以美国高级网络和服务公司 ANS（Advanced Network and Services）所建设的 ANSNET 为主干网的全球最大的计算机互联网，它们共同遵循 TCP/IP 协议。

从 Internet 使用者的角度考虑，Internet 是一个信息资源网。Internet 是由大量主机通过连接在单一、无缝的通信系统上而形成的一个全球范围的信息资源网，接入 Internet 的主机既可以是信息资源及服务的提供者，也可以是信息资源及服务的使用者。Internet 的使用者不用关心 Internet 的内部结构，他们所面对的只是接入 Internet 的大量主机以及它们所提供的信息资源和服务。

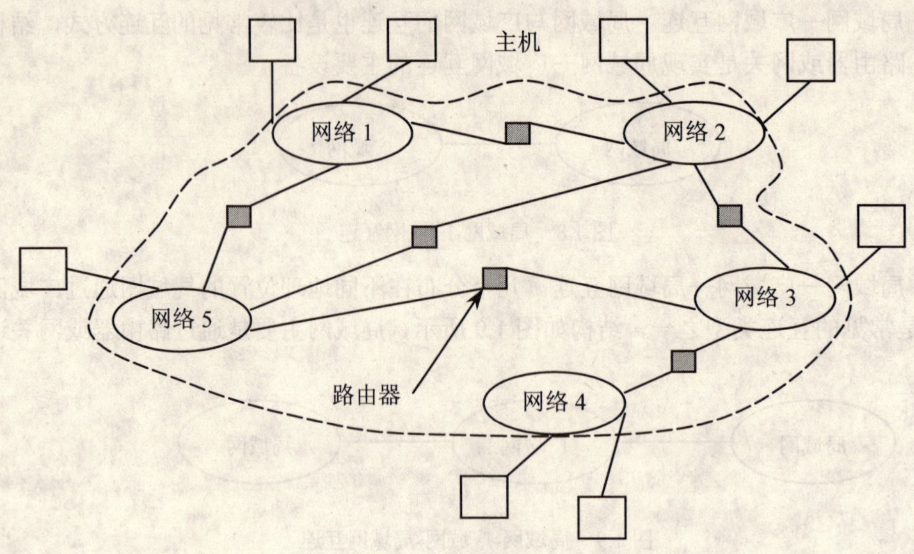

图 1.11 Internet 的逻辑结构

2. Internet 的主要组成部分

（1）通信线路。通信线路是 Internet 的基础设施，各种各样的通信线路负责将 Internet 中的路由器与主机等连接起来，Internet 中的通信线路分为两类：有线通信线路和无线通信信道。这些通信线路有的是公用数据网提供的，有的是有关单位自己建设的。

可以使用“传输速率”和“带宽”等术语来描述通信线路的数据传输能力。所谓的传输速率是指每秒种传输二进制的比特数，单位是比特/秒（b/s 或 bps），常用以下表示方法：

$1kbps=10^3bps$

$1Mbps=10^6bps$

$1Gbps=10^9bps$

另一种更为形象的术语是“带宽”，带宽越宽，传输速率也就越高，传输速度也就越快。

（2）路由器。路由器是 Internet 中最重要的设备之一，它负责将 Internet 中的各个局域网或广域网连接起来，是网络与网络之间连接的桥梁。

当数据从一个网络传输到路由器时，路由器需要根据数据所要到达的目的地，通过路由选择算法为数据选择一条最佳路径。如果路由器所选择的路径比较拥挤，路由器则负责管理数据排队等待。在数据从源主机发出后，往往需要经过多个路由器的转发，数据经过多个网络才能被送到目的主机。

（3）主机。主机是 Internet 中不可缺少的成员，它是信息资源和服务的载体。Internet 中的主机既可以是巨型机、大型机，也可以是一台普通的 PC 机或笔记本电脑。所有连接在因特网上的计算机统称为主机。

按照在 Internet 中的用途，主机可分为两大类，即服务器和客户机。所谓服务器就是 Internet 信息资源与服务的提供者，通常要求具有较高的性能和较大的存储容量。服务器根据其所提供服务功能的不同，又分为 WWW 服务器、文件服务器、电子邮件服务器、FTP 服务器等；而客户机则是 Internet 信息资源与服务的使用者，客户机可以是任意一台普通计算机。

（4）信息资源。信息资源是用户最为关心的问题之一。怎样较好、有效地组织信息资源，使用户方便、快捷地获取信息资源一直是 Internet 的发展方向。WWW 服务的出现使信息资源的组织更加合理化，搜索引擎的出现使得信息的查询变得更加方便、迅速。图 1.12 显示的是“雅虎”站点，一个相当知名的门户网站，在这里可以查询各类信息。

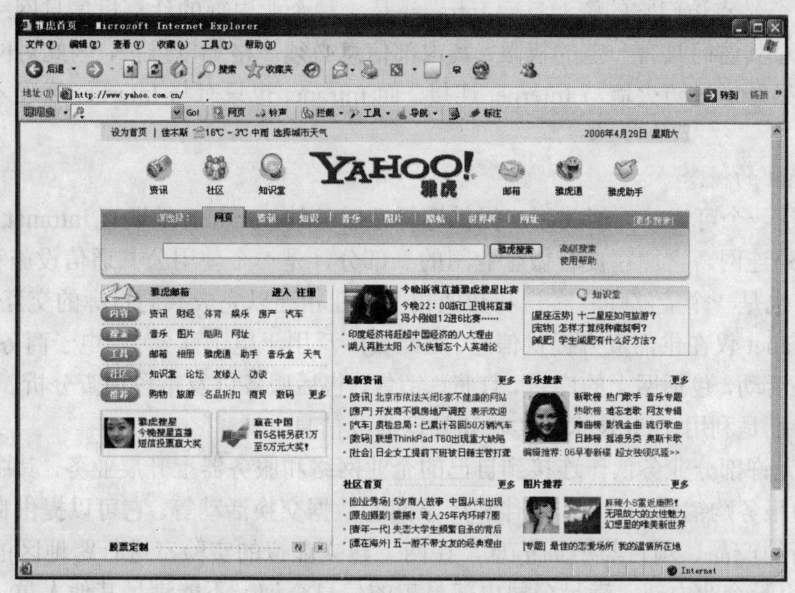

图 1.12　“雅虎”站点首页

Internet 上信息资源的种类极为丰富，主要包括文本、图像、声音、视频等多种信息类型，涉及科学教育、商业经济、医疗卫生等社会生活的各个方面。用户可以通过 Internet 查找科技资料，参与联机游戏、下载电影、收看实况转播、在线影视等。

1.1.4　熟知 Intranet 和 Extranet 的概念

1. Intranet 的概念

简单地说，Intranet 就是建立在企业内部的 Internet，又称内连网，也有人称之为 Internal Internet 或 Coporate Internet。它是一种基于 Internet 的 TCP/IP 协议簇，使用 WWW 工具，采用防止外界侵入的安全措施，为企业内部服务并有连接 Internet 功能的企业内连网络。实际上，它将 Internet 技术运用到企业内部的信息系统中去，以企业内部员工为服务对象，以促进公司内部各个部门的沟通，提高工作效率，增加企业竞争力为目的，使用 Web 协议构建企业级的信息集成和信息服务。企业在构建 Intranet 时，并不需要对传统企业内连网的网络层以下的技术进行改变，Intranet 的核心是 TCP/IP 协议及服务，所以它主要针对企业内连网的网络层及网络层以上技术进行改变与扩展。

Intranet 并不等于局域网，它可以是局域网（LAN）、城域网（MAN），甚至是广域网（WAN）的形式。目前，许多跨地区、跨区域、跨国度的企业，都已经开始从自身发展的角度出发，架构企业自己的 Intranet，希望通过 Internet 的通信资源，迅速、廉价地建立营销网络，与客户、市场建立更紧密的联系，建立更完善的企业市场形象。

从本质上说，Internet 和 Intranet 两者采用同样的技术，均使用 TCP/IP 协议族，所有设计在 Internet 上的网络应用都可以在 Intranet 上运行；从应用的角度来看，Intranet 利用了 Internet

技术，如 WWW、电子邮件、FTP 和 Telnet 等，是 Internet 在企业内部信息系统的应用和延伸。Intranet 内的用户可以方便地访问 Internet，而 Internet 上的用户也可以以授权方式访问 Intranet。

Internet 和 Intranet 的区别在于：Internet 连接了全球各地的网络，是公用的网络，允许任何人从任何一个站点访问它的资源；而 Intranet 是一种企业内部的计算机信息网络，是专用或私有的网络，对其访问具有一定的权限，其内部信息必须严格加以维护，因此对网络安全性有特别要求，如必须通过防火墙与 Internet 连接。而 Intranet 也只有与 Internet 互连才能真正发挥作用。

2. Extranet 的概念

Extranet 是一个可为外部相关用户提供选择性服务的 Intranet，是现有 Intranet 向外的延伸，Extranet 又称外连网，它往往被看做企业网的一部分，是一个使用公共通信设施和 Internet 技术的私有网，也是一个能够使其客户和其他相关企业相连以完成共同目标的交互式合作网络。

由于 Extranet 仅在供需双方提供信息，因此被广泛用于电子商务中。电子商务是在 Internet 上进行的商务活动，包括网上的广告、订货、销售、售后服务以及市场调查分析、生产安排等，其重要技术特征是利用 Web 技术来传输和处理商业信息。

Extranet 允许部分业务伙伴连接到自己的企业网络和服务器上开展业务，其中包括与客户之间的产品和服务购销活动，合作伙伴和厂家间的数据交换活动等。它可以提供良好的客户服务，发布最新的产品、项目与培训信息，在网上建立虚拟的实验室进行跨地区的合作等。而 Intranet 仅适用于企业内部，满足公司内部员工的信息查询，不能满足其他人员，如客户、经销商和供货商对企业内部信息的密切关注。Extranet 弥补了 Intranet 在与外界联系方面的不足，成了 Intranet 的新发展。Intranet 与 Extranet 都是在现有的 Internet 技术环境下由企业或组织构建而成的，并且都以 WWW 作为人机界面。

1.2 Internet 的发展与现状

1.2.1 Internet 发展阶段的初探

Internet 是人类发展历史上一个伟大的里程碑，它是未来信息高速公路的雏形，人类正由此进入一个前所未有的信息化社会。人们用各种名称来称呼 Internet，如国际互联网络、因特网、交互网络、网际网等，它正在向全世界各大洲延伸和扩展，不断地增添、吸收新的网络成员，已经成为世界上覆盖面最广、规模最大、信息资源最丰富的计算机信息网络。

Internet 从 20 世纪 60 年代末诞生以来的 30 多年，经历了试验研究、学术性研究和商业化等网络阶段。

1. 试验研究阶段

Internet 最早起源于美国国防部高级研究计划署 DARPA（Defence Advanced Research Projects Agency）建立的一个采用存储转发方式的分组交换广域网 ARPAnet，该网于 1969 年投入使用。因此，ARPAnet 成为现代计算机网络诞生的标志。

从 20 世纪 60 年代起，由 ARPA 提供经费并联合相关计算机公司和大学共同研制发展起来了 ARPAnet 网络。最初，ARPAnet 主要是用于军事研究，它主要是基于这样的指导思想：网络必须经受得住故障的考验而维持正常的工作，一旦发生战争，当网络的某一部分因遭受攻击而失去工作能力时，网络的其他部分应该能维持正常的通信工作。最初 ARPAnet 仅有四个结点，分别建在加州大学洛杉矶分校（UCLA）、斯坦福研究所（SRI）、加州大学圣大巴比分校（UCSB）和犹他大学（UTAH）。ARPAnet 的结构示意图如图 1.13 所示。

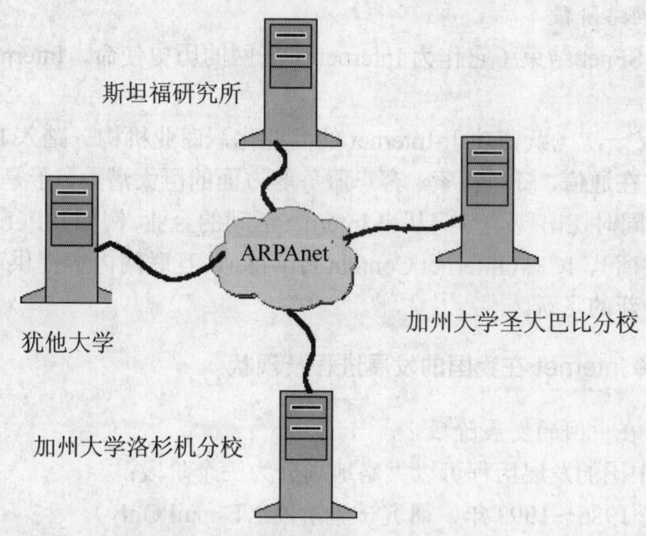

图 1.13　ARPAnet 的结构示意图

ARPAnet 技术上的另一个重大贡献是：在 70 代后期着手研究、开发 TCP/IP 协议簇，以及 1983 年该协议正式在 ARPAnet 上的全面应用。作为 Internet 的早期骨干网，ARPAnet 的试验奠定了 Internet 存在和发展的基础，较好地解决了异种机网络互联的一系列理论和技术问题。

1983 年，ARPAnet 分裂为两部分，ARPAnet 和纯军事用的 MILNET。同时，局域网和广域网的产生和逢勃发展对 Internet 的进一步发展起了重要的作用，ARPAnet 的建立产生了计算机网络互联的概念。

从 1969 年 ARPAnet 诞生到 20 世纪 80 年代中期，是 Internet 发展的第一阶段——实验研究阶段。

2. 学术性网络阶段

美国国家科学基金会 NSF（National Science Foundation）于 1986 年建立了 NSFnet，它是 Internet 发展中的又一个先驱。NSF 在全美国建立了按地区划分的计算机广域网并将这些地区的网络和超级计算机中心互联起来，并与 ARPAnet 相连。NFSnet 于 1990 年彻底取代了 ARPAnet 而成为 Internet 的主干网。在此期间，NSF 投入了大量经费支持 NSFnet 的发展，并支付了大量的线路租用费。

NSFnet 的形成和发展，使它成为 Internet 的最重要的组成部分。NSFnet 对 Internet 的最大贡献是使 Internet 向全社会开放，在此期间许多国家也相继建立了本国的主干网并接入 Internet，如加拿大的 CANET、欧洲的 EBONE、日本的 WIDE 等。

随着 Internet 规模的不断扩大，政府已无法在财政上提供更多的支持，只能鼓励民间企业提供费用支持，因此由 Merit、IBM 和 MCI 公司联合建立了一个非盈利的组织——美国高级网络和服务公司 ANS（Advanced Network and Services）。ANS 的目的是建立一个全美范围的 T3 级主干网，它以 45Mbps 的速率传送数据。到 1991 年底，NSFnet 的全部主干网都与 ANS 提供的 T3 级主干网相联通。

1994 年，NSF 宣布不再给 NSFnet 在运行和维护上的支持，由 MCI、Sprint 等公司运行、维护。这样不仅商业用户可以进入 Internet，而且 Internet 经营也商业化了。

3. 商业化网络阶段

1995 年，NSFnet 结束了它作为 Internet 主干网的历史使命，Internet 从学术性网络转化为商业性网络。

Internet 的又一次飞跃归功于 Internet 的商业化，商业机构一踏入 Internet 这一陌生世界，便很快发现了它在通信、资料检索、客户服务等方面的巨大潜力，于是世界各地的无数企业纷纷涌入 Internet。同时还出现了专门从事 Internet 活动的企业，例如 ISP（Internet Service Provider，互联网服务提供商）、ICP（Internet Content Provider，互联网内容提供商）等，带来了 Internet 发展史上的一个新的飞跃。

1.2.2 了解 Internet 在我国的发展进程及现状

1. Internet 在中国的发展阶段

Internet 在中国的发展历程可以大略地划分为三个阶段：

第一阶段是 1986～1993 年，研究试验阶段（E-mail Only）。

在此期间，中国一些科研部门和高等院校开始研究 Internet 联网技术，并开展了科研课题和科技合作工作。这个阶段的网络应用仅限于小范围内的电子邮件服务，而且仅为少数高等院校、研究机构提供电子邮件服务。

第二阶段为 1994～1996 年，起步阶段（Full Function Connection）。

1994 年 4 月，中关村地区教育与科研示范网络工程接入互联网，实现和 Internet 的 TCP/IP 连接，从而开通了 Internet 全方位功能服务，从此中国被国际上正式承认为有互联网的国家。之后，ChinaNet、CERnet、CSTnet、ChinaGBnet 等多个互联网络项目在全国范围相继启动，互联网开始进入公众生活，并在中国得到了迅速的发展。1996 年底，中国互联网用户数已达 20 万，利用互联网开展的业务与应用逐步增多。

第三阶段为 1997 年至今，快速增长阶段。

国内互联网用户数 1997 年以后基本保持每半年翻一番的增长速度。增长到今天，上网用户已超过 10000 万。据中国互联网络信息中心（CNNIC）公布的《中国互联网络发展状况统计报告（2006/1）》显示，截止到 2005 年 12 月 31 日，我国共有上网计算机约 4950 万台，其中专线上网计算机 650 万台，拨号上网计算机 2060 万台，宽带上网计算机 2240 万台；上网用户约 11100 万人，其中专线上网的用户人数为 2910 万，拨号上网的用户人数为 5100 万，宽带上网用户人数 6430 万；域名总数约为 2592410 个，包括我国国家顶级域名 CN 和通用顶级域名（gTLD，如 COM 域名）两部分，其中 CN 域名为 1096924 个；我国网站总数约为 694200 个；国际出口带宽总量为 136106M，连接的国家有美国、俄罗斯、法国、英国、德国、日本、韩国、新加坡等。

2. 中国十大互联网简况

我国已建成和正在建设中的十大主干互联网是：中国公用计算机互联网（CHINANET）、中国教育和科研计算机网（CERNET）、中国科技网（CSTNET）、中国网通公用网（CNCNET）、宽带中国 CHINA169 网（中国网络通信集团）、中国移动互联网（CMNET）、中国联通互联网

（UNINET）、中国国际经济贸易互联网（CIETNET）、中国长城互联网（CGWNET，建设中）和中国卫星集团互联网（CSNET，建设中）。

国家投入了大量的资金开通了国际出口通路，截止到 2005 年 12 月 31 日，我国国际出口带宽的总容量为 136106M，与一年前的调查结果相比增加了 61677M，增长率为 82.9%（如图 1.14 所示）。由图可见，我国国际出口带宽增长非常迅速。按照十大互联网络划分，它们的出口带宽数量如下：

- 中国公用计算机互联网（CHINANET）70622M。
- 宽带中国 CHINA169 网（网络通信集团）+中国网通公用网（CNCNET）38941M。
- 中国科技网（CSTNET）15120M。
- 中国教育和科研计算机网（CERNET）4064M。
- 中国移动互联网（CMNET）3705M。
- 中国联通互联网（UNINET）3652M。
- 中国国际经济贸易互联网（CIETNET）2M。
- 中国长城互联网（CGWNET）建设中。
- 中国卫星集团互联网（CSNET）建设中。

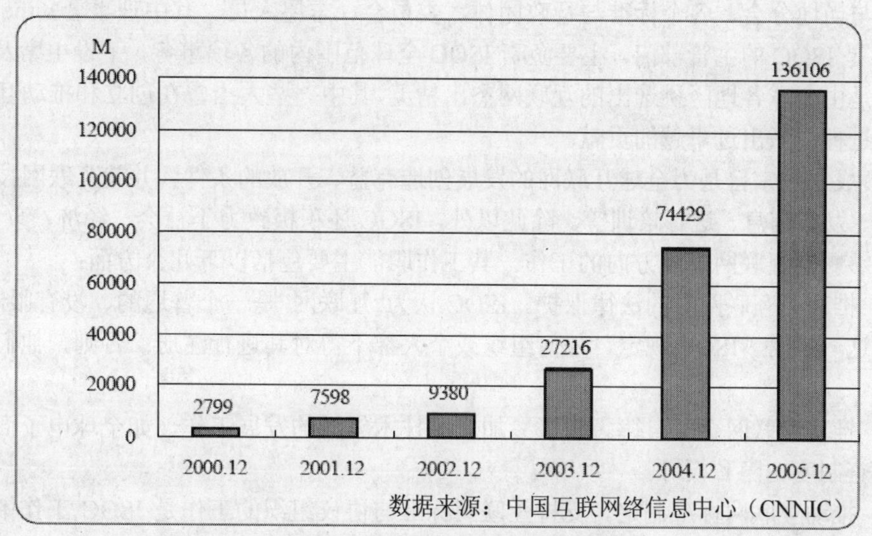

图 1.14　历次调查我国国际出口带宽

相关知识链接

根据 CNNIC 的《中国互联网络发展状况统计报告（2006/1）》，我国互联网络发展的宏观概况是：我国互联网络在上网计算机数、网民人数、域名数、网站数、网络国际出口带宽、IP 地址数等方面皆有不同程度的变化，基本上呈现出增长态势。但是网民数和上网计算机数的增长率与上年同期相比都有所下降；域名数、网站数、网络国际出口带宽等方面快速增长；IP 地址数也在数量上达到了一定的规模。但从地域分布上看，地区之间仍存在一定的差距。所有这一切表明，我国的互联网络继续处于发展态势之中，但其中也存在一些不完全合理和不尽人意的地方，相信随着政府和社会各界的推动，各项基础设施的不断完善，网络应用服务的不断多样化和实用化，中国的互联网络必将得到更快、更合理地发展。

1.2.3 认识 Internet 相关国际机构

Internet 的最大特点是管理上的开放性。在某种意义上说，它是不受某一个政府或某个人控制的超级网络，没有人实际拥有 Internet，但它又是被所有用户共同拥有。Internet 没有集中的管理机构，为了促进 Internet 运行所需的标准兼容性并确保 Internet 的持续发展，先后成立了一些自愿承担必需的管理职责的机构，它们都是非赢利组织并且都遵循自下至上的结构原则，为使 Internet 获取最大效益而开展工作。

1. Internet 协会（ISOC）

Internet 虽不受政府或个人的控制，但它本身却以自愿的方式组成了一个帮助引导 Internet 发展的最高组织，即 Internet 协会（Internet Society，ISOC）。ISOC 成立于 1992 年，总部设在美国弗吉尼亚州莱斯顿地区（Reston），是一个非政府、非赢利的行业性国际组织，迄今已拥有来自全世界各地的 100 多个组织成员和 20000 名个人成员。它同时还负责互联网工程任务组（IETF）、互联网体系结构委员会（IAB）等组织的组织与协调工作。该协会全凭自愿参加，但必须交纳会费。

ISOC 的日常运作主要由以下部门及人员来实现：国际理事会、国际网络会议与网络培训部、地区与当地分会、各个标准与行政团体、委员会、志愿人员。其中理事会（the Board of Trustees）是 ISOC 的主管部门，主要负责 ISOC 全球范围内的各项事务，下设主席及理事。这些理事均是由全球各地区挑选出的互联网杰出精英，其中一些人士曾在创立和推动互联网及网络技术的过程中做出过卓越的贡献。

ISOC 成立的宗旨是为全球互联网的发展创造有益、开放的条件，并就互联网技术制定相应的标准、发布信息、进行培训等。除此以外，ISOC 还积极致力于社会、经济、政治、道德、立法等能够影响互联网发展方向的工作。其工作职能主要包括以下几个方面：

（1）推动“互联网”的法律保护。ISOC 认为“互联网”是一个普通的、没有限制的词汇，为了保护这一术语，ISOC 规定，任何组织或个人都不得对其进行注册；否则，他们将采取法律措施。

（2）推动互联网企业自律。积极参加众多技术领域的发展工作，如全球电子商务、加密技术、审查制度、隐私权等。

（3）推动互联网标准制定。支持互联网标准与协议组织的工作是 ISOC 工作中重要的一部分。ISOC 作为 IETF（互联网工程任务组）、IAB（互联网结构委员会）、IESG（互联网工程指导小组）、IRTF（互联网研究任务组）等互联网标准制定与研究机构的支持组织，在该领域的活动非常广泛。

（4）推动公共政策研究。ISOC 理事会确定了公共政策领域内重点研究的几项议题，考虑到各个地区和国家的观点差异较大，ISOC 对于每个问题的形成与发展的看法都需要进行详细分析和讨论后确定。

（5）组织会议。ISOC 每年主办两次全球性年会：

- 国际网络会议（INET），主要集中讨论在全球范围内如何发展、实施互联网技术、应用软件、相关政策等。
- 网络与分布式系统安全年会（NDSS），旨在促进发展全球信息技术安全领域的交流。

（6）教育与培训项目。1993 年在美国洛杉矶召开的 INET 会议上，ISOC 决定成立一系列培训班，帮助全球各国，特别是发展中国家加强互联网接入，并推动互联网在这些国家的发展。通过在 NTW 的学习，培训者能够了解如何通过网络获取或提供服务，如何做好相应的管理工作，以加强本国网络的持续性发展等。

（7）ThinkQuest。ISOC 与 Advanced Network Services 进行合作，担任国际教育考试（ThinkQuest）的评委，这项考试专门提供资金用于中学生发展创新性的网络基础教育工具。

（8）出版物。

- 半月刊杂志——《OnTheInternet》，内容涉及技术以及技术在商业、教育、政府和文化等领域的影响等。
- 月度电子新闻杂志——《ISOC 论坛》，主要报道与互联网技术有关的各类最新消息。

2. Internet 体系结构委员会（IAB）

1979 年，为了协调和引导 Internet 协议及体系结构的设计，美国国防部高级研究计划署（简称 ARPA）组成了一个非正式的委员会，即 Internet 控制和配置委员会（ICCB，Internet Control and Configuration Board）。1983 年 ARPA 改组 ICCB，成立了一个被称作 Internet 体系结构委员会（IAB，Internet Architecture Board）的新工作组，负责为 TCP/IP 协议族的开发研究确定方向并进行协调，决定哪些协议纳入 TCP/IP 协议族，并制定官方政策。

IAB 下设两个机构，包括负责监督 TCP/IP 技术发展方向的 Internet 工程任务组（IETF，Internet Engineering Task Force）和负责研究互联网协议、应用、架构和技术的 Internet 研究任务组（IRTF，Internet Research Task Force）。此外，IETF 和 IRTF 分别接受 Internet 工程指导组（IESG）和 Internet 研究指导组（IRSG）的协作管理，如图 1.15 所示。IETF 和 IRTF 都有多个功能领域，每个领域都设有多个工作任务组，IAB 的每个成员都是一个 Internet 任务组的负责人，分管研究某个或某几个系列的重要课题。

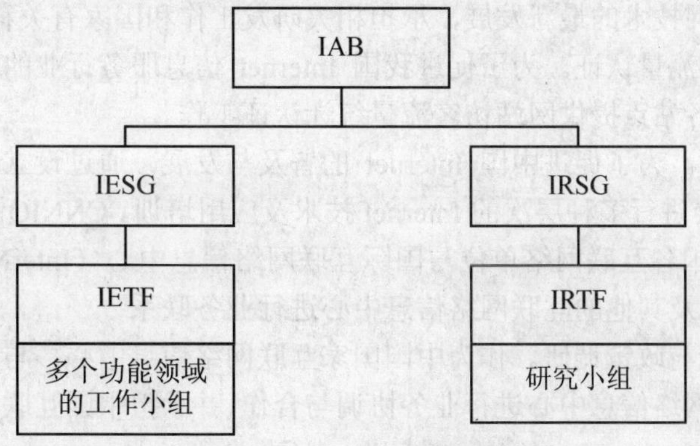

图 1.15　IAB 组织机构简图

3. InterNIC

Internet 网络信息中心（InterNIC，Internet Network Information Center），网址为 http://www.InterNIC.net。由于互联网上的每个接口必须有一个惟一的 IP 地址，因此必须要有一个管理机构为接入互联网的网络分配 IP 地址。这个管理机构就是互联网络信息中心，称作 InterNIC。

InterNIC 成立于 1993 年 4 月 1 日，InterNIC 由三部分组成：注册服务（rs.internic.net）、目录和数据库服务（ds.internic.net）以及信息服务（is.internic.net）。InterNIC 只分配网络号，

主机号的分配由系统管理员来负责。

4. 中国互联网络信息中心（CNNIC）

中国互联网络信息中心（CNNIC，China Internet Network Information Center）是成立于 1997 年 6 月的非盈利 Internet 管理与服务机构，行使中国国家互联网络信息中心的职责。中国科学院计算机网络信息中心承担 CNNIC 的运行和管理工作，CNNIC 在业务上接受信息产业部领导，在行政上接受中国科学院领导。由国内知名专家、各大互联网络单位代表组成的 CNNIC 工作委员会，对 CNNIC 的建设、运行和管理进行监督和评定。

CNNIC 的主要任务包括：

（1）注册服务：域名注册、IP 地址分配、自治系统号分配等。经信息产业部批准，中国互联网络信息中心是我国域名注册管理机构和域名根服务器运行机构。中国互联网络信息中心负责运行和管理国家顶级域名.CN、中文域名系统及通用网址系统，以专业技术为全球用户提供不间断的域名注册、域名解析和 Whois 查询服务。

中国互联网络信息中心是亚太互联网络信息中心（APNIC）的国家级 IP 地址注册机构成员（NIR）。以中国互联网络信息中心为召集单位的 IP 地址分配联盟，负责为我国的网络服务提供商（ISP）和网络用户提供 IP 地址和 AS 号码的分配管理服务。

（2）目录数据库服务。负责建立并维护全国最高层次的网络目录数据库，提供对域名、IP 地址、自治系统号等方面信息的查询服务。

（3）信息服务。负责开展中国互联网络发展状况等多项公益性互联网络统计调查工作。中国互联网络信息中心的统计调查，其权威性和客观性已被国内外广泛认可，得到国际组织（如联合国、国际电信联盟等）的采纳和赞誉，部分指标已经纳入我国政府年度统计报告。

（4）互联网寻址技术研发。中国互联网络信息中心基于自身网络服务的管理和研发经验，积极跟踪国际互联网技术的最新发展，承担相关研发工作和国家有关科研项目。

（5）网站访客流量认证。为了促进我国 Internet 信息服务行业的健康发展，倡导网站流量认证的标准，向各站点提供网站访客流量统计认证工作。

（6）认证培训。为了促进中国 Internet 的普及与发展，通过设立适应不同层次用户需要的多种课程，向社会进行多种层次的 Internet 技术及应用培训。CNNIC 作为国家级的互联网络信息中心，代表我国各互联网络单位与国际互联网络信息中心（InterNIC）、亚太互联网络信息中心（APNIC），及其他的互联网络信息中心进行业务联系

（7）国际交流与政策调研。作为中国国家互联网络信息中心，与相关国际组织以及其他国家和地区的互联网络信息中心进行业务协调与合作，并承担中国互联网协会政策与资源工作委员会秘书处的工作。

1.3 Internet 的基本应用

为什么如此众多的用户钟情于 Internet？Internet 究竟有何魅力？在我们的生活、工作中 Internet 在以下几个方面起着重要的作用。

1.3.1 网上资源共享

Internet 是一个信息资源的宝库，用户可以在 Internet 上找到自己所需要的信息资源，人们

既可以共享 Internet 中的 WWW 服务所提供的信息资源，又可以共享 Internet 中大量的文本、图像、语音和计算机程序等资源。

1. 信息资源共享

Internet 中的 WWW（环球信息网）服务提供了信息资源的服务功能，在 WWW 中各类信息浩如烟海，我们只要在客户机上运行 WWW 浏览器软件就可以从全球相互连接的 WWW 服务器中获取信息。如图 1.16 所示，我们可以获取新闻信息。

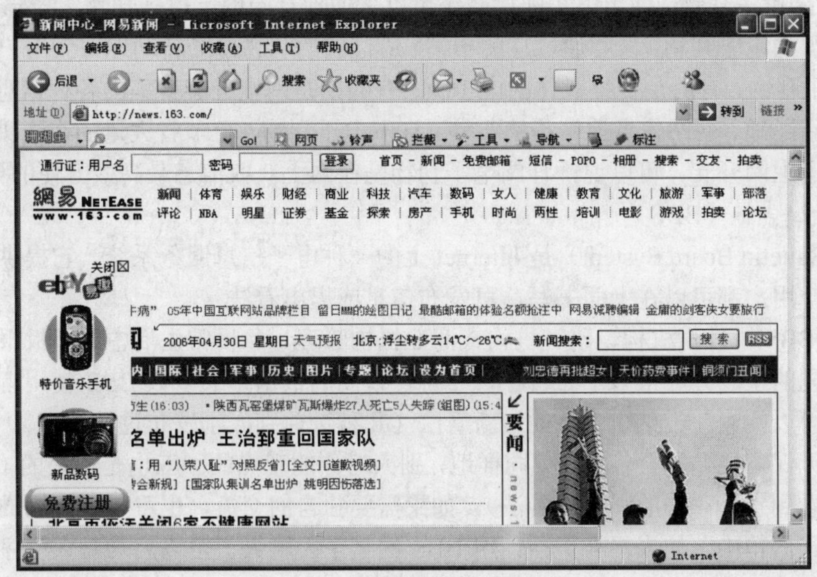

图 1.16　网易新闻主页

2. 其他资源共享

除了以上 WWW 中的信息资源外，Internet 中还有大量的公共文件服务器，存储大量的文本、视频、软件等资源，供用户通过文件传输的手段下载获取。

FTP（File Transfer Protocol，文件传输协议）是 Internet 中一种主要的文件传输手段，它可以在 Internet 中的两台计算机之间传送文件，用户多数情况下都使用这种手段在服务器上来下载信息。一般说来通过 FTP 下载的信息包括以下三类：

- 免费资源：这类资源供用户免费使用，如一些免费的软件、免费歌曲、免费下载的电影等。
- 付费的共享资源：这类资源多数只允许用户免费使用一段时间，到期后需要通过 Internet 注册并交纳一定的费用，才能继续使用或下载的资源。
- 公共档案文档资源：如各种科学实验结果、明星或艺术图片、杂志期刊等。

1.3.2　通信服务

Internet 中的通信有交互式通信和非交互式通信两种，电子邮件是主要的非交互式通信手段；IP 电话、在线聊天、语音聊天、视频聊天都属于交互式通信手段。

1. 电子邮件（E-mail）

电子邮件简称 E-mail（Electronic Mail），是指 Internet 上各个用户之间通过电子信件的形式进行通信的一种现代邮政通信方式，是一种非交互式的通信手段。电子邮件是 Internet 上使用最早也是最广泛的工具之一。网络用户通过电子邮件能够发送或接收文字、图像、语音、图形、照片等多种形式的信息。目前 Internet 上 60%以上的活动都与电子邮件有关。

当前，Internet 的邮件系统主要提供以下服务：

（1）收发电子邮件。能够传送文本信息的邮件，也能够传递图形、图像、声音、视频等多媒体信息。不但可以方便地把一封电子邮件同时发给多个接收者，还可以存储转发及回复邮件。

（2）订阅电子刊物。使用电子邮件系统可以方便地订阅网上电子刊物，Internet 上有许多可以免费获得的电子刊物，只要通过订阅申请，所订阅的刊物便会自动地寄到用户的电子邮箱中。这些电子刊物，有的是传统媒体的电子版，有的则是网上分类搜集的各种信息，如各大网站软件的更新通知、网站信息的精华摘要等。订阅电子刊物，可节省大量的在线浏览时间，也意味着节省了上网开支。可以说，订阅电子刊物是在网上获取信息最高效方便的一种方式。

2. 电子公告板（BBS）

BBS（Bulletin Board System）是 Internet 上的一种电子信息服务系统。它提供一块公共电子白板，每个用户都可以在上面书写，可发布信息或提出看法。

大部分 BBS 由教育机构、研究机构或商业机构管理。象日常生活中的黑板报一样，电子公告板按不同的主题分成很多个布告栏，布告栏设立的依据是大多数 BBS 使用者的要求和喜好，使用者可以阅读关于某个主题的最新看法（几秒钟前别人刚发布过的观点），也可以将自己的想法毫无保留地贴到公告栏中。同样地，别人对你的观点的回应也是很快的（有时候几秒钟后就可以看到别人对你的观点的看法）。如果需要独自的交流，也可以将想说的话直接发到某个人的电子信箱中。如果想与正在使用 BBS 的某个人聊天，可以启动聊天程序加入闲谈者的行列，虽然谈话的双方素不相识，却可以亲近地交谈。

在 BBS 里，人们之间的交流打破了空间、时间的限制。在与别人进行交往时，无须考虑自身的年龄、学历、知识、社会地位、财富、外貌、健康状况等，而这些条件往往是人们在其他交流形式中无可回避的。同样地，也就无从知道交谈的对方的真实社会身份。这样，参与 BBS 的人可以处于一个平等的位置与其他人进行任何问题的探讨，这对于所有其他交流方式来说是不可能的。

3. 网络新闻组（Usenet）

Usenet（User network），即人们常说的新闻组，是全世界最大的电子布告栏系统，也是一项通过网络交换信息的服务，它由个人向新闻服务器投递的新闻邮件组成。我们可以把 Usenet 看成是一个有组织的电子邮件系统，不过在这里传送的电子邮件不再是发给某一个特定的用户，而是全世界范围内的新闻组服务器。在这个布告栏上任何人都可以贴布告，也可以下载其中的布告，Usenet 用户写的新闻被发送到新闻组后，任何访问该新闻组的人都有可能看到这个新闻。

新闻组服务器由公司、群组或个人负责维护，它可以管理成千上万个新闻组，每个新闻组都有一个特殊主题。新闻组不提供其使用成员的名单，任何人都可以加入新闻组，也可以向新闻组投递新闻或阅读其中的新闻。Usenet 是讨论性质的，它允许世界上任何地方的用户参与。由于新闻组的用户常常利用新闻组的公平开放和 Internet 的快速高效的特点在新闻组上提出自己在生活、工作中的问题，发布自己的有关学术、商业以及其他一切感兴趣的观点，这使得新闻组就像一个世界性的聊天广场，其话题覆盖了各种主题。

4. IP电话（Internet Phone）

网络电话（Internet Phone）又称为VoIP（Voice over IP），是利用TCP/IP协议，通过Internet实现的一种电话应用。也就是在Internet上打电话，与传统电话有很大区别。传统电话使用PSTN网作为语音传输的媒介；而Internet Phone则是将语音信号在PSTN网和Internet网络之间进行转换，对从PSTN网传来的语音信号进行压缩封装，转换成IP数据报的形式在Internet上传输。Internet是资源共享的网络，多个用户共用同一带宽资源，改变了传统电话单个用户独占一个信道的方式，节省了用户租用单独线路的费用，使电话费用大大下降，这一点在国际电话费用上尤为明显，这也是Internet Phone迅速发展的重要原因。

目前，IP电话可以分为三种类型，即PC到PC、PC到电话、电话到电话。

5. 网络聊天

网络聊天是Internet上的又一种信息交流的手段，既能通过传统的文字信息交流，又可以通过语音、视频等在线交流信息。Internet上的QQ、UC等聊天工具以及网上聊天室满足了人们交流信息的需求，熟练掌握聊天工具及聊天室的使用方法，可以为生活和工作带来极大的便利。

6. 可视电话（Video Phone）和视频会议（Video Conferencing System）

Internet上的可视电话（Video Phone）是可以在各种带宽（含拨号上网）条件下运行的网络可视电话。全球任意两点，只要能连入Internet，就可免费感受面对面的交流，并且具有来电显示、好友管理、白板等功能。

视频会议系统（Video Conferencing System）是一个互动式语音会议系统，利用它可以开展基于Internet的远程实时会议。与会者只要能接入到Internet，并配有声卡、耳机、MIC，在不需要增加其他任何硬件设备的情况下，可以使他们在网上进行实时的语音、图片、文字等多媒体交互式交流。它不仅使网上与会者所参加会议的形式生动、形象，而且也不受地域、时间的限制，大大节省了会议费用。许多基于该会议系统上的应用，还可以完成网上答疑、网上咨询等需要实时交流的工作。

1.3.3 初识电子商务和电子政务

电子商务和电子政务是Internet两种重要的应用。它们都以计算机网络为基本的运行平台，综合利用了网络技术，特别是Internet技术，为个人、企业、事业和政府提供便利、快捷的服务。

1. 电子商务

（1）电子商务的概念。传统定义：电子商务就是在计算机网络上进行的商务活动，电子商务简写为EB或EC。顾名思义，其内容包含两个方面：一是电子方式，二是商贸活动。

利用简单、快捷、低成本的电子通讯方式，买卖双方不谋面地进行各种商贸活动。电子商务可以通过多种电子通信方式来完成。比如你通过打电话或发传真的方式来与客户进行商贸活动，似乎也可以称作为电子商务。但是，现在人们所探讨的电子商务主要是以EDI（电子数据交换）和Internet来完成的。尤其是随着Internet技术的日益成熟，电子商务真正的发展是建立在Internet技术上的，所以也有人把电子商务简称为IC（Internet Commerce）。

现代的定义：电子商务（Electronic Commerce）是在Internet开放的网络环境下，基于浏览器/服务器应用方式，实现消费者的网上购物、商户之间的网上交易和在线电子支付的一种新型商业运营模式。

Internet 上的电子商务可以分为三个方面：信息服务、交易和支付。其主要内容包括：电子商情广告；电子选购和交易、电子交易凭证的交换；电子支付与结算以及售后的网上服务等。主要交易类型有企业与个人的交易（B to C 方式，Business to Customer）和企业之间的交易（B to B 方式，Business to Business）两种基本形式。参与电子商务的实体有四类：顾客（个人消费者或企业集团）、商户（包括销售商、制造商、储运商）、银行（包括发卡行、收单行）和认证中心。

（2）电子商务的优点。电子商务是 Internet 爆炸式发展的直接产物，是网络技术应用的全新发展方向。Internet 本身所具有的开放性、全球性、低成本、高效率的特点，也成为电子商务的内在特征，并使得电子商务大大超越了作为一种新的贸易形式所具有的价值，它不仅会改变企业本身的生产、经营、管理活动，而且将影响到整个社会的经济运行与结构。总的来说，电子商务具有以下几个方面的优点：

- 电子商务将传统的商务流程电子化、数字化。一方面以电子流代替了实物流，可以大量减少人力、物力，降低了成本；另一方面突破了时间和空间的限制，使得交易活动可以在任何时间、任何地点进行，方便快捷，从而大大地提高了效率。比如在家中我们就可以浏览电子商务网站，订购产品，如图 1.17 所示。

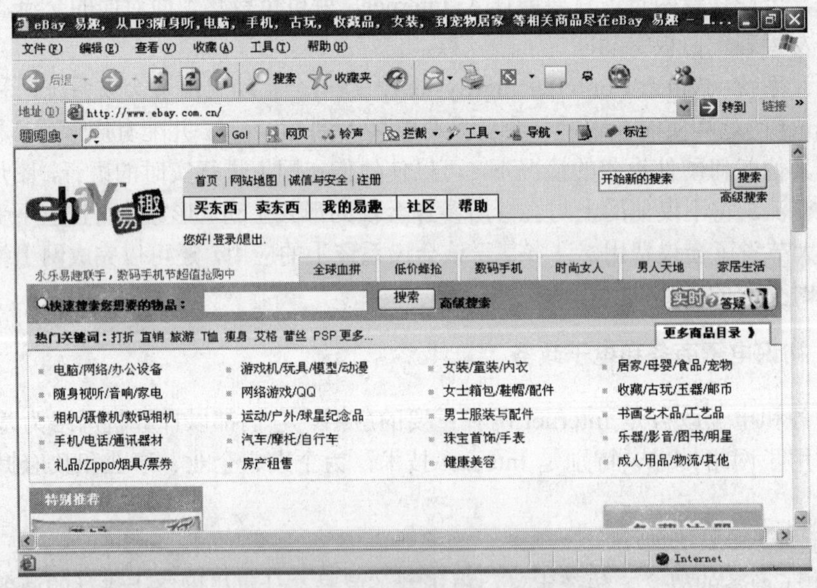

图 1.17　eBay 易趣电子商务网主页

- 电子商务所具有的开放性和全球性的特点，为企业创造了更多的贸易机会。企业不但可以利用 Internet 宣传自己的企业和自己的产品，还可以利用 Internet 提供的丰富资源来了解市场的变化。
- 电子商务使企业可以以相近的成本进入全球电子化市场，使得中小企业有可能拥有和大企业一样的信息资源，提高了中小企业的竞争能力。Internet 技术的发展，使企业可以在虚拟的 Web 空间中展示自己的产品。在 Web 空间中，没有企业位置的差异，只要企业提供的产品有吸引力，小企业可以与大企业获得同等的商机。

- 电子商务重新定义了传统的流通模式，减少了中间环节，使得生产者和消费者的直接交易成为可能，从而在一定程度上改变了整个社会经济运行的方式。
- 电子商务一方面破除了时空的壁垒，另一方面又提供了丰富的信息资源，为各种社会经济要素的重新组合提供了更多的可能，这将影响到社会的经济布局和结构。

2. 电子政务

（1）电子政务的概念。电子政务（e-government），通俗的讲，就是政府部门办公事务的网络化和电子化，它是以计算机技术和 Internet 技术为基础，通过虚拟政府网站的方式（如图 1.18 所示的中国电子政务网），将大量频繁的行政管理和日常事务按照设定的程序在网上实施的一种工作方式，是电子政府的物化形式。在实施稳定、健康地发展社会经济的目标过程中，政府的作用是建立健全法制法规、对经济运行进行宏观调控、对社会发展提供保障，即政务活动的核心是为社会发展和经济建设提供服务。因此，电子政务的目标应该是为政府向社会提供服务过程中"手段"上的保障，即电子政务是一种"以电子为手段、以服务为核心"的活动。

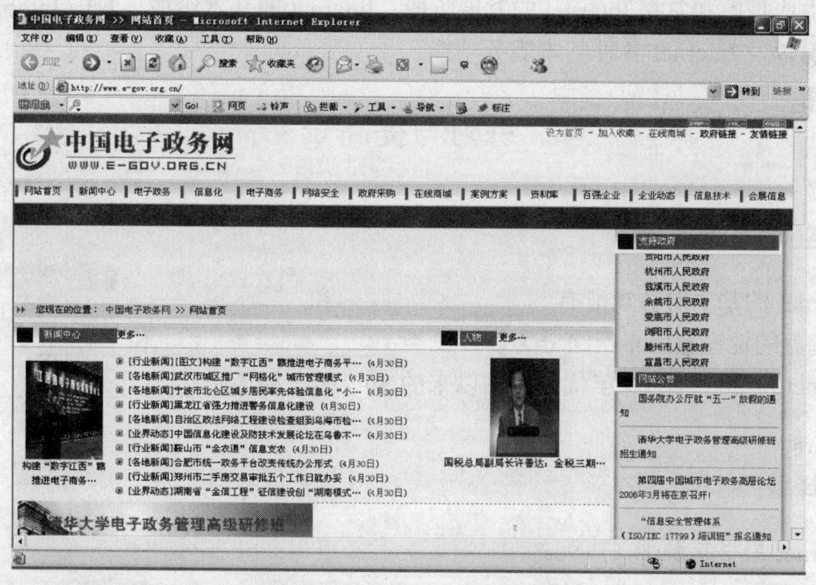

图 1.18 中国电子政务网首页

实施电子政务最终的目标就是建立电子政府，利用信息和通信技术，有效地实现行政、服务及内部管理等功能，实现政府、社会和公众之间有机服务系统的集合。

（2）电子政务的特点。电子政务与传统政务相比有显著区别，包括：办公手段不同，信息资源的数字化和信息交换的网络化是电子政务与传统政务的最显著区别；行政业务流程不同，实现行政业务流程的集约化、标准化和高效化是电子政务的核心；与公众沟通方式不同，直接与公众沟通是实施电子政务的目的之一，也是与传统政务的重要区别。传统政务，遵循政务边际成本递增法则，即社会化任务越重，管理范围越大，相应的管理成本越高；而电子政务，遵循的是政务边际成本递减法则，"政务边际成本递减"是指社会管理的中间成本，在社会管理范围扩大中相对减少。

电子政务是一场划时代的变革，具有如下特点：

- 转变政府工作方式，提高政府行政效率和工作能力。

- 提高政府科学决策水平，进一步发扬民主。
- 优化信息资源配置，充分利用信息资源。
- 借助信息技术，降低管理和服务成本。
- 强调“以顾客为中心”的政府服务。

实训：

浏览易趣电子商务网站，并申请账户，模拟订购一件小商品。熟悉电子商务方便快捷的特点。

本章小结

本章从实际出发学习了网络的基础知识，介绍了 Internet 的基本概念和基础理论。通过本章学习，学生应理解和掌握 Internet 的发展阶段、Internet 的基本组成、我国 Internet 的发展及现阶段的情况以及 Internet 各种基本服务功能。

练习与提高一

一、填空题

1．Internet 的基本服务功能有________、________和________。

2．按覆盖的地理范围将网络分为以下三类：________、________和________。

3．Internet 从 20 世纪 60 年代末诞生以来的 30 多年，经历了________、________和________阶段。

二、选择题

1．Internet 最早起源于（ ）。

A．ARPAnet　　B．NSFnet　　C．Esnet　　D．COMnet

2．Internet 是一个（ ）。

A．大型的网络　　B．国际性组织

C．电脑软件　　D．互连网络

3．Internet 和 Intranet 两者采用同样的技术，均使用（ ）协议族。

A．TCP/IP　　B．IPX/SPS

C．SNA　　D．NETBIOS

4．路由器是（ ）上的连接，即不同网络与网络之间的连接。

A．物理层　　B．传输层

C．网络层　　D．应用层

三、简答题

1．Internet 在中国有哪些主干网？

2．什么是电子商务？电子商务有哪些交易类型？

3．什么是电子政务？电子政务有哪些特点？

4．我国的 Internet 发展经历了哪几个阶段？

5．什么是 E-mail，它能提供哪些服务？

四、实践题

1．访问中国互联网络信息中心（CNNIC）网站，了解我国互联网络信息中心的基本情况。

2．在网上搜索五个电子商务网站并浏览，了解各电子商务网站的特点和基本情况。

第 2 章　Internet 的地址和域名体系

本章的主要任务是认识 TCP/IP 分层模型，掌握网络互连涉及的主要技术及主要协议。

本章学习目标：

- TCP/IP 分层模型
- IP 地址与域名
- 地址与域名的解析
- IP 协议
- IP 协议的新发展

2.1　TCP/IP 分层模型

2.1.1　认识网络体系结构

计算机网络是一个涉及计算机技术、通信技术等多个领域的复杂系统。当今，计算机网络已经渗透到工业、商业、政府、军事等领域以及我们生活的各个方面，如此庞大而又复杂的系统要有效而且可靠地运行，网络中的各个部分就必须遵守一整套合理而严谨的结构化管理规则。使用什么规则比较好呢？在计算机网络中，分层次的体系结构是最基本的、也是合理而严谨的结构化管理规则。因此，我们在这里对网络的体系结构进行简单的阐述，对后面学习 TCP/IP 分层模型会很有帮助。

1. *层次化的网络体系结构*

互联网络是一个复杂的系统，网络的连接问题是很复杂的。在进行网络的相互连接时，必须要解决几个基本问题：首先，要解决网络之间的相互识别问题，这就要求定义识别网络的标识，用于区分不同的网络；其次，每个网络中会有许多主机，数据可以在同一个网络中的主机间相互传输，也可以被传送到别的网络中的主机中去。在各个主机相互传送数据的时候，必须指出数据需要传向何处和来自何处，所以需要使用能够标识不同主机的机制来解决网络中主机的相互识别问题；再次，在互相连接在一起的网络中传输数据时，要考虑到数据选择何种传输途径才能最快地到达目的主机，因此如何选择数据的最佳传输途径也是一个重要的问题；最后，还要解决数据在传送过程中的出现错误如何处理以及网络连接等许多技术和结构上的问题。

人们开始认识到，网络互联系统应当遵循层次化的系统模型，由各个不同的层次分别完成各自不同的功能，数据从最低层开始向上层传输直到与上层应用系统的信息交互。各种网络系统只要遵循同一系统层次结构，并且对应的各个层次也遵循同一传输规范进行数据的交换，系统就能在相互连接的各种不同网络环境下协同工作。层次化的体系结构会带来以下几点好处：

（1）某一层不需要知道其他层是如何实现的，仅需要知道该层通过层间的接口（即界面）所提供的服务，因此各层之间是相互独立的。

（2）当任何一层发生变化时（如由于技术的变化），只要层间接口关系保持不变，则在这层以上或以下的各层均不受影响。此外，对某一层提供的服务还可进行修改。当某层提供的服务不再需要时，甚至可以将这层取消，因此具有较大的灵活性。

（3）各层都可以采用最合适的技术来实现，因此结构上可分割开。

（4）整个系统被分解为若干个相对独立的子系统的这种结构，使得实现和调试一个庞大而又复杂的系统变得易于处理，即易于实现和维护。

（5）每一层的功能及其所提供的服务都有精确的说明，因此能促进标准化工作。

体系结构是研究系统各部分组成及相互关系的技术科学。计算机网络体系结构采用分层配对结构，定义和描述了计算机之间相互通信的层次，以及各层中的协议和层次之间接口的集合。网络体系结构也可以说是为了完成计算机间的通信合作，把每台计算机互连的功能划分成有明确定义的层次，并规定了同层次进程通信的协议及相邻层之间的接口和服务。即计算机网络的各层及其协议的集合统称为网络体系结构。

2. 基本概念

下面介绍在网络体系结构中所涉及的几个概念。

（1）网络协议（Network Protocol）：在网络中包含多种计算机系统，要使得它们之间能够相互通信，有条不紊地交换数据，就必须遵守一些事先约定好的规则。简单地说，网络协议就是为进行网络中数据交换而建立的规则、标准或约定。网络协议也可以简称为协议。从协议内容上看，网络协议主要由以下三个要素组成：语法、语义和同步。语法是确定协议元素的格式，即数据与控制信息的结构或格式；语义是确定协议元素的类型，即需要发出何种控制信息，完成何种动作以及做出何种响应；同步是规定事件实现顺序的详细说明，即确定通信状态的变化和过程，如通信双方的应答关系。由此可见，网络协议是计算机网络不可缺少的组成部分。

（2）实体（Entity）：在网络分层体系结构中，每一层都由一些实体组成，这些实体抽象地表示了通信时的软件元素（如进程或子程序）或硬件元素（如智能 I/O 芯片等）。实体是通信时能发送和接收信息的任何软硬件设施。

（3）接口（Interface）：分层结构中各相邻层之间要有一个接口，它定义了较低层向较高层提供的原始操作和服务。

对于网络结构化层次模型，其特点是每一层都建立在前一层的基础上，较低层只是为较高一层提供服务。这样，每一层在实现自身功能时，都直接使用较低一层提供的服务，而间接地使用了更低一层提供的服务，并向较高的一层提供更完善的服务，同时屏蔽了具体实现这些功能的细节。

2.1.2　TCP/IP 协议及层次

为了使各种不同厂商的计算机设备能够相互通信，必须解决网络体系结构的标准化问题，即制定适应于国际范围的标准。国际标准化组织 ISO 于 1977 成立了专门机构来研究这个问题，不久就提出一个试图使各种计算机在世界范围内互连成网的标准框架，即著名的开放系统互连基本参考模型 OSI/RM，简称 OSI。并于 1983 年形成了开放系统互连基本参考模型的正式文件，即著名的 ISO 7498 国际标准。OSI 参考模型中采用了七个层次的体系结构，从下往上分别是：物理层、数据链路层、网络层、传输层、会话层、表示层和应用层。OSI 参考模型虽然概念清楚，体系结构理论较完整，但其过于复杂，又不实用。现在流行的因特网体系结构中已经不再使用 OSI 模型了。因此本书对 OSI 参考模型不作详细介绍，目前 TCP/IP 体系结构是在互联网中应用最广泛的网络体系。

1. TCP/IP 概述

20 世纪 60 年代后期，在美国开始了以美国国防部（the Department of Defense，DoD）为中心开展的通信技术研究。DoD 认为，通信对于军事来说是一个极其重要的问题，并极力主张研究包交换技术，希望将其发展成一种在遭到一定程度的破坏后仍旧能够继续工作的通信技术。为了进一步研究，在美国国防部高级研究计划署 DARPA（Defence Advanced Research Projects Agency）的资金支持下建立了 ARPANET。多年之后，ARPANET 的一个研究小组于 1975 年开发出了 TCP/IP，并最终在 1982 年形成了标准。与 OSI/RM 一样，TCP/IP 也是一个层次化的模型，不过 TCP/IP 是一个相当精练的实用系统模型，它采用四层的结构，并把标准制订集中在其中关键的两层中。

TCP/IP（Transmission Control Protocol/Internet Protocol）是指传输控制协议/网际协议。它由两个主要协议即 TCP 协议和 IP 协议而得名。TCP/IP 是 Internet 上所有网络和主机之间进行交流所使用的共同“语言”，是 Internet 上使用的一组完整的标准网络连接协议。通常所说的 TCP/IP 协议实际上包含了大量的协议和应用，且由多个独立定义的协议组合在一起，因此，更确切地说，应该称其为 TCP/IP 协议集。

TCP/IP 协议具有以下几个特点：

- 开放的协议标准，可以免费使用，并且独立于特定的计算机硬件与操作系统。
- 独立于特定的网络硬件，可以运行在局域网、广域网中，更适用于互联网中。
- 统一的网络地址分配方案，使得整个 TCP/IP 设备在网中都具有惟一的地址。
- 标准化的高层协议，可以提供多种可靠的用户服务。

2. TCP/IP 的层次结构

TCP/IP 共有四个层次，分别是网络接口层、互联层、传输层和应用层。TCP/IP 的层次结构与 OSI 层次结构的对照关系如表 2-1 所示。

表 2-1 TCP/IP 与 OSI 模型的层次结构对应关系

OSI 参考模型	TCP/IP 参考模型
应用层	应用层
表示层	
会话层	
传输层	传输层
网络层	互联层
数据链路层	网络接口层
物理层	

（1）网络接口层。TCP/IP 模型的最低层是网络接口层，对应于 OSI 模型中的物理层和数据链路层。其主要功能是负责接收 IP 数据报并发送至选定的网络。网络接口层提供了 TCP/IP

协议与各种物理网络的接口，为数据报的传送和校验提供了可能。这些物理网络包括各种局域网和广域网，如 Ethernet、Token Ring、X.25 公共分组网等。网络接口层也为在其上的网络层提供服务。

（2）互联层。互联层是在 Internet 标准中正式定义的第一层，对应于 OSI 模型的网络层。该层提供了简单的数据流传送服务，它所执行的主要功能是接收来自传输层发来的请求，将带有目的地址的数据流发送出去。数据流是被封装到数据报中的，通过使用路由算法来决定数据报是直接传送给目的主机还是传给路由器，然后把数据报送至相应的网络接口来传送。在互联层中，最常用的协议是网际协议 IP，其他一些协议（如 ICMP、IGMP、ARP、RARP）是用来协助 IP 操作的。

（3）传输层。TCP/IP 的传输层也被称为主机至主机层，与 OSI 模型的传输层对应，它主要负责提供应用层之间的通信，即主机到主机之间的端对端的通信。其主要功能是管理数据流，提供可靠的传输服务，以确保数据无差错地按序到达。该层使用了两种协议来支持两种数据的传送方法，即 TCP 协议和 UDP 协议。

（4）应用层。在 TCP/IP 模型中，应用程序接口是最高层，它与 OSI 模型中的会话层、表示层和应用层三层对应，都用于提供网络服务，如文件传输、远程登录、域名服务和简单网络管理等。

3. TCP/IP 协议集

在 TCP/IP 的层次结构中包括了四个层次，但只有应用层、传输层、互联层包含了实际的协议。TCP/IP 中各层的协议如表 2-2 所示。

表 2-2　TCP/IP 协议集

ICP/IP 中的各层	协议名
应用层	SMTP，FTP，DNS，SNMP，NFS，HTTP，TELNET
传输层	TCP，UDP
互联层	ICMP，IGMP，IP，ARP，RARP
网络接口层	与各种网络接口（以太网，令牌网，帧中继网，ATM 网）

（1）网络接口层的协议。网络接口层所用的协议为各通信子网本身固有的协议，例如，以太网的 IEEE 802.3 协议、令牌网的 IEEE 802.5 协议以及分组交换网的 X.25 协议等。它不是 TCP/IP 协议的一部分，但它是 TCP/IP 赖以存在的与各种通信子网之间的接口。

（2）互联层的协议。网际协议 IP 是 TCP/IP 体系中两个最主要的协议之一，也是最重要的因特网标准协议之一。与 IP 协议配套使用的还有四个协议：地址解析协议 ARP、逆地址解析协议 RARP、因特网差错控制协议 ICMP 和因特网组管理协议 IGMP。

网际协议（Internet Protocol，IP）。IP 协议的任务主要有两方面：一是对数据报进行寻址和路由选择，并从一个网络转发到另一个网络。IP 协议在每个发送的数据报前加入一个控制信息，其中包含了源主机的 IP 地址、目的主机的 IP 地址和其他一些信息。二是分片和重组在传输层被分割的数据报。数据在传输过程中要经过不同的网络，而每种网络所支持传输的数据报的大小是不同的，当数据报要经过数据报长度较小的网络时，IP 协议就要在发送端将数据报分割成较小的数据报片，然后在分割的每一数据报片前再加入控制信息进行传输。当接收端接收到数据报后，IP 协议再将所有的数据报片重新组合恢复原始数据。

IP 协议提供了一种不可靠、无连接的数据报传输机制。不可靠的意思是它不能保证 IP 数据报能成功地到达目的地。IP 协议仅提供最好的传输服务，但它对数据没有差错控制能力，它只使用报头的校验码，不提供重发和流量控制。无连接的意思是 IP 协议并不维护任何关于后续数据报的状态信息，每个数据报的处理是相互独立的。IP 数据报可以不按发送顺序接收，它不提供端到端的或结点到结点的确认。

地址解析协议（ARP）和逆地址解析协议（RARP）。计算机网络中各主机之间要进行通信时，必须要知道彼此的物理地址。因此，在 TCP/IP 的网络层有 ARP 和 RARP 协议，它们的作用是将源主机和目的主机的 IP 地址与它们的物理地址相匹配。

因特网差错控制协议（Internet Control Message Protocol，ICMP）。因特网差错控制协议 ICMP 的任务是为 IP 协议提供差错报告。由于 IP 是无连接的，且不进行差错检验，当网络上发生错误时它不能检测错误。向发送 IP 数据报的主机汇报错误就是 ICMP 的责任。例如，如果某台设备不能将一个 IP 数据报转发到另一个网络，它就向发送数据报的源主机发送一个消息，并通过 ICMP 协议解释这个错误。ICMP 协议能够报告一些普通错误类型，如目的地无法到达、阻塞、参数出错等。

因特网组管理协议（Internet Group Management Protocol，IGMP）。IP 协议只是负责网络中点到点的数据报传输，而点到多点的数据报传输则要依靠因特网组管理协议 IGMP 来完成。它主要负责报告主机组之间的关系，以便相关的设备（路由器）可支持多播发送。

（3）传输层协议。

传输控制协议（Transmission Control Protocol，TCP）。TCP 协议是 TCP/IP 体系中面向连接的传输层协议，它提供全双工的和可靠交付的服务，解决了 IP 协议的不安全因素。TCP 协议能保证数据报能够按照正确的传输顺序，准确无误地发送到互联网上的其他机器。如果在传输期间出现丢报或错报的情况，TCP 负责重新传输出错的报，这样的可靠性使得 TCP/IP 协议在会话式传输中得到充分应用。

用户数据报协议（User Datagram Protocol，UDP）。UDP 协议是一个不可靠的、无连接用户数据报服务，用于不需要进行数据排序和流量控制的情况，它仅通过端口号指明发送程序端口和接收程序端口，不保证数据报一定到达目的主机。虽然 UDP 与 TCP 相比显得非常不可靠，但在一些特定的环境下还是非常有优势的。例如，要发送的信息较短，不值得在主机之间建立一次连接。另外，面向连接的通信通常只能在两个主机之间进行，若要实现多个主机之间的一对多或多对多的数据传输，即广播或多播，就需要使用 UDP 协议。

（4）应用层协议。在 TCP/IP 模型中，应用层包括所有的高层协议，而且总是不断有新的协议加入，应用层的协议主要有以下几种：

- 远程终端协议 TELNET：提供远程登录（终端仿真）服务，即允许一台主机上的用户登录到远程主机上并且进行工作。如 BBS 就是用的这个登录。
- 文件传输协议 FTP：FTP 提供了有效地把数据从一台主机传输到另一台主机的方法，即提供远程文件访问服务。
- 简单邮件传输协议 SMTP：SMTP 实现了主机之间电子邮件的传送。
- 域名服务 DNS：用于实现如何将域名映射成 IP 地址。
- 动态主机配置协议 DHCP：实现对主机的地址分配和配置工作。

- 路由信息协议 RIP：用于网络设备之间交换路由信息。
- 超文本传输协议 HTTP：用于 Internet 中的客户机与 WWW 服务器之间的数据传输。如我们现在能看到网上的图片、动画、音频等，都是由于 HTTP 协议的作用。
- 网络文件系统 NFS：实现主机之间的文件系统的共享。
- 引导协议 BOOTP：用于无盘主机或工作站的启动。
- 简单网络管理协议 SNMP：实现简单网络管理。

相关知识链接

在计算机服务中，如果按连接方式来分的话，可分为“有连接服务”和“无连接服务”两种。“有连接服务”必须先建立连接才能提供相应服务，而“无连接服务”则不需先建立连接就能提供相应服务。TCP 协议是一种典型的有连接服务，IP 协议、UDP 协议则是典型的无连接服务。

2.2　IP 地址与域名

2.2.1　掌握 IP 地址及分类

在 TCP/IP 体系中，IP 地址是使用 Internet 及其相连的网络系统必然要涉及到的十分重要的概念，所以一定要弄清楚 IP 地址的含义。

1．IP 地址及其表示方法

IP 协议要求参加 Internet 的网络节点要有一个统一规定格式的地址，这个地址称为符合 IP 协议的地址，一般被称为 IP 地址。

IP 地址就像我们身边的街道号码，用来标识网上计算机的“住址”。在 Internet 上进行信息交换的基本要求就是网上的所有主机必须具有惟一的地址，就像日常生活中朋友之间相互通信需要写明通信地址一样。它是惟一的，具有固定、规范的格式。

IP 地址可以被表示为二进制格式。二进制表示的 IP 地址中，每个 IP 地址含 32 位，被分为 4 段，每段 8 位，如 10110011 01101011 01000011 00010001。段与段之间也可以用句点“.”分隔，如：10110011.01101011.01000011.00010001。IP 地址由两部分组成：网络号（net-id）和主机号（host-id）。网络号标志主机（或路由器）所连接到的网络，而主机号标志该主机（或路由器）。这种两级的 IP 地址可以记为：

IP 地址 ∷={<网络号>，<主机号>}

如图 2.1 所示，IP 地址的前 24 位表示网络号，后 8 位表示主机号。

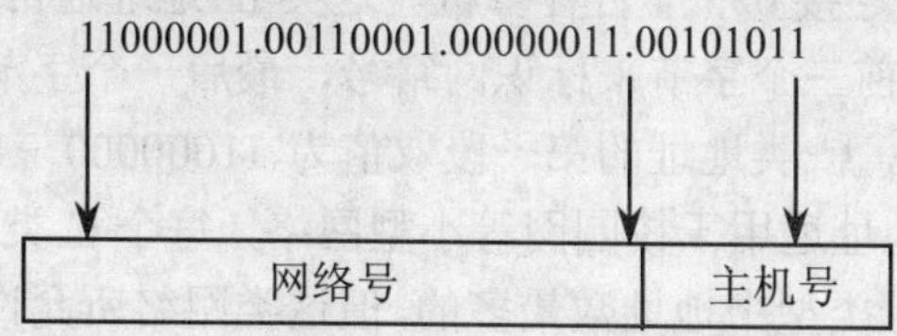

图 2.1　IP 地址的网络号、主机号划分

为了便于表达和识别，避免读写困难，IP 地址除了以二进制形式表示外，也常以十进制

形式表示。表示方法是这样的：每个字节用一个十进制表示，并以句点“.”分隔。比如采用 32 位形式的 IP 地址 00001010.00001100.10000001.00000011，如果使用十进制的形式则为 10.12.129.3，再如 32 形式的 IP 地址 10000010.01101010.00001001.00011001，如果使用十进制的形式表示则为：130.106.9.25。这就是 IP 地址的点分十进制记法。点分十进制的 IP 地址的每段所能表示的十进制数最大不超过 2^8-1，即 255。

2. IP 地址的分类

由于各种网络差异很大，有的网络拥有很多主机，而有的网络上的主机则很少。为适应不同大小的网络。Internet 定义了 5 种 IP 地址类型：A、B、C、D、E 类。可以通过 IP 地址的前几位来确定地址的类型。图 2.2 给出了各种 IP 地址的网络号字段和主机号字段，这里 A 类、B 类和 C 类地址是最常用的。

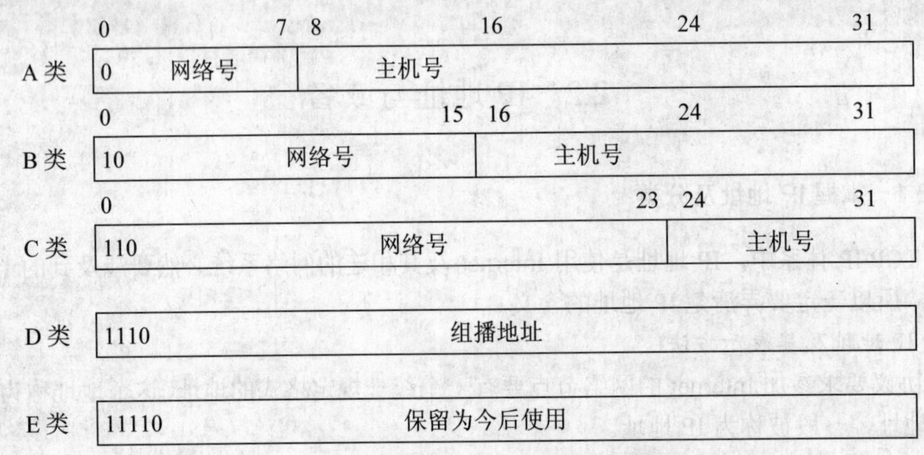

图 2.2 IP 地址中的网络号字段和主机号字段

（1）A 类 IP 地址：用第一个字节来标识网络号，后三个字节标识主机号。该类 IP 地址的最前面一位固定为“0”，可提供使用的网络号是 126 个（即 2^7-2）。网络号为 0 和 127 的网络为特殊网络地址。主机号没有做硬性规定。A 类地址是为大型政府网络而提供的，全世界总共只有 126 个 A 类网络。每个 A 类网络最多可以连接 16777214 台计算机。这类地址数是最少的，但这类网络所允许连接的计算机数是最多的。

（2）B 类 IP 地址：用前两个字节来标识网络号，后两个字节标识主机号。该类 IP 地址规定前面两位为“10”，也就是说，B 类地址的第一段为 10000000～10111111 之间，转换成十进制后即为 128～191 之间。B 类地址适用于中等规模的网络，全世界大约有 16000 个 B 类网络，每个 B 类网络最多可以连接 65534 台计算机。这类 IP 地址通常为中等规模网络提供。

（3）C 类 IP 地址：用前三个字节来标识网络号，最后一个字节标识主机号。该类 IP 地址规定最前面三位为“110”，C 类地址的第一段取值为 11000000～11011111 之间，转换成十进制后即为 192-223。C 类地址适用于校园网等小型网络，每个 C 类网络最多可以有 254 台计算机。这类地址是所有的地址类型中地址数最多的，但这类网络所允许连接的计算机是最少的。这类 IP 地址可分配给任何有需要的人。其中 192.168.0.0～192.168.255.255 为企业局域网专用地址段。

（4）D 类地址：它用于多重广播组，一个多重广播组可能包括 1 台或更多主机，或根本没有。D 类地址的最高四位为“1110”，它的地址范围为 224.0.1.1～239.255.255.255。在多重广播操作中没有网络或主机位，数据报将传送到网络中选定的主机子集中，只有注册了多重广播地址的主机才能接收到数据包。Microsoft 支持 D 类地址，用于应用程序将多重广播数据发送到网络间的主机上，包括 WINS 和 Microsoft NetShow。

（5）E 类地址：这是一个通常不用的实验性地址，保留作为以后使用。E 类地址的最高位为 11110。

这样，我们就可以得出表 2-3 所示的 IP 地址的使用范围。

表 2-3　IP 地址的使用范围

网络类型	最大网络数	第一个可用的网络数	最后一个可用的网络数	每个网络中的最大主机数
A	126（2^7-2）	1	126	16777214
B	16384（2^{14}）	128.0	191.255	65534
C	2097152（2^{21}）	192.0.0	223.255.255	254

2.2.2　了解子网掩码

1. 划分子网

互联网开始时只被少数人使用，仅仅是几百个网络和上千台计算机的互联网。而最初设计的 32 位的 IP 地址可供分配的 A 到 C 类地址网络号超过 211 万个，这些网络上可供使用的主机号超过 37.2 亿个。这么大的地址空间在当时来看似乎已经够用了，但由于互联网超出人们想象的发展进度，使得网络数迅速增长，这种情况使得当初设计的两级 IP 地址不能满足目前的需要。而且 IP 地址在使用过程中又有很大的浪费，例如，某个单位申请一个 B 类地址，可以使用 6 万 5 千多个主机号，但是这个单位只有几百台机器，显然大量的 IP 地址被浪费了。

为解决出现的问题，目前最常用的办法是对一个较高类别的 IP 地址进行细划，划分成多个子网，然后再将不同的子网提供给不同规模大小的用户群使用。这种做法叫作划分子网。一个拥有许多物理网络的单位，可将所属的物理网络划分为若干个子网（subnet）。划分子网纯属一个单位内部的事情。本单位以外的网络看不见这个网络是由多少个子网组成的，因为这个单位对外仍然表现为一个没有划分子网的网络。

划分子网的方法是从网络的主机号借用若干个比特作为子网号 subnet-id，而主机号也就相应减少了若干个比特。于是两级的 IP 地址在本单位内部就变为三级的 IP 地址：网络号、子网号和主机号。可以用以下记法表示：

IP 地址 ∷={<网络号>,<子网号>,<主机号>}

2. 子网掩码

子网掩码用来标识两个 IP 地址是否同属于一个子网。它也是一组 32 位长的二进制数值，其每一位上的数值代表不同含义：为“1”则代表该位是网络位；若为“0”则代表该位是主机位，如 11111111.11111111.00000000.00000000。和 IP 地址一样，人们同样使用“点分十进制”来表示子网掩码，如 255.255.0.0。

若一个单位不进行子网划分，则其子网掩码即为默认值，此时子网掩码中的“1”的长度就是网络号的长度。显然，A 类地址的默认子网掩码是 255.0.0.0，B 类地址的默认子网掩码是

255.255.0.0，C 类地址的默认子网掩码是 255.255.255.0。

（1）确定子网掩码的方法。在实际应用时，全 0 和全 1 的子网号是不能使用的，所以如果有子网则一定要配置。如何方便快捷地对一个 IP 地址进行划分，准确地计算每个子网的掩码，方法的选择很重要。下面介绍一下两种确定子网掩码的方法。

方法 1：利用子网数来计算子网掩码。步骤如下：

1）将子网数目从十进制数转化为二进制数。

2）统计由“1”得到的二进制数的位数，设为 N。

3）先求出此 IP 地址对应的地址类别的子网掩码。再将求出的子网掩码的主机号的前 N 位全部置 1，这样即可得出该 IP 地址划分子网的子网掩码。

例如：需将 B 类 IP 地址 167.194.0.0 划分成 26 个子网：

1）$(26)_{10}=(11010)_2$。

2）此二进制的位数是 5，则 N=5。

3）由于此 IP 地址为 B 类地址，而 B 类 IP 地址的子网掩码默认值的二进制形式为：11111111.11111111.00000000.00000000，且 B 类地址的主机号是后两个字节。于是将子网掩码默认值中的主机号前 5 位全部置 1，则子网掩码的二进制形式为：11111111.11111111.

11111000.00000000，转化为点分十进制形式为：255.255.248.0，这就是划分成 26 个子网的 B 类 IP 地址 167.194.0.0 的子网掩码。

方法 2：利用主机数来计算子网掩码。步骤如下：

1）将主机数目从十进制数转化为二进制数。

2）如果主机数小于或等于 254（注意应去掉保留的两个 IP 地址），则统计由“步骤 1)”中得到的二进制数的位数，设为 N；如果主机数大于 254，则 N>8，也就是说主机地址将超过 8 位。

3）使用 255.255.255.255 将此类 IP 地址的主机号全部置为 1，然后按照“从后向前”的顺序将 N 位全部置为 0，所得到的数值即为所求的子网掩码值。

例如：需将 B 类 IP 地址 167.194.0.0 划分成若干个子网，每个子网内有主机 400 台：

1）$(400)_{10}=(110010000)_2$。

2）此二进制的位数是 9，则 N=9。

3）将该 B 类地址的子网掩码 11111111.11111111.00000000.00000000 的主机号全部置 1，得到 11111111.11111111.11111111.11111111。然后再从后向前将后 9 位置 0，可得：11111111.11111111.11111110.00000000，转化为点分十进制形式即为：255.255.254.0。这就是划分成主机为 400 台的 B 类 IP 地址 167.194.0.0 的子网掩码。

（2）通过子网掩码确定网络号和主机号的方法。将 IP 地址与子网掩码进行按位“与”运算后得到的结果即为网络号；将子网掩码按位“反”运算后再与 IP 地址“与”运算得到的结果即为主机号。

例如，主机的 IP 地址为 192.168.10.2，子网掩码为 255.255.255.0，求该主机的网络号和主机号。步骤如下：

1）IP 地址 192.168.10.2 转换成二进制数为 11000000.10101000.00001010.00000010。

2）子网掩码 255.255.255.0 转换成二进制数 11111111.11111111.11111111.00000000。

3）IP 地址与子网掩码进行“与”运算，结果为：11000000.10101000.00001010.00000000，

转换为十进制形式为 192.168.10.0，此即为主机的网络号。

4）将子网掩码取“反”运算得 00000000.00000000.00000000.11111111。

5）再与 IP 地址 11000000.10101000.00001010.00000010 按位“与”运算，结果为：00000000.00000000.00000000.00000010，转换为十进制形式为 0.0.0.2，此即为主机的主机号。

可以看出，如果两个 IP 地址分别与同一个子网掩码进行按位“与”计算后得到相同的结果，即表明这两个 IP 地址处于同一个子网中。

2.2.3 认识域名与域名系统

1. 域名

前面介绍的IP地址是以数字形式表示计算机的地址，这种形式人们记忆起来是非常困难的。于是提出采用域名来代表IP地址的方法。通过为每台计算机建立IP地址与域名地址之间的映射关系，用户可以在网上避开难以记忆的IP地址，而用域名地址来惟一标记网上的计算机。

域名地址与IP地址的关系类似于一个人的姓名与身份证号码之间的关系。域名是IP地址的一个人性化的假名，它便于理解、记忆和交流。域名是一个逻辑概念，它不必与物理地点相一致。对于一个组织来说有不同的部门，可以根据部门的实际情况选择不同层次的域名构造。与邮政通信中使用国家、城市、街道和门牌号码表示地址的方法类似，域名也采用层次命名法。一个域名由若干个分量组成，各分量分别授权给不同的机构管理，分量之间用圆点（.）隔开：

…三级域名.二级域名.顶级域名

各分量分别代表不同级别的域名。每一级域名都由英文字母和数字组成（不超过 63 个字符，并且不区分大小写字母），级别最低的在最左边，而级别最高的顶级域名则写在最右边。完整的域名不超过 255 个字符。1998 年以后，非赢利组织互联网名称与数字地址分配机构（The Internet Corporation for Assigned Names and Numbers，ICANN）成为因特网的域名管理机构。

现在顶级域名有三大类：

（1）国家顶级域名 nTLD：采用 ISO 3166 的规定。如：cn 表示中国，us 表示美国，uk 表示英国等。国家顶级域名又常记为 ccTLD（cc 表示国家代码 country-code），现在使用的国家顶级域名约有 200 个左右。

（2）国际顶级域名 iTLD：只有 int。要求只有国际性的组织才可在 int 下注册二级域名。如国际联盟或国际组织。

（3）通用顶级域名 gTLD：根据规定，最早的顶级域名共六个，即：①com 表示公司企业；②net 表示网络服务机构；③org 表示非赢利性组织；④edu 表示教育机构（美国专用）；⑤gov 表示政府部门（美国专用）；⑥mil 表示军事部门（美国专用）。

由于因特网上用户的急剧增加，从 2000 年 11 月起，ICANN 又新增加了七个通用顶级域名，即：①aero 用于航空运输企业；②biz 用于公司和企业；③coop 用于合作团体；④info 用于各种情况；⑤museum 用于博物馆；⑥name 用于个人；⑦pro 用于会计、律师和医师等自由职业者。

在国家顶级域名下注册的二级域名均由该国家自行确定。在中国（cn）将二级域名划分为“类别域名”和“行政区域名”两大类。

其中类别域名有六个，分别为：①ac 表示科研机构；②com 表示工、商、金融等企业；③edu 表示教育机构；④gov 表示政府部门；⑤net 表示互联网络、接入网络的信息中心（NIC）

和运行中心（NOC）；⑥org 表示各种非盈利性的组织。

行政域名有 34 个，适用于我国的各省、自治区、直辖市。例如：sh 为上海市；hl 为黑龙江省等。我国的二级行政域名如表 2-4 所示。

表 2-4 我国的二级行政域名

域名	省/市	域名	省/市	域名	省/市	域名	省/市
bj	北京市	qh	青海省	yn	云南省	xz	西藏自治区
sh	上海市	ln	辽宁省	sn	陕西省	xj	新疆维吾尔族自治区
tj	天津市	jl	吉林省	gs	甘肃省	gx	广西壮族自治区
hl	黑龙江省	sd	山东省	jx	江西省	nx	宁夏回族自治区
js	江苏省	ha	河南省	sx	山西省	nm	内蒙古自治区
cq	重庆市	hn	湖南省	ah	安徽省	hb	湖北省
he	河北省	gd	广东省	sc	四川省	mo	澳门
fj	福建省	hi	海南省				

在我国，在二级域名 edu 下申请注册三级域名则由中国教育和科研计算机网网络中心负责。在二级域名 edu 以外的其他二级域名下申请注册三级域名的，则应向中国互联网网络信息中心 CNNIC 申请。关于我国的互联网发展情况以及各种规定，均可在 CNNIC 的网址上找到。

图 2.3 为域名的层次结构示意图。可以看出，域名的层次结构实际上是一个倒过来的树，树根在最上面而没有名字。树根下面一级的结点就是最高一级的顶级域名。顶级域名的下面一级就是二级域名，如图中的.com 下的二级域名有惠普、中央电视台等。在顶级域名 cn（中国）下的二级域名包括我国规定的 6 个类别域名以及 34 个行政域名，如北京市、上海市等。凡在二级域名下注册的单位就可以获得三级域名。图中给出的 edu 下面的三级域名有清华大学、北京大学、哈尔滨工业大学等。一旦某个单位拥有了一个域名，它就可以自己决定是否要进一步划分其下属的子域，并且不必将这些子域的划分情况报告上级机构。图中显示了在顶级域名 com 下的中央电视台自己划分的三级域名 news。在清华大学下自己划分的四级域名有 news、qhdwzy 等。域名树的树叶就是单台计算机的名字，它不能再继续往下划分子域了。

注意，在图 2.3 中虽然中央电视台和清华大学都各有一台计算机取名为 news，但它们的域名并不一样，因为前者是 news.cctv.com，而后者是 news.tsinghua.edu.com.cn。因此，即使在世界上还有很多单位的计算机取名为 news，它们在因特网中的域名却都是各不相同的。

2. 域名系统

Internet 对每台计算机的命名方案称为域名系统（DNS，Domain Name System）。有了域名系统，当用户要和 Internet 上某台计算机交换信息时，只需使用域名，域名系统会自动将域名转换成 IP 地址，找到该台计算机。

域名系统规定了最高域的值，称为 DNS 的顶层。当一个组织希望参加域名系统时，必须申请一个顶层域下的域名。一旦一个组织拥有一个已申请的域，就可以决定是否设置进一步的层次结构。一般来说，对于一个规模小的组织可以不再设置下一层的域，而对于规模大的组织就有必要设置多层结构。

域名系统允许每个组织为计算机设置域名或改变这些域名。每个连到 Internet 的网络中都至少有一个域名服务器，称 DNS 服务器。利用 DNS 服务器完成域名到 IP 地址的翻译工作。DNS 服务器中存有该网络中所有计算机的域名和对应的 IP 地址，每当用户在 IE 浏览器输入域名时，计算机中的 TCP/IP 协议将待翻译的域名放在一个 DNS 请求消息中，并发给 DNS 服务器。服务器从请求中取出域名，通过查找 DNS 服务器中的数据库列表将其翻译成对应的 IP 地址，然后在一个应答消息中将结果地址返回给 IE 应用，接着用户的 IE 应用在发出的请求包中添加上该网站的 IP 地址作为目的地址发送给对方。即在 Internet 上是以 IP 地址区分某台计算机而不是域名，域名仅是为了我们便于记忆而使用的。

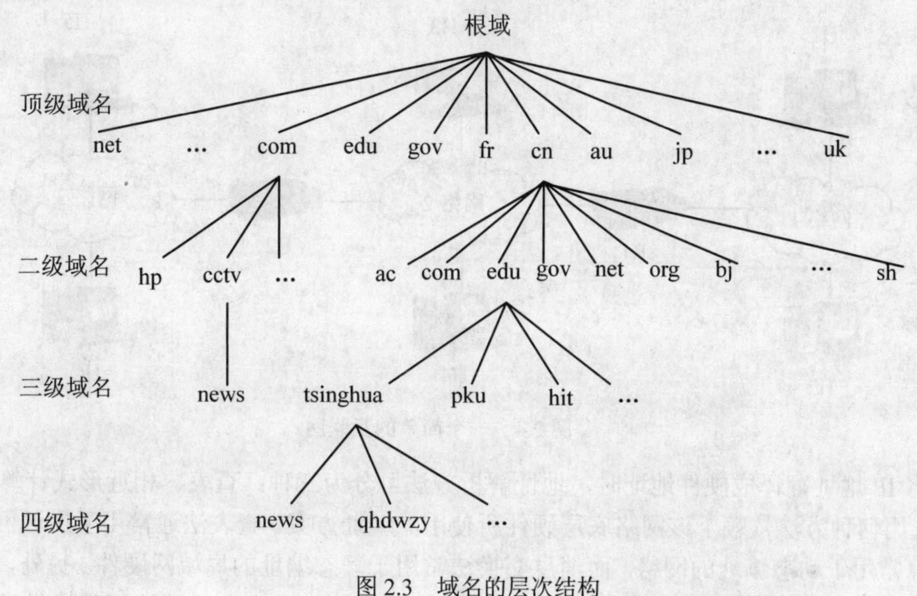

图 2.3　域名的层次结构

2.3　地址与域名的解析

2.3.1　初识地址解析

在 Internet 中，源站点和目的站点的地址都是用 IP 地址来表示的。当在网络上传输数据时，一旦下一站点的目的地址确定了，就可以通过一个物理网络将数据传送给指定的目的站点了。但在物理网络的硬件传送数据时，不能使用 IP 地址，因为 IP 地址是由软件提供的抽象地址，物理网络的硬件并不知道如何根据 IP 地址来定位一台计算机。在物理网络中，所有地址都要用硬件物理地址（即 MAC 地址）。因此，在传送之前，必须将下一站的 IP 地址翻译成等价的硬件物理地址。

将一台计算机的 IP 地址翻译成等价的硬件地址的过程称为地址解析（Address Resolution），即 IP 地址被解析为正确的硬件地址。地址解析限于一个局域网内，即一台计算机能够解析另一台计算机地址的条件是这两台计算机都连在同一物理网络中，一台计算机无法解析远程网络上的计算机的物理地址。

图 2.4 是一个简单的互联网，其中，路由器 R1 和 R2 连接了三个物理网，每个网络连有

两台主机。只有同一物理网络的计算机之间才能相互解析计算机的地址。即主机 H1 只能解析主机 H2 和路由器 R1 的地址。如果主机 H1 要发送数据给 H6，网 1 中的 H1 不能解析位于网络 3 的 H6 的地址。H1 首先确定数据必须经过路由器 R1，就解析 R1 的地址，并将数据发给 R1；R1 能够确定数据必须发给 R2，且 R1 和 R2 都连着网 2，因而能够解析 R2 的地址，并将数据发给 R2；最后，R2 收到数据并判断目的地 H6 连在网 3 上，且 R2 连着网 3，因而能够解析网 3 上的 H6 的地址，然后将数据发送给 H6。这个例子说明了在发送数据之前都要先解析下一站的地址。

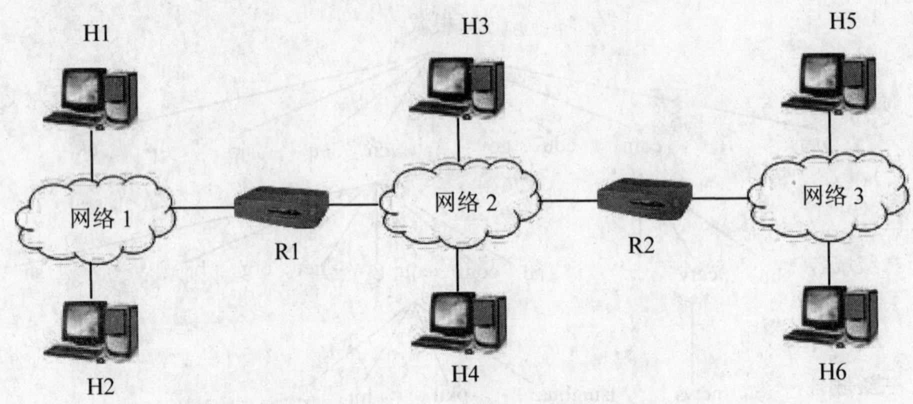

图 2.4　一个简单的互联网

将 IP 地址翻译成硬件地址时，地址解析方法可分为三种：查表、相近形式计算和消息交换。选用何种方法依赖于该网络底层硬件所使用的编址方案。查表法通常用于广域网，相近形式计算常用于动态编址的网络，而消息交换法常用于静态编址的局域网硬件。另外，为使所有计算机对用于地址解析的消息在精确格式和含义上达成一致，TCP/IP 协议集提供了地址解析协议 ARP 和反向地址解析协议 RARP 标准。

ARP 协议实现了 IP 地址到硬件地址的转换。ARP 标准定义了两类基本的消息：一类是请求，另一类是应答。请求消息包含一个 IP 地址和对相应硬件地址的请求；应答消息既包含发来的 IP 地址，也包含相应的硬件地址。

RARP 协议可以实现硬件地址到 IP 地址的转换，使只知道自己硬件地址的主机能够知道其 IP 地址，是 ARP 协议的逆过程。这种主机往往是无盘工作站。无盘工作站在启动时，只知道自己的网络接口的硬件地址，而不知道自己的 IP 地址。它首先要使用 RARP 得到自己的 IP 地址后，才能和其他服务器通信。在一台无盘工作站启动时，工作站首先以广播方式发出 RARP 请求，RARP 服务器有一个事先做好的从无盘工作站的硬件地址到 IP 地址的映射表，当收到请求后，RARP 服务器就从映射表查出该无盘工作站的 IP 地址，然后写入 RARP 响应报，发回给无盘工作站。

2.3.2　了解域名解析

域名解析就是域名到 IP 地址的转换过程。IP 地址是网络上标识主机的数字地址，为了简单好记，采用域名来代替 IP 地址标识主机地址。域名的解析工作由域名服务器完成。

域名解析的过程是这样的：当某一个应用进程需要将主机名解析为 IP 地址时，该应用进程就成为域名系统 DNS 的一个客户，并将待解析的域名放在 DNS 请求报文中，以 UDP 数据报方式发给本地域名服务器(使用 UDP 是为了减少开销)。本地的域名服务器在查找到域名后，将对应的 IP 地址放在回答报文中返回。应用进程获得目的主机的 IP 地址后即可进行通信。若本地域名服务器不能回答该请求，则此域名服务器就暂时成为 DNS 中的另一个客户，并向其他域名服务器发出查询请求。这种过程直至找到能够回答该请求的域名服务器为止。

域名服务器提供了递归查询、迭代查询和反复查询三种解析方式。下面以递归查询为例来说明解析的过程。图 2.5 表示了查询 IP 地址的过程。假定域名 m.xyz.com 的主机想知道另一个域名为 n.x.abc.com 的主机的 IP 地址。于是向其本地的域名服务器 dns.xyz.com 查询。由于查询不到，就向其上一层的域名服务器 dns.com 查询。根据被查询的域名中的“abc.com”再向域名服务器 dns.abc.com 发送查询报文，最后再向域名服务器 dns.x.abc.com 查询。以上的查询过程如图 2.5 中的①→②→③→④的顺序所示。得到查询结果后，按照图中的⑤→⑥→⑦→⑧的顺序将回答结果传送给本地域名服务器 dns.xyz.com。

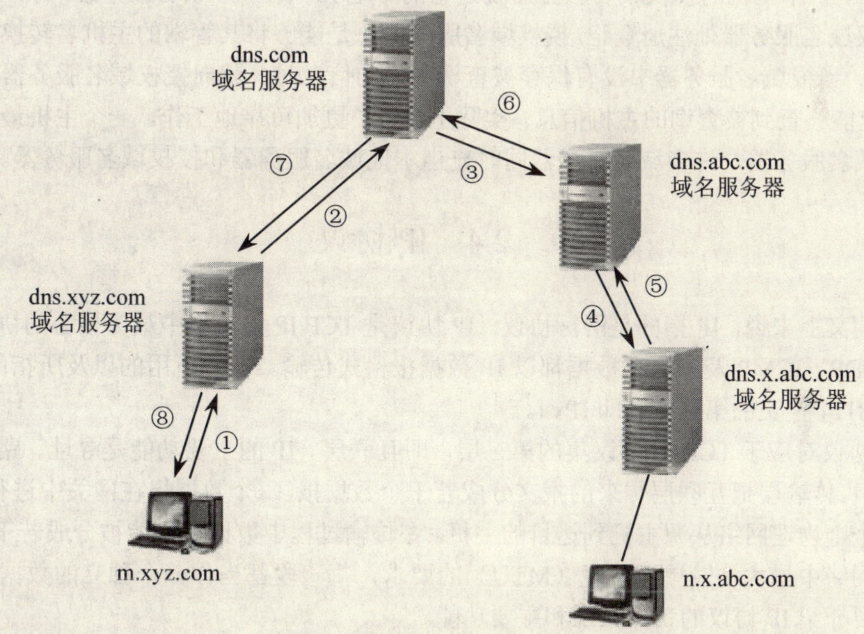

图 2.5　域名解析过程举例

2.3.3　认识域名服务器

每一个域名服务器不但能够进行一些域名到 IP 地址的解析，而且还必须能够连向其他域名服务器。这样当自己没有保存要解析的主机 IP 地址时，就可以到其他域名服务器中去查询。

因特网上的域名服务器系统也是按照域名的层次来安排的。每一个域名服务器都只对域名体系中的一部分进行管辖。现在共有以下三种不同类型的域名服务器。

1. 本地域名服务器

每一个因特网服务提供者 ISP 或一个大学，甚至一个大学里的系，拥有的都是一个本地域名服务器。本地域名服务器离用户较近，一般不超过几个路由器的距离。当所要查询的主机也属于同一个本地 ISP 时，该本地域名服务器立即就能将所查询的主机名转换为 IP 地址，而不需要再去询问其他的域名服务器。

2. 根域名服务器

通常根域名服务器用来管辖顶级域（如.com）。目前在因特网上有十几个根域名服务器，大部分都在北美。根域名服务器并不直接对顶级域下面所属的所有域名进行转换，但它一定能够找到下面的所有二级域名的域名服务器。当某个主机向一个本地域名服务器发出查询请求后，如果该本地域名服务器没有保存被查询主机的信息，该本地域名服务器就以 DNS 客户的身份向某一个根域名服务器查询。如果根域名服务器有被查询主机的信息，就发送 DNS 回答报文给本地域名服务器，然后本地域名服务器再回答发起查询的主机；而当根域名服务器没有被查询主机的信息时，它一定知道某个保存有被查询的主机名字映射的授权域名服务器的 IP 地址。

3. 授权域名服务器

通常，一个主机的授权域名服务器就是它的本地 ISP 的一个域名服务器。每一个主机都必须在授权域名服务器处注册登记。授权域名服务器总是能够将其管辖的主机名转换为该主机的 IP 地址。当根域名服务器中没有保存被查询主机的信息时，就向授权域名服务器发出查询请求，一定能够查到被查询的主机信息。实际上，为了更加可靠地工作，一个主机最好有至少两个授权域名服务器。许多域名服务器同时充当本地域名服务器和授权域名服务器。

2.4 IP 协议

从词义上来说，IP 指的是网际协议。IP 协议是 TCP/IP 协议集中最为核心的协议，所有的 TCP、UDP、ICMP 及 IGMP 数据都以 IP 数据报格式传输。现在所用的以及所指的 IP 协议版本为 1981 年定义的第四版，即 IPv4。

IP 协议对应于 TCP/IP 协议集的第三层，即互联层。IP 的主要功能是寻址、路由选择、分段和重组。传输层把互联层传来的报文分成若干个数据报，每个数据报在网关中进行路由选择，穿越一个个物理网络从源主机到达目的主机。在传输过程中数据报可能被分成若干小段，以满足物理网络中最大传输单元长度（MTU）的要求，每一段都当作一个独立的数据报被传输。下面主要介绍 IP 协议的工作原理和主要功能。

IP 协议提供了三个定义：第一，IP 定义了在 TCP/IP 互联网上数据传送的基本单元和数据格式；第二，IP 完成路由选择功能，选择数据传送的路径；第三，IP 包含了一组不可靠分组传送的规则，这些指明了主机和路由器应该如何处理分组、发出差错信息以及什么情况放弃数据报等。

2.4.1 认识 IP 数据报

1. IP 数据报的格式

物理网络和 TCP/IP 互联网之间有很多相似之处：在一个物理网络上，传送的单元是一个包含报头和数据的帧，报头给出了如源站点和目的站点的物理地址；互联网则把它的基本传输单元叫作一个 Internet 数据报，有时也称 IP 数据报或数据报。数据就被封装在 IP 数据报中进行传输。一个 IP 数据报由首部（或叫报头）和数据两部分组成。

图 2.6 描述了 IP 数据报的一般格式。现在我们具体看一下包含的细节部分。图 2.7 是数据报的具体格式。在 IP 数据报中，报头的前一部分是固定长度，共 20 字节，是所有 IP 数据报必须具有的。在报头的固定部分的后面是一些可选字段，其长度是可变的。

数据报报头	数据报的数据部分

图 2.6　IP 数据报的一般格式

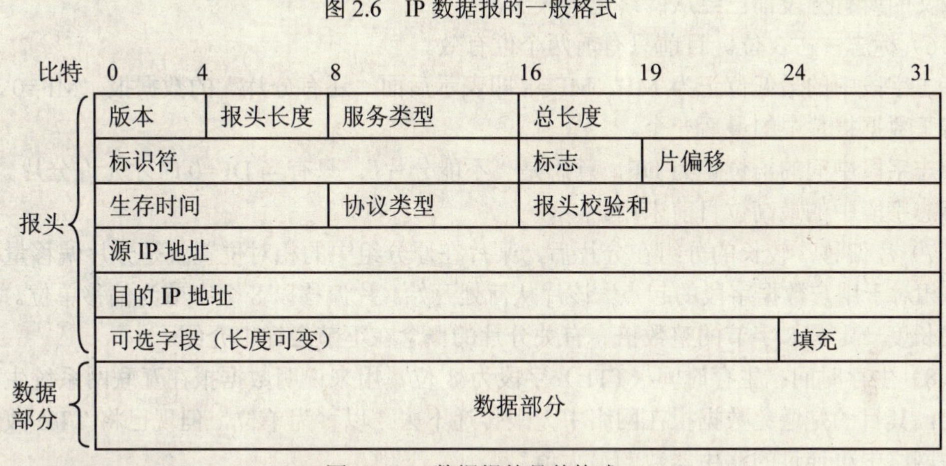

图 2.7　IP 数据报的具体格式

2. IP 数据报中的各字段含义

（1）版本：占 4 位，指 IP 协议的版本。通信双方使用的 IP 协议的版本必须一致。目前主要使用的 IP 协议版本号为“4”，即 IPv4。新的版本 IPv6 也已经研究并在 IPv6 网上试运行。

（2）报头长度：占 4 位，用来给出以 32 位（4 字节）为单位的报头长度，IP 的报头长度的最大值是 60 字节。当 IP 分组的报头长度不是 4 字节的整数倍时，必须利用最后一个填充字段加以填充。IP 数据报分为 20 个字节的固定长度和可变长的选项部分，最常用的报头长度就是 20 字节，即不使用任何选项。

（3）服务类型：占 8 位，用来获得更好的服务，其结构图如图 2.8 所示，被分为 6 个部分。

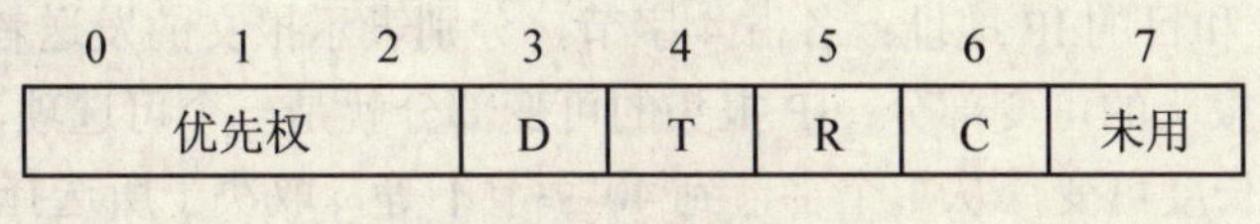

图 2.8　服务类型结构

前三个比特表示优先级，指示本报文的重要程度，其值为 0～7。0 表示一般优先权，7 表示网络控制优先权。值越大优先权越高。

第 4 个比特 D 表示低延迟（Delay）。当此位为 1 时，表示要求有更低的时延。

第 5 个比特 T 表示高吞吐量（Throughput）。当此位为 1 时，表示要求有更高的吞吐量。

第 6 个比特 R 表示高可靠性（Reliability）。当此位为 1 时，表示要求有更高的可靠性（即在数据报传送的过程中，被路由器丢弃的概率要更小些）。

第 7 个比特 C 是新增加的，当此位取 1 时，表示要求选择代价更小的路由。

最后一个比特目前尚未使用。

（4）总长度：表示整个 IP 数据报的长度，即报头和数据之和的长度。总长度字段为 16 位，因此数据报的最大长度为 65535 字节（即 64KB）。

（5）标识符：标识符是一个计数器，是 IP 协议赋予报文的标志，目的主机使用该标志来确定新到的分段属于哪一个报文。IP 协议每发送一个 IP 报文，则要把该标识符加 1，作为下一个报文的标识符。标识符有 16 位，可以保证在重复使用一个标识符时，具有该标识符的上一个报文的所有分段都已经从网络上消失了。

（6）标志：占 3 位。目前只有前两个位有效。

标志字段中的最低位记为 MF。MF=1 即表示后面“还有分片”的数据报，MF=0 表示这已是若干数据报片中的最后一个。

标志字段中间的一位记为 DF，意思是“不能分片”。只有当 DF=0 时才允许分片。

标志字段中的最高位目前未用。

（7）片偏移：较长的分组在分片后，某片在原分组中的相对位置就是分片偏移量。也就是说，相对于用户数据字段的起点，该片从何处开始。片偏移以 8 个字节为偏移单位。即每个分片的长度一定是 8 字节的整数倍。有关分片的概念在下节会详细介绍。

（8）生存时间：生存时间（TTL）字段为 8 位，用来说明数据报在互联网系统生存的最大时间，其目的是避免数据报在网络中无限传递下去。以秒为单位，但现已将 TTL 改为“数据报在网络中可通过的路由器数的最大值”。

（9）协议类型：占 8 位，指示 IP 数据部分是由哪一种协议发送的，接收端则根据该协议类型确定应该把 IP 报文的数据部分交给哪一个上层协议去处理。常见的一些协议和相应的协议字段值如表 2-5 所示。

表 2-5 常见协议与相应的协议字段值

协议名	ICMP	IGMP	TCP	EGP	IGP	UDP	IPv6	OSPF
协议字段值	1	2	6	8	9	17	41	89

（10）报头校验和：占 16 位，用于保证报头数据的完整性。其算法很简单：把校验和字段设置为 0，然后对报头的数据按 16 位相加，结果取反，便得到校验和。此字段只检验数据报的报头，不包括数据部分。

（11）源 IP 地址和目的 IP 地址：各占 4 字节，分别表示报文的发送者和接收者。

（12）IP 数据报报头的可变部分：IP 报头的可变部分就是一个可选项，用来增加 IP 数据报的功能。此字段的长度可变，从 1 个字节到 40 字节不等，取决于所选择的项目。某些选项项目只需要 1 个字节，它只包括 1 个字节和选项代码。但还有些选项需要多个字节，这些选项一个个拼接起来，中间不需要有分隔符，最后用全 0 的填充字段补齐成为 4 字节的整数倍。

2.4.2 了解数据报的分片与重组

1. 数据报的封装

通常 IP 报文要在网络接口层封装之后才能发送。如图 2.9 所示，数据报被封装在数据帧的数据区内，再加上帧头部信息，以帧的形式来实现数据报的传输。在传输过程中，中间节点从帧中的数据区提取数据报，丢掉帧的头部，然后再采用下一个物理网络的帧格式进行封装，又传给下一个节点，直至数据报到达目的地。

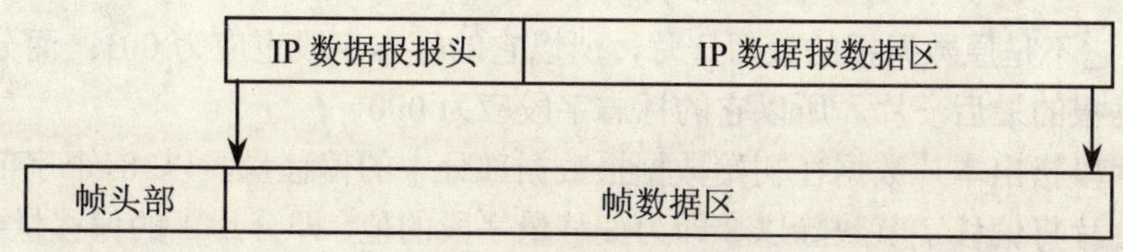

图 2.9　数据报的封装

2. 分片问题

不同的网络所支持的最大帧长各不相同，例如，以太网的最大帧中可容纳 1500 字节的数据，FDDI 帧中可以容纳 4470 字节的数据。理想情况下，每一个 IP 报文正好放在一个物理帧中发送。这样可以使得网络传输的效率更高。但实际上一个 IP 报文正好放在一个物理帧中发送的可能性很小。我们把网络所支持的最大帧长称为物理网络的最大传输单元 MTU。有些网络的 MTU 非常小，可能只有 128 字节。为了能把 IP 报文放在不同的物理帧中，最大 IP 报文长度就只能等于传输路径中所有物理网络的 MTU 的最小值，这在很多情况下会导致很低的传输效率。

IP 协议采取了另外一种方法，在发送 IP 报文时，一般选择一个合适的初始长度。如果这个报文要经历 MTU 比 IP 报文长度小的网络，则 IP 协议把这个报文的数据部分分割成较小的数据片，组成较小的报文，然后放在物理帧中去。每一个小的报文称为一个分片，分片一般在路由器或交换机上进行。如果路由器从一个网络接口收到了一个 IP 报文，要向另外一个 MTU 比 IP 报文长度小的网络发送，就要把该 IP 报文分成多个分片后再发送。

下面举例说明分片的方法。如图 2.10 所示，一个数据报的报头长为 20 个字节，数据部分为 1400 字节，需要分片为长度不超过 620 字节（即 MTU 为 620 字节）的数据报片。于是 1400 字节的数据报数据被以 600 字节（MTU 大小减去报头长度）为单位分成 3 个数据片，其中最后一片不足 600 字节。

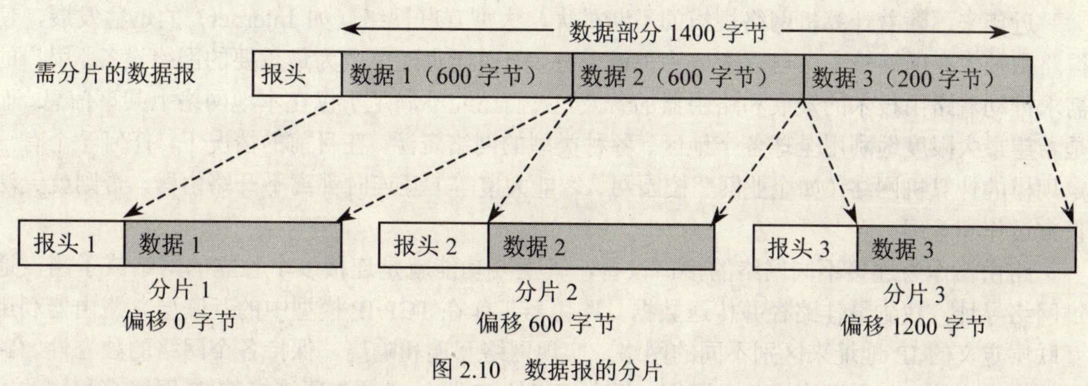

图 2.10　数据报的分片

原始数据报报头被复制为各数据报片的报头，但必须修改有关字段中的数值。与控制分片和重组有关的数据报报头字段有标识符、标志和片偏移量三个。

标识符是源主机赋予数据报的。目的主机利用此字段判断收到的分片属于哪个数据报，以便数据重组。分片时，该字段必须不加修改地复制到新的数据报报头中。具有相同标识的数据报片在目的站就可无误地重装成原来的数据报。

标志位字段的意义在上面已经讲过，下面通过图 2.10 的例子分析一下各分片的标志字段：由于分片 1 能被分片且它不是原数据报的最后一片，所以它的标志字段应为 001；同样，分片

2 也能被分片且它不是原数据报的最后一片，所以它的标志字段也应为 001；而分片 3 能被分片但它是原数据报的最后一片，所以它的标志字段应为 000。

片偏移量字段指出本片数据在初始数据报数据部分中的偏移量，以 8 个字节为单位。图 2.10 所示的各分片将偏移字节数除以 8 即为偏移量字段的值。即分片 1 的偏移量=0/8=0，分片 2 的偏移量=600/8=75，分片 3 的偏移量=1200/8=150。

3. 重组

重组的过程作为分片的逆过程，与分片过程在概念上是对称的。数据报片的重组是指数据报在网络中被分片传输后，在到达目的主机时重新组合成原来的数据报。数据报片的重组是在数据报被传送到目的主机后进行的，这一点与分片是不同的，分片是在传输路径中 MTU 不同的两网络交界处进行的。

数据报片重组的方法是：所有的片重组在目的主机中进行。也就是说，一旦数据报被分片，且根据片偏移及标志来控制重组。目的主机首次接到某一数据报的一个分片时，就启动一个计时器，如果在收到所有分片之前计时器超时，则主机废弃已收到的分片，不对数据报进行处理。如果接收的是第一片（片偏移为 0），则将报头放于报头缓冲区；如果是最后一片，则计算数据总长度。如果接收完了整个数据报，则进入下一处理阶段，即将数据报传到上一层传输层。

2.4.3 掌握数据报的路由选择

在互联网中，数据要从某一主机传输到另一个主机，这就需要有负责选择网络路径并进行传输的设备。路由选择（Routing）是指选择一条路径发送 IP 数据报，而进行这种路由选择的计算机或网络设备叫作路由器（Router）。

1. 路由器

近年来，随着计算机网络规模的不断扩大，大型互联网络（如 Internet）的迅猛发展，使得路由技术在网络技术中已逐渐成为关键部分，路由器也随之成为最重要的网络设备。用户的需求推动着路由技术的发展和路由器的普及，人们已经不满足于仅在本地网络上共享信息，而是希望最大限度地利用全球各个地区、各种类型的网络资源。在目前的情况下，任何一个有一定规模的计算机网络（如企业网、校园网、智能大厦等）互连时都离不开路由器，否则就无法正常运作和管理。

路由器作为连接不同网络的接口设备，其主要功能就是连接多个独立的网络或子网，通过网络寻址，找到最佳路径并传送数据。路由器工作在 TCP/IP 模型中的互联层。路由器利用互联层定义的 IP 地址来区别不同的网络，实现网络互连和隔离，保持各个网络的独立性。路由器有多个接口，用于连接各个网络。每个接口的 IP 地址必须与所连接的 IP 网络有相同的网络号，这样才能使各网络中的主机通过路由器向其他网络发送数据。

路由器的工作机制是这样的：

（1）当一个主机试图与另一个主机通信时，首先要确定源主机与目的主机是否在同一个网络上（即是本地网通信还是远程网通信）。

（2）如果目的主机是远程网，则将查询路由表来为远程网络或主机选择一个路由器。

（3）若未找到明确的路由，则用默认的网关地址将一个数据传送给另一个路由器。

（4）在该路由器中，路由表继续为远程网络或主机查询路由，若还未找到路由，该数据报将发送到该路由器的默认网关地址。这样一级级地传送，直到找到路由，将数据报发送到该路由器，并最终传送到目的主机。

（5）若以上均未能发现目的地址的路由，源主机将收到一个出错信息。送不到目的地的 IP 数据报则被网络丢弃了。

路由器的作用如图 2.11 所示，如果主机 H1 发送 IP 数据报给主机 H2 时，由于它们在同一个网络上，H1 把 IP 数据报送到网络上，H2 能直接收到。若主机 H1 要发送 IP 数据报给主机 H3，由于它们不在同一个网络上，H1 要根据 IP 数据报中目的 IP 地址的网络号部分，选择一个能到达目的网络上的路由器，把 IP 数据报送给该路由器，由路由器负责把 IP 数据报送到目的地。如果没有找到这样的路由器，主机就把 IP 数据报送给一个称为“默认网关”的路由器上。“默认网关”是每台主机上的一个配置参数，它是接在与该主机所在的网络上的某个路由器接口的 IP 地址。在图 2.11 的网络中，H1 与 H3 通信时，可靠的路径有：网络 1→R2—网络 2→R3→网络 4 和网络 1→R1→网络 3→R4→网络 4。应该选择哪一条路径由路由器决定。

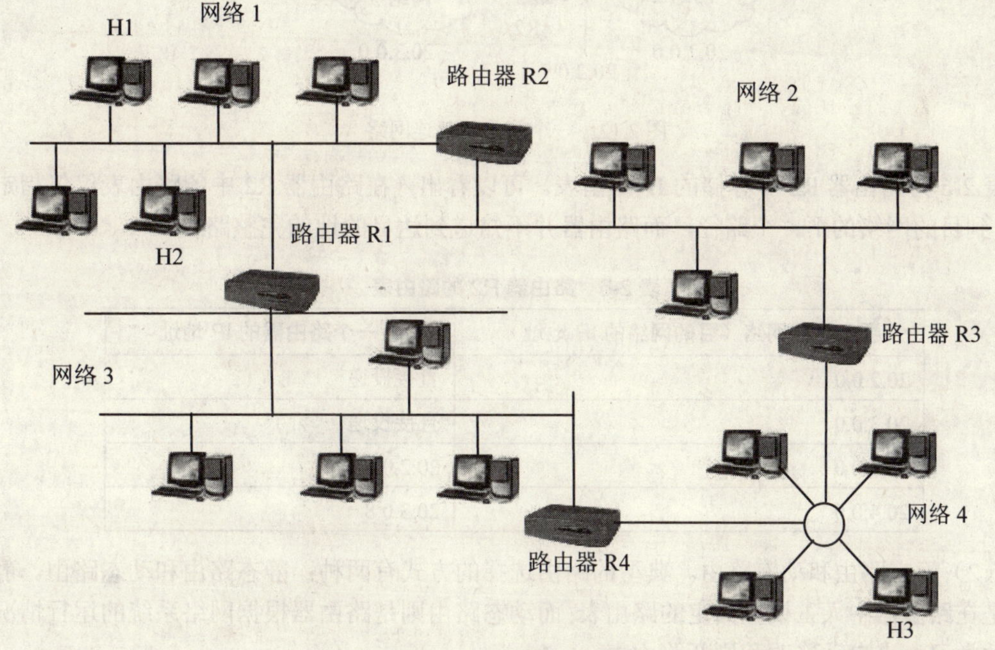

图 2.11　路由器的作用

2. 路由选择

路由器的主要工作就是负责确定所收到的数据报应传送的最佳路径，并将该数据有效地传送到目的站点。由此可见，选择最佳路径的策略即路由算法是路由器的关键所在。为了完成这项工作，在路由器中保存着各种传输路径的相关数据——路由表（Routing Table），供路由选择时使用。打个比方，路由表就像我们平时使用的地图一样，标识着各种路线，每一个路由表项都包含一个网络地址和下一个路由器的地址等信息。这样就可以通过网络上每一台路由器之间形成的连续关系，为数据传送提供最终的最佳完整路径。路由表可以是由系统管理员固定设置好的，也可以由系统动态修改；可以由路由器自动调整，也可以由主机控制。

（1）路由表。一个标准的 IP 路由表通常包含许多（N，R）对序偶，其中 N 指目的网络的IP地址，R是到网络N路径上的“下一个”路由器的IP地址（也叫下一跳的IP地址）。例如图2.12是一个简单的网络互连图，从图中可以看出，每个路由器都连接着两个网段，其中路由器R1与20.1.0.0网段相连的端口地址为20.1.0.6，与20.2.0.0网段相连的端口地址为20.2.0.6。路由器R2与20.2.0.0网段相连的端口地址为20.2.0.7，与20.3.0.0网段相连的端口地址为20.3.0.7。路由器R3与20.3.0.0网段相连的端口地址为20.3.0.8，与20.4.0.0网段相连的端口地址为20.4.0.8。

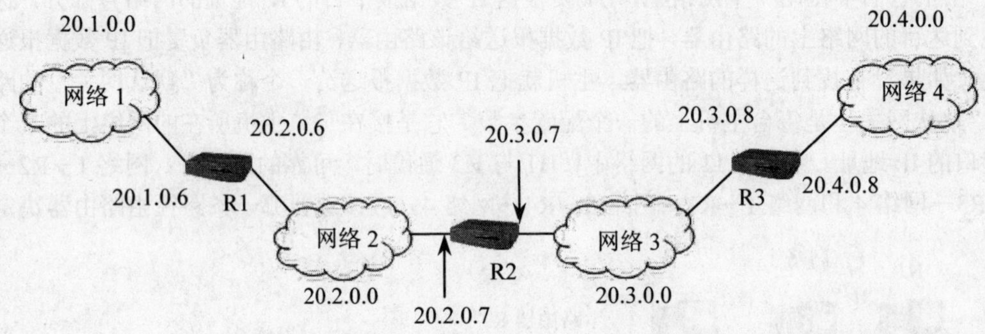

图2.12 一个简单的互连网络

表2-6为路由器R2中存储的IP路由表。可以看出，在路由器R2中的路由表仅仅指定了从R2到目的网络的下一个路径，而路由器并不知道到达目的地的完整路径。

表2-6 路由器R2的路由表

要到达的网络（目的网络的IP地址）	下一个路由器的IP地址
20.2.0.0	直接投递
20.3.0.0	直接投递
20.1.0.0	20.2.0.6
20.4.0.0	20.3.0.8

（2）静态路由和动态路由。典型的路由选择的方式有两种：静态路由和动态路由。静态路由是在路由器中人工设置固定的路由表；而动态路由则是路由器根据网络系统的运行情况进行自动学习，来自动修改和刷新路由表。

静态路由。静态路由是在路由器中设置固定的路由表。由网络管理员事先设置好固定的路由表称为静态路由表，一般是在系统安装时就根据网络的配置情况预先设定的，它不会随未来网络结构的改变而改变。除非网络管理员重新配置，否则静态路由表不会发生变化。

静态路由的主要优点是安全可靠、简单直观，同时避免了动态路由选择的开销。在互联网络结构不太复杂的情况下，最好选择使用静态路由。在所有的路由中，静态路由优先级最高。当动态路由与静态路由发生冲突时，以静态路由为准。

动态路由。动态路由是网络中路由器之间相互通信，传递路由信息，利用收到的路由信息更新路由表的过程。动态路由表是路由器根据网络系统的运行情况而自动调整的路由表。动态路由能实时地适应网络结构的变化。例如，如果路由更新信息表明发生了网络变化，路由选择软件就会更新计算路由，并发出新的路由更新信息。这些信息通过各个网络，引起各路由器重新启动其路由算法，计算数据传输的最佳路径，并更新各自的路由表以动态地反映网络拓扑变化。

动态路由有更多的自主性，特别适合于拓扑结构复杂、网络规模庞大的互联网环境。使用动态路由可能通过路由器相互通信和传递路由信息，并实现路由表的自动更新。自治域内部采用的路由协议称为内部网关协议，常用的有路由信息协议 RIP、开放式最短路径优先协议 OSPF。外部网关协议主要用于多个自治域之间的路由选择，常用的是边界网关协议 BGP。各种动态路由协议会不同程度地占用网络带宽和 CPU 资源。

静态路由和动态路由有各自的特点和适用范围，因此在网络中动态路由通常作为静态路由的补充。当一个分组在路由器中进行寻径时，路由器首先查找静态路由，如果查到则根据相应的静态路由转发分组；否则再查找动态路由。

（3）路由协议。路由表中的路由是怎样得出的呢？主要是通过定义好的路由选择协议来得到路由。最普通的两个路由选择协议是路由信息协议和开放最短路径优先协议。

路由信息协议（RIP）。RIP 协议是一种距离矢量协议，它根据源主机与目的主机之间的路由器或路程段的数目（也称跳数）来决定发送数据报的最佳途径。

RIP 协议的三个主要特点是：仅和相邻路由器交换信息；交换的信息是当前本路由器所知道的全部信息，即自己的路由表；按固定的时间间隔交换路由信息。

RIP 协议的缺点是：当路由器发送更新消息时，它把整个路由表也发送出去。另外，不管网络拓扑结构有无发生变化，路由器之间都要有规律地按固定的时间间隔交换路由表的信息，如 30s 的间隔，这产生了大量的网络通信量，占用了更多的带宽。

开放最短路径优先协议（OSPF）。OSPF 是一种链路状态路由协议，除了路由器的数目外，OSPF 还可以通过判断路程段之间的连接速率和负载平衡来确定发送数据报的最佳途径。

OSPF 协议的三个主要特点是：向本网络中所有路由器发送信息；发送的信息就是与本路由器相邻的所有路由器的链路状态（包括本路由器都和哪些路由器相邻，以及该链路的费用、距离、时延、带宽等）；只有当链路状态发生变化时，路由器才通过所有输出端口向所有相邻路由器发送信息。

OSPF 协议的优点是：只有检测到其链路状态发生变化时才传送路由信息，并且只发送与其自身相连的网络状态的信息，而不是整个路由表，通常发送的数据报很小，且发送并不频繁，因而大大减少了由此产生的网络通信量，从而减少了网络拥塞。

2.4.4 了解差错控制

1. *差错控制协议 ICMP*

在 IP 网络这样的传输系统中，网络层设备（通常是路由器）自动地完成寻找路径和报文传输工作，无需源主机参与。但是在传输过程中，数据报不一定都能够投递到目的地，IP 协议本身没有内在的机制获取差错信息并进行相应的控制，而基于网络的差错可能性很多，如通信线路出错、网关或主机出错、信宿主机不可到达、数据报生存周期（TTL 时间）耗尽、系统拥塞等。

为了提高 IP 数据报交付成功的机会，在互联层使用了因特网差错控制协议（ICMP）。ICMP 是一种差错和控制报文协议，用于传输报告和控制信息。ICMP 允许主机或路由器报告差错情况和提供有关异常情况的报告。当中间网络设备发现错误时，立即向源主机发送 ICMP 报文报告出错情况，以便源主机采取相应的纠正措施。ICMP 是 TCP/IP 协议集中的标准协议，是互联层的协议。

ICMP 报文是封装在一个 IP 数据报的数据部分中进行传输的。ICMP 报文分为报头和数据两部分，如图 2.13 所示，包含 ICMP 报文的 IP 数据报报头的“协议”字段指出数据区的内容为 ICMP 报文。

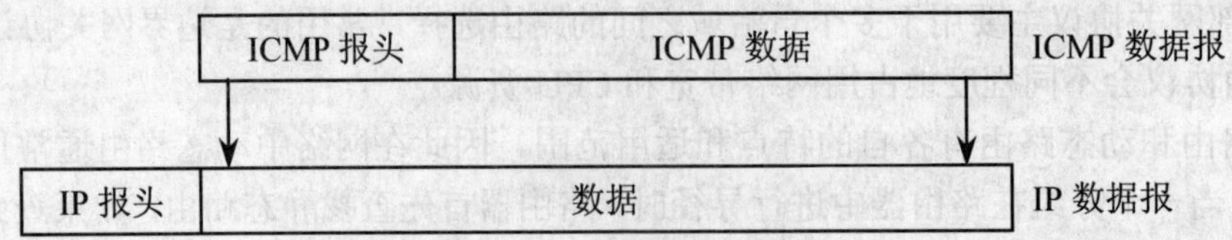

图 2.13 ICMP 数据的封装

虽然 ICMP 报文由 IP 报文传输，但不要认为 ICMP 是 IP 的上层协议，ICMP 协议和 IP 协议一样是互联层的协议，它是 IP 协议的有机补充。因为 IP 协议是一种无连接服务，所以在 IP 协议处理的过程中，经常要产生一些 ICMP 报文来报告处理报文的情况，同时要利用 IP 的转发功能，把 ICMP 放在 IP 协议包中进行转发，并报告 IP 发送过程中产生的一些状态。

2. ICMP 报文

ICMP 报文的种类有两种：ICMP 差错报告报文和 ICMP 询问报文。都分为报头和数据两大部分。ICMP 报文的格式如图 2.14 所示。

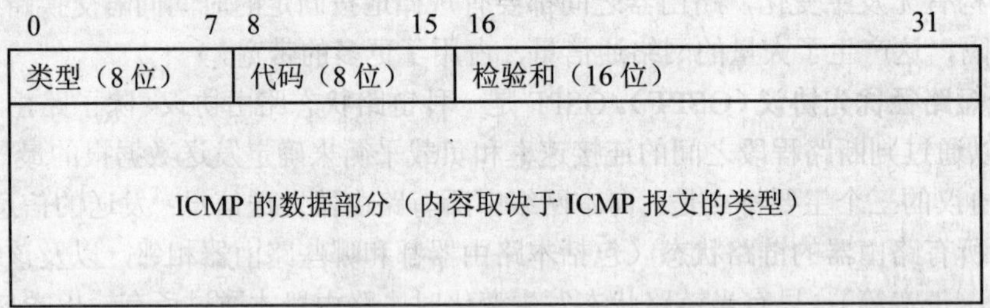

图 2.14 ICMP 报文的格式

ICMP 报文的前 4 个字节是统一的格式，共有三个字段：类型、代码和检验和；接着的 4 个字节的内容与 ICMP 的类型有关；再后面是数据字段，其长度取决于 ICMP 的类型。ICMP 报文的类型字段的值与 ICMP 报文类型的对应关系如表 2-7 所示。

表 2-7 ICMP 报文字段的值与报文类型

ICMP 报文种类	类型的值	ICMP 报文的类型
差错报告报文	3	目的地不可达
	4	源站抑制
	11	超时
	12	参数出错
	5	重定向
询问报文	8/0	回应请求/应答
	13/14	时间戳请求/应答
	17/18	地址掩码请求/应答
	10/9	路由器询问/应答

（1）目的地不可达：路由器的主要功能就是进行报文寻址并转发报文。转发的过程并不总是成功的。一旦发生故障，路由器就应该向源端发送“目的不可达报文”，并抛弃原有报文。目的地不可达有网络不可达、主机不可达、协议不可达、端口不可达、需要分片但 DF 比特已置为 1 及源路由失败六种情况，其代码字段分别置为 0 至 5。当出现以上六种情况时就向源站发送目的地不可达报文。

（2）源站抑制：路由器要定期检测每个输出接口，检测是否发生拥塞。如果发生拥塞，则向导致拥塞的源端主机发送 ICMP 源站抑制报文，使源站知道应当将数据报的发送速率放慢，以达到缓解网络拥塞的目的。

（3）超时：路由器都是根据路由表来选择数据报的传输路径，如果路由表出现错误，可能会出现循环路由，即报文的路径是一组路由器组成的一个环，报文就会在其中无休止地传输。为了减少这种情况对整个网络的影响，IP 协议在报文头中加入了 TTL 生存周期（TTL 指的是一个网络层的数据报的生存周期）字段，目的是要限制数据报在网络中的最长停留时间。当路由器收到生存时间为零的数据报时，除丢弃该数据报外，还要向源站发送数据报超时报文。

（4）参数出错：当路由器或目的主机收到的数据报报头中有的字段的值不正确时，就丢弃该数据报，并向源站发送参数出错报文。

（5）重定向：在互联层中，路由选择主要由网络中的路由器来承担。主机只是知道很少的寻径信息，它把不是本网络的信息往设置的默认路由器上发送。在一个网络上有两台或多台路由器时，经过默认路由器虽然可以保证把数据报发送出去，但不能保证对于所有的目的地总是最优的。ICMP 中定义的重定向报文，是主机和路由器之间交换路由信息的途径。

当默认路由器检测到某数据报不是沿最优的路径进行传输时，它也会把数据报正确地转发出去，但同时向源端主机发送一个重定向报文，告诉它到达目的地的最优路径。这样，可以让主机不断地学习积累，保留一个小而优的路由表。

（6）回应请求与应答：ICMP 回应请求报文是由主机或路由器向一个特定的目的主机发出的询问。收到此报文的机器必须给源主机发送 ICMP 回应回答报文。这种询问报文用来测试目的站是否可达以及了解其有关状态。

命令 ping 使用 ICMP 请求/应答报文实现对网络的测试。如果能正确收到请求和应答，说明中间的传输系统和目的主机的 IP 协议栈工作正常。

（7）时间戳请求与应答：时间戳请求报文是请某个主机或路由器回答当前的日期和时间。时间戳应答报文发送主机或路由器发送应答的时间。时间戳请求与应答报文可用来进行时钟同步和测量时间。

（8）地址掩码请求与应答：主机使用地址掩码请求/应答报文可向子网掩码服务器得到某个接口的地址掩码。

（9）路由器询问与应答：主机使用路由器询问/应答报文可了解连接在本网络上的路由器是否正常工作。主机将路由器询问报文进行广播（或多播）。收到询问报文的一个或几个路由器就使用路由器应答报文广播其选择信息。

2.5　IP 协议的新发展

IP 协议是因特网的核心协议。目前正在使用的 IP 协议是第 4 版的，称为 IPv4，无论是从计算机本身发展还是从因特网规模和网络传输速率来看，现在的 IPv4 已很不适用了。这里最主要的问题就是 32 位的 IP 地址不够用。要解决 IP 地址耗尽的问题就需要采用具有更大地址空间的新版本 IP 协议，即 IPv6。

2.5.1 了解 IPv6

IPv6 保留了 IPv4 的很多非常成功的特征，如 IPv4、IPv6 都是无连接的——每一个数据报都含有目的地址，每一个数据报独立地被路由；IPv6 也保留了 IPv4 可选项中的大部分通用机制。尽管保留了当前版本的基本概念，IPv6 仍然修改了所有的细节。IPv6 引进的主要变化有：

（1）更大的地址空间。IPv6 将地址从 IPv4 的 32 位增大到了 128 位，使地址空间增大了 2^{96} 倍，这样大的地址空间在可预见的将来是不会用完的。

（2）扩展的地址层次结构。IPv6 由于地址空间很大，因此可以划分为更多的层次。

（3）报头格式。IPv6 数据报的报头和 IPv4 的并不兼容。IPv6 定义了许多可选的扩展报头，不仅可提供比 IPv4 更多的功能，而且还可提高路由器的处理效率（因为路由器对扩展报头不进行处理）。

（4）改进的选项。IPv4 所规定的选项是固定不变的，而 IPv6 允许数据报包含有选项的控制信息，因而可以包含一些新的选项。

（5）允许协议继续扩充。IPv4 的功能是固定不变的，而技术总是不断地发展，新的应用也还会出现，因而 IPv6 允许协议继续扩充是很重要的。

（6）支持即插即用（即自动配置）。

（7）支持资源的预分配。IPv6 含有这样一种机制，发送方与接收方能够通过底层网络建立一条高质量的路径，有关数据就在这条路径上进行传递。这种机制不仅可为音频和视频的应用提供高性能的保证，还可用于在低花费的路径上进行有关数据报传递。

2.5.2 认识 IPv6 数据报

1. IPv6 数据报格式

如图 2.15 所示，一个 IPv6 数据报开始于一个基本报头，后面是零个或多个扩展报头，以及数据部分。扩展报头是可选的，一个最小的数据报只含有基本报头和数据部分。

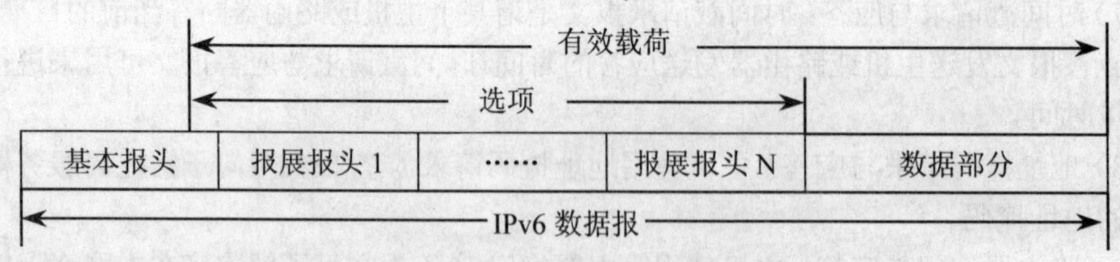

图 2.15 IPv6 数据报的一般格式

如图 2.16 所示，IPv6 数据报将报头长度变为固定的 40 字节，称为基本报头（base header），将不必要的功能取消了，报头的字段数减少到只有 8 个（虽然报头长度增大了一倍）。此外，还取消了报头的校验和字段（考虑到数据链路层和传输层都有差错检验功能），这样就加快了路由器处理数据报的速度。

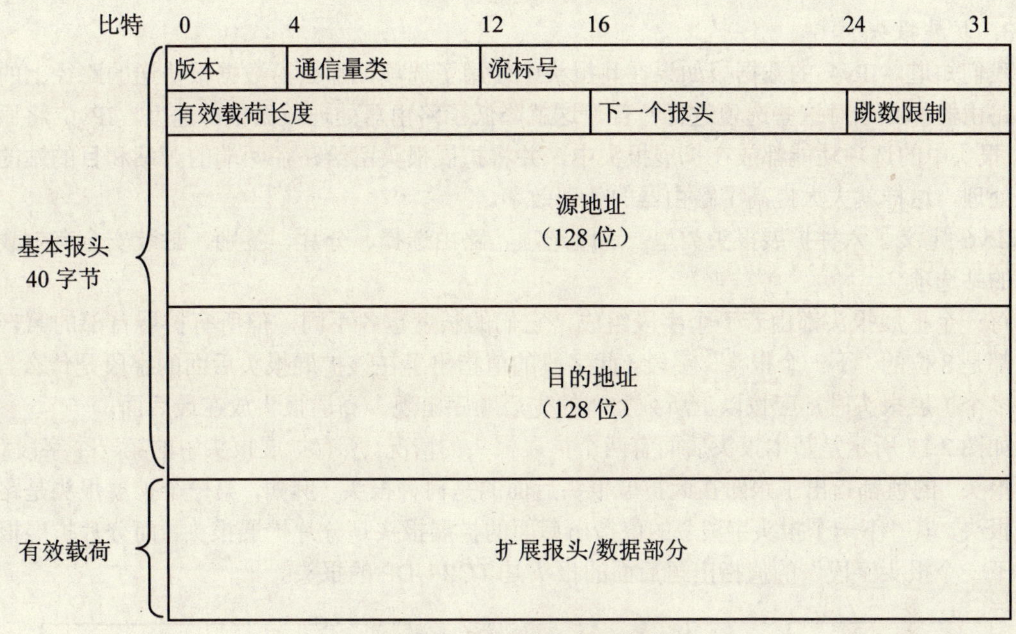

图 2.16 IPv6 的数据报格式

IPv6 数据报在基本报头的后面允许有零个或多个扩展报头，再后面是数据部分。但要注意，所有的扩展报头都不属于数据报的报头，它和数据部分合起来叫作数据报的有效载荷或净负荷。

2. IPv6 基本报头中各字段的作用

（1）版本：占 4 位。它指明了协议的版本，对 IPv6 该字段的值为 6。

（2）通信量类：占 8 位。这是为了区分不同 IPv6 数据报的类别或优先级。

（3）流标号：占 20 位。IPv6 一个新的机制是支持资源预分配，并且允许路由器将每一个数据报与一个给定的资源分配相联系。IPv6 提出“流”的抽象概念，所谓“流”就是互联网上从特定源点到特定终点（单播或多播）的一系列数据报（如实时音频或视频传输）。所有属于同一个流的数据报都具有同样的流标号。

（4）有效载荷长度：占 16 位。它指明 IPv6 数据报除基本报头以外的字节数（所有扩展报头都算在有效载荷之内），这个字段的最大值是 64KB（64000 字节）。

（5）下一个报头：占 8 位。它相当于 IPv4 的协议字段和可选字段。当 IPv6 数据报中出现扩展报头时，则下一报头字段的值就标识后面第一个扩展报头的类型；当 IPv6 数据报没有扩展报头时，下一个报头字段的值会指明基本报头后面的数据应交付给 IP 上面的哪一个高层协议。

（6）跳数限制：占 8 位。对应于 IPv4 中的生存时间，用来防止数据报在网络中无限期地存在。IPv6 对跳数限制作了非常严格的解释：源站在每个数据报发出时即设定某个跳数限制。每个路由器在转发数据报时，要先将跳数限制字段中的值减 1。当跳数限制的值为零时，就将此数据报丢弃。

（7）源地址：占 128 位。是数据报的发送站的 IP 地址。

（8）目的地址：占 128 位。是数据报的接收站的 IP 地址。

3. 扩展报头

我们知道，IPv4 的数据报如果在其报头中使用了选项，那么沿数据报传送的路径上的每一个路由器都必须对这些选项进行检查，这就降低了路由器处理数据报的速度。IPv6 将原来 IPv4 报头中的选项功能都放在扩展报头中，并将扩展报头留给路径两端的源站和目的站的主机来处理，这样就大大提高了路由器的处理效率。

IPv6 定义了六种扩展报头类型：逐跳选项、路由选择、分片、签别、封装安全有效载荷和目的站选项。

每一个扩展报头都由若干个字段组成，它们的长度也各不同，但所有扩展首部的第一个字段都是 8 位的“下一个报头”字段。此字段的值指出了在该扩展报头后面的字段是什么。当使用多个扩展报头时，应按以上所列类型的先后顺序出现，高层报头放在最后面。

如图 2.17 所示是基本报头后面有两个扩展报头的情况。所有扩展报头中的第一个字段“下一个报头”的值都指出了跟随在此扩展报头后面的是何种报头。例如，第一个扩展报头是路由选择报头，其“下一个报头字段”的值指出后面的扩展报头是分片扩展报头，而分片扩展报头的“下一个报头字段”的值指出再后面的报头是 TCP/UDP 的报头。

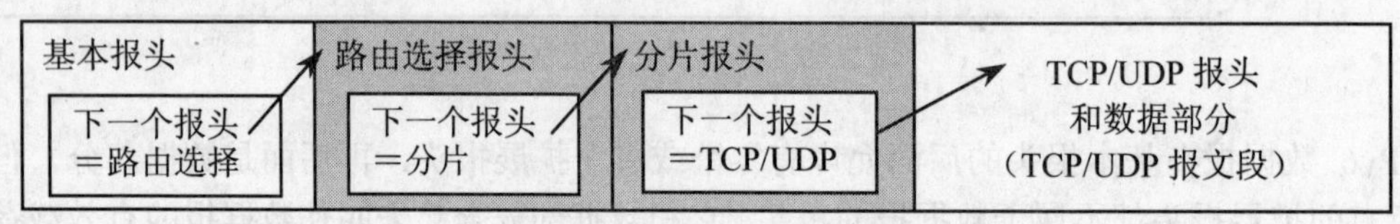

图 2.17 IPv6 的扩展报头

2.5.3 学习 IPv6 的地址空间

在 IPv6 中，每个地址占用 128 位的地址空间，全球可分配的地址数大于 3.4×10^{38} 个。可见 IPv6 地址耗尽的机会是很小的。IPv6 充足的地址空间将极大满足那些伴随网络智能设备的出现而对地址增长的需求，例如个人数据助理（PDA）、移动电话（Mobile Phone）、家庭网络接入设备（HAN）等。

1. IPv6 地址的类型

就像 IPv4 一样，IPv6 为计算机和物理网络的每一连接指定了一个惟一的地址。因而，如果一台计算机（如路由器）连接着三个物理网络，该计算机就被指定了三个地址。同 IPv4 一样，IPv6 将每一个这样的地址分成一个前缀和后缀，前缀指明一个网络，后缀指明网上某台特定的计算机。

尽管采用了同样的方法指定计算机地址，IPv6 编址与 IPv4 编址还有很多不同。一个 IPv6 地址可分为以下三个基本类型：

（1）单播地址：单播就是传统的点对点通信，即主机之间“一对一”的通信模式。网络节点之间的通信就好像是人们之间的对话一样。如果一个人对另外一个人说话，那么用网络技术的术语来描述就是“单播”，此时信息的接收和传递只在两个主机之间进行。

单播在网络中得到了广泛的应用，网络上绝大部分的数据都是以单播的形式传输的，只是一般网络用户不知道而已。例如，你在收发电子邮件、浏览网页时，必须与邮件服务器、Web 服务器建立连接，此时使用的就是单播数据传输方式。

（2）多播：多播是一点对多点的通信，数据交付到一组计算机中的每一个。多播可以理解为一个人向多个人（但不是在场的所有人）说话，这样能够提高通话的效率。如果你要通知特定的某些人同一件事情，但是又不想让其他人知道，使用电话一个一个地通知就非常麻烦，而使用日常生活的大喇叭进行广播通知，就达不到只通知个别人的目的了，此时使用多播来实现就会非常方便快捷。

在网络技术的应用中，网上视频会议、网上视频点播特别适合采用多播方式。IPv6 没有采用广播的术语，而是将广播看作多播的一个特例。

（3）任播：这是 IPv6 增加的一种类型。任播的目的站是一组计算机，但数据交付时只交付给其中的一个，通常是距离最近的一个。

任播技术是一种新的网络应用，它能够支持把同样的地址可以分配给多个节点去提供特定服务的以服务导向的地址，而带有任播目的地地址的数据报能够使用相同的任播地址并被传给众多节点中的任意一个。因特网研究任务组（IRTF）在 1993 年的 RFC 1546 中已经定义了任播技术的作用："主机向一个任播地址发送数据报，网络负责尽力将数据报传递到至少一个，最好也是一个，按任播地址接收数据的服务器上"。采用任播机制的初衷是彻底简化在互联网中寻找合适服务器的任务；任播通信的基本概念是从物理主机设备中分离出的逻辑服务标识符，任播地址可以根据服务类型来分配，使得网络服务担当一个逻辑主机的角色。

适合于任播通信的应用有很多，其中比较重要的一个应用是服务器位置。发送端的主机可以在众多同样功能的主机中选择其中一个，如果合理地利用任播路由方法去将任播需求均匀地分配到主机上，任播主机之中的负载分配目标可以达到。另一个重要应用是服务位置，发送端主机可以通过说明任播地址去从多个任播主机中选择与最佳的、最小时延的、最大输出量的主机进行通信。

2. IPv6 的冒分十六进制表示法

尽管 128 位的地址满足了 Internet 的发展，但写这样长的数字却是非常麻烦的。例如，IPv4 所用的点分十进制表示法写一个 128 位的地址：

105.220.136.100.255.255.255.255.0.0.18.128.140.10.255.255

为了使地址再稍简洁，此 IPv6 的设计者建议使用冒分十六进制表示法：将 128 位的地址分为 8 组，即每 16 位为一组，中间用冒号（:）隔开，且每组写成十六进制数。例如上面用点分十进制表示的地址改为用冒分十六进制表示，变为：

69DC:8864:FFFF:FFFF:0000:1280:8C0A:FFFF

可以看出，表示同一地址，冒分十六进制表示法需要的字符数少得多。为进一步简化，规定在每个 4 位一组的十六进制数中，如其高位为 0，则可省略。例如将 0700 写成 700，0007 写成 7，0000 写成 0。于是 1170:0000:0000:0000:0007:0700:100C:323B 可缩写成 1170:0:0:0:7:700:100C:323B。

另外，还有一种优化法叫零压缩，这种优化进一步减少了字符个数。零压缩用两个冒分代替连续的零。例如，1170:0:0:0:0:0:100C:323B 可以表示成如下的缩写形式：1170::100C:323B。为了保证零压缩有一个不含糊的解释，规定在任一地址中只能使用一次零压缩。例如，地址 0:0:0:BA54:7689:0:0:0 可缩写成 ::BA54:7689:0:0:0 或 0:0:0:BA54:7689::，但不能写成::BA54:7689::。

另外，可以用"IPv6 地址/前缀长度"来表示地址前缀。这个表示方法在 IPv4 向 IPv6 的转换阶段特别有用。这里 IPv6 地址是上述任一种表示法所表示的 IPv6 地址，前缀长度是一个十进制值，指定该地址中最左边的用于组成前缀的比特数。例如，对 60bit 的前缀 12AB00000000CD3（十六进制表示 15 个字符，每个字符代表 4bit），可以如下表示：

12AB:0000:0000:CD30:0000:0000:0000:0000/60

12AB::CD30:0:0:0:0/60

12AB:0:0:CD30::/60

2.5.4 了解从 IPv4 过渡到 IPv6 的问题

现在因特网上主要使用 IPv4，虽然从技术上讲，IPv6 优于 IPv4，但在全球范围内实现 IPv6 还存在潜在的问题。不可能在某一天简单地从旧的 IP 版本切换到新的版本。因此，向 IPv6 的过渡需要一个过程，必须在一段时间内提供两个版本的兼容性。

为了保证平稳的过渡，IPv6 在设计时必须考虑以下问题：

- 已有的 IPv4 网络可以随时过渡，而不受相关网络运行 IPv4 协议的版本限制。
- 新的 IPv6 网络节点可以随时增加到网络中。
- 当 IPv4 网络向 IPv6 过渡时，IPv4 的 IP 地址还可以继续使用。
- 在过渡时，只需要较低的费用。

下面介绍两种向 IPv6 过渡的策略：双协议栈和隧道技术。

1. 双协议栈

双协议栈是指在完全过渡到 IPv6 之前，使一部分主机装有两个协议：一个 IPv4 和一个 IPv6。如果一台主机同时支持 IPv6 和 IPv4 两种协议，那么该主机既能与支持 IPv4 协议的主机通信，又能与支持 IPv6 协议的主机通信，这就是双协议栈技术的工作原理。双协议栈的主机记为 IPv6/IPv4。双协议栈主机在和 IPv6 主机通信时采用 IPv6 地址，而和 IPv4 主机通信时就采用 IPv4 地址，也就是说，双协议栈主机具有两种 IP 地址：一个 IPv6 地址和一个 IPv4 地址。双协议栈如图 2.18 所示。

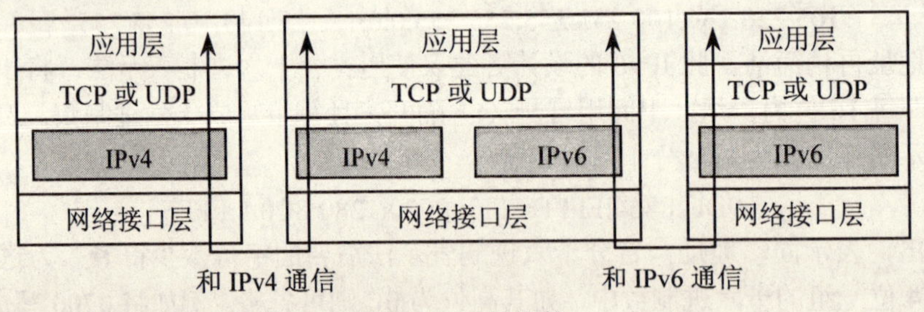

图 2.18 双协议栈

2. 隧道技术

随着 IPv6 网络的发展，出现了许多局部的 IPv6 网络，但是这些 IPv6 网络需要通过 IPv4 骨干网络相连。将这些“IPv6 孤岛”相互连通必须使用隧道技术。

隧道技术方法的要点是在 IPv6 数据报要进入 IPv4 网络时，将 IPv6 数据报封装成为 IPv4 数据报（整个的 IPv6 数据报变成了 IPv4 数据报的数据部分）。然后 IPv6 数据报就在 IPv4 网络的隧道中传输。当 IPv6 数据报离开 IPv4 网络时，再将其 IPv4 的报头移去，还原原始的 IPv6 数据报。过程如图 2.19 所示。

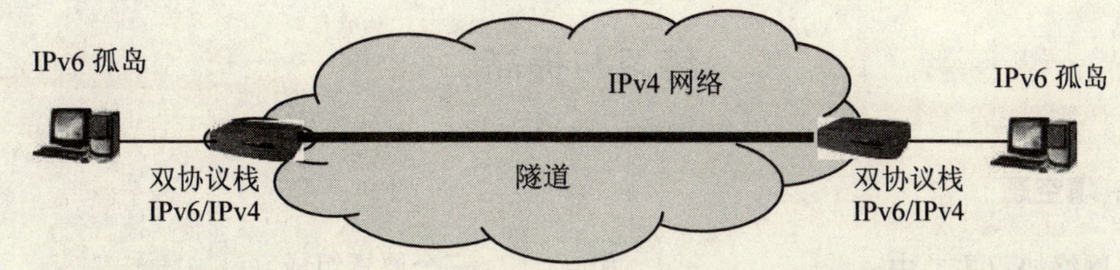

图 2.19　使用隧道技术进行 IPv4 到 IPv6 的过渡

基于 IPv4 隧道的 IPv6 实现过程可分为三个步骤：封装、解封和隧道管理。

封装：当 IPv6 数据报要进入 IPv4 网络时，由隧道起始点创建一个 IPv4 报头，将 IPv6 数据报装入一个新的 IPv4 数据报中。

解封：当 IPv6 数据报要离开 IPv4 网络时，由隧道终点移去 IPv4 报头，还原原始的 IPv6 数据报，如图 2.20 所示。

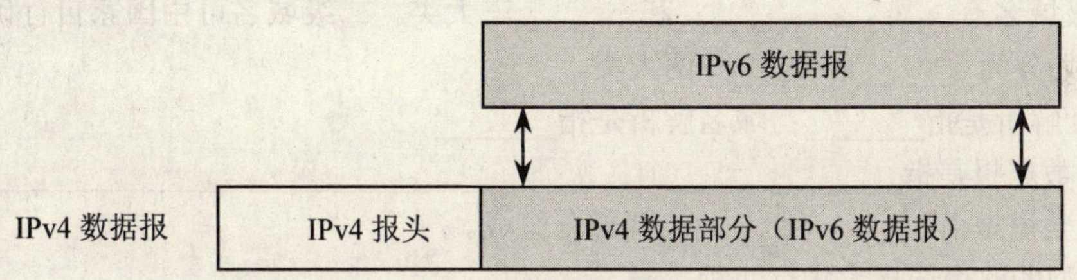

图 2.20　隧道技术中 IPv6 数据报的封装与解封

隧道管理：由隧道起始点维护隧道的配置信息，如隧道支持的最大传输单元（MTU）的尺寸等。

现在有不少人怀疑近期是否能够在整个因特网范围实现从 IPv4 过渡到 IPv6。目前对 IPv6 比较感兴趣的是欧洲和亚洲的一些用户。北美有一些因特网服务提供商（ISP）表示他们近期不打算将其路由器升级到 IPv6。他们认为只有不多的用户需要使用 IPv6 的功能，而大多数用户只要对 IPv4 协议打些补丁就可以了。由此看出，IPv4 向 IPv6 的过渡是一个长期的过程。

实训：

了解 DNS 的工作原理，掌握 DNS 的配置过程和验证方法。

本章小结

本章首先简要介绍了网络体系结构的基本概念，然后阐述了 OSI 体系结构和 TCP/IP 体系结构。针对互联网的 TCP/IP 层次结构，介绍了 TCP/IP 协议集中的常用协议，分析了 IP、ICMP、ARP、RARP、TCP、UDP 协议的功能、特点及作用。详细介绍了 IP 地址、子网掩码、域名系统、地址解析、域名解析、IP 数据报；解释了 IPv6 的特点及与 IPv4 的区别。通过本章的学习学生应掌握 Internet 的工作原理。

练习与提高二

一、填空题

1．网络协议主要由______、______和______三个要素组成。

2．IP 协议属于 TCP/IP 层次模型的______层。

3．TCP 协议属于 TCP/IP 层次模型的______层。

4．IP 地址由______和______两部分组成。

5．IP 地址 11000101.01101100.00111001.10011000 用点分十进制表示为______。

6．A 类地址的默认子网掩码是______；B 类地址的默认子网掩码是______；C 类地址的默认子网掩码是______。

7．域名地址的格式是______。级别最低的在______边，而级别最高的则写在______边。

8．顶级域名有______、______和______三大类。二级域名可由国家自行确定，我国将二级域名划分为______和______两大类。

9．地址解析是指______；域名解析是指______。

10．IP 数据报是指______________________________。

11．IP 数据报由______和______两部分组成。

12．典型的路由选择方式有两种：______和______。

13．TCP/IP 协议集中提供差错和控制报文的协议是______。

14．IPv6 将地址从 IPv4 的______位增大到了______位。

15．IPv6 编址与 IPv4 编址有很多不同。一个 IPv6 地址可分为以下三个基本类型：______、______和______。

16．IPv4 向 IPv6 过渡所需的两个技术是：______和______。

二、简答题

1．TCP/IP 层次模型分为几层？各层的功能是什么？每层又包含什么协议？

2．试简述地址解析和域名解析的工作原理。

3．试简述 ARP 协议的功能。

4．画出 IPv4 数据报的格式，并说明各字段的含义。

5．简述数据报的分片和重组的过程。

6．什么是路由选择？有什么作用？

7．简述差错控制协议 ICMP 的作用。

8．画出 IPv6 数据报的格式，说明各字段的含义，并与 IPv4 数据报的格式进行比较。

三、实践题

1．IP 地址 10000101.11011011.00100111.00010001 属于哪类地址？它的网络号是什么？

2．将 IP 地址 202.112.79.150 转化为二进制形式。它属于哪类地址？

3．欲将 B 类 IP 地址 168.95.0.0 划分成 12 个子网，试计算子网掩码。

4．一个数据报的报头长为20个字节，数据部分为4000字节长。现在经过一个网络传送，但此网络能够传送的最大数据报长度为1520字节。试问应当划分为几个短些的数据报片？各数据报片的数据字段长度、标志位字段、片偏移字段应为何值？

5．试将以下的IPv6地址用零压缩方法写成简洁形式：

（1）0000:0000:0053:6382:00AC:67D6:BB26:7871

（2）0000:0000:0000:0000:0000:0000:004D:ACB

（3）0000:0000:0000:AC35:7346:0000:6473:0063

（4）2819:00AD:0000:0000:0000:0087:0CD2:B271

第 3 章 接入 Internet

本章的主要任务是了解并掌握几种主要的 Internet 连接方式，学习 Internet 的接入、局域网接入及拨号网络接入的理论与操作。

本章学习目标：

- Internet 的接入
- 局域网接入
- 拨号网络

3.1 Internet 的接入

随着 Internet（因特网）的迅猛发展，其应用也越来越普遍，无论是大型企业还是小公司，无论是初上网者还是超级网虫，都渴望接入 Internet，享用 Internet 带来的无限信息资源。随着网络带宽的增加、传输速度的加快，Internet 接入技术的种类也不断增多。如何才能连接到 Internet 上，任何用户都希望选择一种最适合自己上网的接入技术。

3.1.1 认识 Internet 服务提供者

1. ISP 简介

ISP 是向社会提供公共 Internet 访问服务的公司和商业机构，其作用是帮助用户接入 Internet，并且向用户提供各种类型的信息服务，让大众能在家里或工作场所访问互联网，达到共享、访问资源的目的。在建设过程中，ISP 首先建立主干线路将自己和互联网连接起来，然后让用户通过它来访问互联网，如图 3.1 所示的结构，个人用户便能轻易地连到互联网上，使用或共享资源。

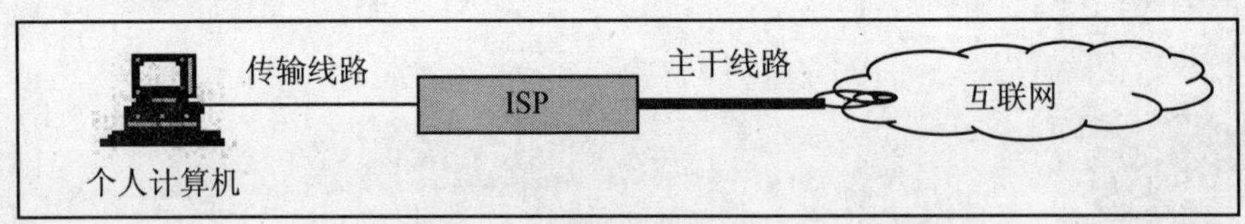

图 3.1 一般家庭或中小企业的上网方式

2. ISP 接入

由于接入国际互联网需要租用国际信道，其成本对于一般用户是无法承担的。Internet 接入提供商作为提供接入服务的中介，通过集中使用，分散压力的方式，向本地用户提供接入服务。

一般大众要连上 ISP 的方式，可以通过电话拨号和数据通信网两种方式连接到 ISP。用户必须首先从多个 ISP 中确定一个最适合自己的服务商，提出连接 Internet 的申请，然后 ISP 会返回用户入网必需的一些信息。如对大多数通过拨号上网的用户，将返回用户的账号、用户所在网络的域名、域名服务器的地址以及用户的电子邮件地址等。用户在得到登录用户名、登录口令等这些必要的信息之后才能访问 Internet。

Internet 服务非常多，用户在选择 ISP 时首先应考虑的是它能否提供自己所需的服务，如 E-mail、文件传输、Telnet 和各种因特网信息查询（如 Archie、WWW、Gopher 以及 UseNet 网络新闻组服务）等。

选择 ISP 时用户应考虑电话中继线数量、登录方式、上网费用、传输速率等因素。在确定一个 ISP 能够提供自己所有的 Internet 服务之后，用户应考虑服务的费用问题，可以说费用问题是影响 Internet 普及程度的关键因素。

例如，对于广大电话拨号用户来说，必须考虑 ISP 所提供的可用电话中继线路的数目。如果用户在任何时候拨打 ISP 服务电话时都听到忙音，那么即使服务费用再便宜也是没有意义的。

实际上 CHINANET 就是中国最大的 ISP，CHINANET 还有许多级代理，如中网信息公司、东方网景等。

3. 我国 ISP 现状分析

ISP 作为网络服务提供者，一直支持着互联网的发展。但随着互联网的发展和电子商务的兴起，新时期的 ISP 也面临着角色的转变。从数量上来看，国内目前全国性、跨省经营和地市一级的 ISP 已达 600 余家，超过半数以上的 ISP 未开通业务。在开通的跨省经营的 ISP 中，80%以上的全国节点数量在 10 个以下，经营状况并不乐观。

随着企业电子商务的日益发展，ISP 在市场中角色的转变将势在必行。仅仅提供互联网接入服务和被动的托管及租赁方式已不能满足用户的需求了。根据企业自身的情况量力而行，最大限度地发挥自身优势才是至关重要的。

宽带因特网的出现，为电子商务的应用提供了快速的通道，使企业越来越重视电子商务的建设。BtoB 电子商务模式的出现将不仅改变传统企业的经营模式，同时也将使互联网服务商的角色发生根本的变化，使服务范围不断拓展。互联网服务行业已经不仅是指提供接入服务和简单的网站建设与维护服务的 ISP 了，它的意义已经有了进一步的拓展。服务内容的拓展使服务商的市场分工也产生了变化。

在接入及系统集成方面，ISP 有着丰富的经验。但当市场分工产生变化后，接入服务和系统集成服务的内容也在随之变化。最大的变化在于由被动服务变为定制服务，由单纯接入服务变为综合应用服务。服务商以往只是将空间按照固定的价格租赁给企业或以专线租赁方式、拨号方式提供服务，而这种服务的发展趋势在于为某个企业的需求做出切实可行的软硬件集成方案，并以租赁的方式服务于企业，包括软、硬件和空间的租用。ISP 只有适合这种变化才能生存。

在基础设施和平台提供方面，目前国内较大的电信运营商以及入关后资金上有雄厚实力的电信运营商在此领域内将独占鳌头。在系统软件及应用软件提供商中，较大的软件公司目前具有很大的优势。网络服务、软件、网络设备提供领域中相互的兼并与收购，最后演变为具有综合能力的、提供完善服务的 ISP，它们将占领市场的较大份额，或者从服务商中分化出专业领域的服务，满足中小企业和个人的需求。

3.1.2 通过电话线路连到 ISP

如果要使用拨号方式接入 Internet，最基本的条件就是要有一部电话，直线和分机都可以。然后要找 ISP 办理入网手续，申请一个入网账号。采用拨号入网的方式进入 Internet 时，先要通过电话线拨号连接到 ISP 公司，那里会有一台计算机负责把你的电脑连入 Internet。

在 ISP 办理入网手续时，工作人员会让您填写一份申请表。申请完毕之后，工作人员会给用户一张申请表的副本或“入网通知单”，表上包含注册名（账号）、密码、入网时要拨的电话号码等需要用户了解的几项内容。

另外，要拨号上网，还需要一台调制解调器，也就是 Modem。因为电话线只能传递模拟信号，而电脑信息都是数字信号，要想通过电话线来传递电脑信息，就必须在发送前把数字信号转换成模拟信号，接收时再转换成数字信号。前一个过程叫调制，后一个过程叫解调，在电话线两端进行这种信号转换工作的设备就是调制解调器，英文名是 Modem。

Modem 最重要的性能指标是传输速率，也叫波特率，速率越快越好，一般选择 56K 的 Modem 比较合适。

买了 Modem 之后，还要把它安装在计算机上。Modem 有两种：外置 Modem 和内置 Modem。外置 Modem 的安装比较简单，就是将 Modem 和电脑相连的数据线一头插在电脑的串口上，另一头插在 Modem 上；如果是内置 Modem，那么首先要把电脑机箱打开，取下板卡的挡片，把 Modem 插在扩展槽中，拧上螺丝，合上机箱盖。

Modem 装好以后，打开电脑，系统会提示找到新硬件。把 Modem 的驱动程序盘放入驱动器，然后单击“下一步”，系统开始查找驱动程序。然后 Windows 会提示找到 Modem 的驱动程序，这时单击“完成”即可。Windows 系统会从驱动盘上拷贝一些文件。

当文件复制完后，还要设置位置信息：在“国家和地区”栏里选择“中国”；下面的一栏里填入所在城市的长途区号，如哈尔滨就是“0451”；如果是分机，还要填入外线号码。最后选择本地的电话系统是音频还是脉冲，如果不清楚就选音频，因为现在已经很少有脉冲电话了，如图 3.2 所示。这些都选完之后，单击“下一步”，再单击“完成”就结束了 Modem 的安装和设置。

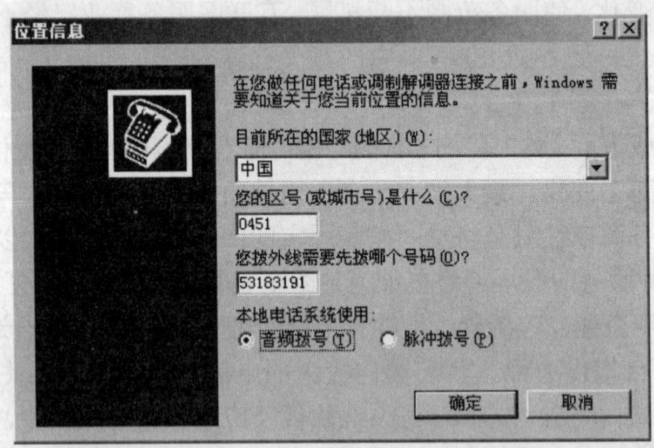

图 3.2 “位置信息”对话框

下面要设置 Windows 的拨号网络。打开“我的电脑”窗口，由于现在是第一次运行，还没有建立拨号连接，所以“新建连接”就自动开始运行了，这里可以随便输入一个名字，可以是 ISP 的名字，也可以是电话号码，只要好记就行，写上“第一个连接”，单击“下一步”，输入 ISP 给你的上网电话号码，国家和地区号可以确定一下，单击“完成”即可。

到此为止，准备工作就完成了，可以随时拨号上网。

3.1.3　通过数据通信线路连接到 ISP

1．使用 ISDN 数据通信线路接入

使用 ISDN 专线入网，即常说的“一线通”，又称窄带综合业务数字网业务（N-ISDN）。它是在现有电话网上开发的一种集语音、数据和图像通信于一体的综合业务形式。

ISDN 是以综合数字电话网为基础发展而成的通信网，支持端到端的数字连接，支持电话及非话等各种通信业务，提供标准的用户-网络接口，便于各种用户终端接入。

“一线通”用户最大的好处就是利用一对普通电话线即可得到综合电信服务：边上网边打电话、边上网边发传真、两部计算机同时上网、两部电话同时通话等，用户的一部电话实际上成为两部电话；如果做桌面电视系统，通信双方可以像面对面通话一样，同时传话音、图像和数据，也可以利用电子白板通过计算机屏幕互相讨论问题。具有综合业务能力强、呼叫连接速度快、传输质量高、使用灵活方便、费用适宜等特点。

如果要上因特网或公众多媒体网，使用“一线通”则更加方便，因为用户的计算机得到的服务速率比现在用 MODEM 方式要快得多。

利用现有电话网的普通用户作为“一线通”用户，规定的接口为 2B+D（2 条 B 用户信道和 1 条 D 信令信道）接口，B 信道为 64kbps，D 信道为 16kbps。由此可看出，ISDN 专线方式上网速度最高可达 128kbps。

对于拨号 ISDN 连接，其配置和使用公共电话网的拨号基本上没有差别。为了将个人计算机接入 ISDN 网络，必须使用 ISDN 终端适配器 TA，而 TA 又分为内置式和外置式两种。

（1）Windows 98 下安装 ISDN 设备操作步骤。

1）确认 PC 处于关机状态，若不是，请先关机。

2）打开机箱，把 FudanNet ISDN 插卡插入一空闲插槽，用导线将卡与 NT1 设备连接。

3）开机，进入操作系统，操作系统将会报告“已找到新设备，正在为其安装驱动程序”，根据对话框的提示安装驱动程序。

4）执行“我的电脑”→“控制面板”→“网络”→“添加网络适配器”命令，安装 ISDN 适配器。单击两次“确定”按钮后弹出如图 3.3 所示的对话框。

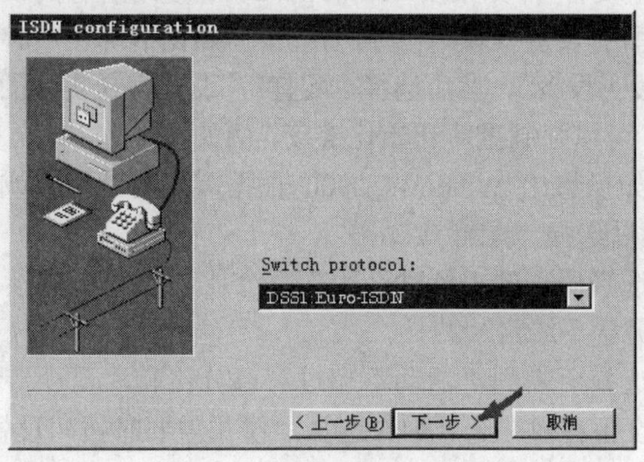

图 3.3　安装 ISDN 网络设备

5）在 Switch protocol 中选择 DSS1:Euro-ISDN。单击“下一步”按钮，弹出 ISDN configuration 对话框，如图 3.4 所示。

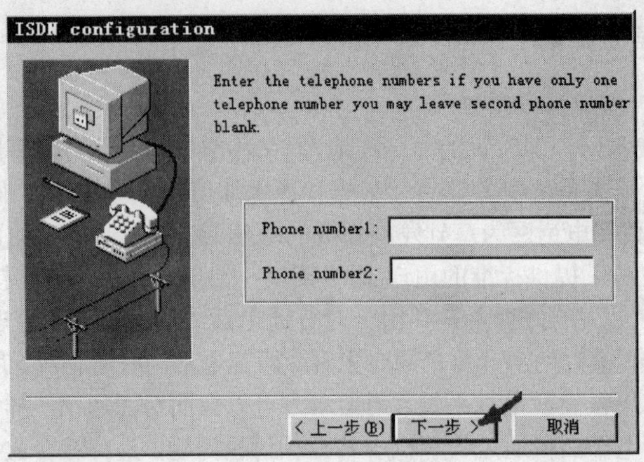

图 3.4 ISDN 设置对话框

在此键入自己 ISDN 线路的两个号码，再单击“下一步”按钮，完成 ISDN 设备的安装。然后根据提示重新启动计算机。至此，安装过程结束。

（2）ISDN 配置和拨号操作步骤。

1）单击“开始”→“设置”→“网络和拨号连接”。

2）双击“新建连接”，然后单击“下一步”按钮。

3）选择“拨号到专用网络”单选按钮，单击“下一步”按钮，然后按照“网络连接向导”中的说明进行操作。

4）按照上面的方法打开“网络和拨号连接”。

5）右键单击使用 ISDN 的拨号连接，然后选择“属性”菜单。

6）在“常规”选项卡的“连接时使用”中单击 ISDN 设备，然后单击“配置”。

7）在“ISDN 配置”对话框中，在“线路类型”中选择要使用的线路类型。

当计算机上有安装有多个适配器时，可以启用多设备，使用多设备拨号。

例如，在 Windows 2000 操作系统中，如果要 Windows 2000 只拨叫第一个可用设备，请选择“仅拨叫第一个可用设备”；如果要 Windows 2000 使用所有的设备，请选择“拨叫所有设备”。如果选择“拨叫所有设备”，将不能自动重新初始化捆绑在一起的多个链路中掉线的链路。选择“只在需要时拨叫设备”，然后选择“配置”，设置容易实现的、可导致拨叫另一条线路的“自动拨号”条件，可以强制重新初始化链接。例如，将“活动至少”置为 1%，并将“至少持续”设置为 3 秒；如果想让 Windows 2000 根据需要自动拨叫或挂断设备，请选择“只在需要时拨叫设备”，然后选择“配置”。

在“自动拨号”中选择所需的“活动至少”百分比和“至少持续”时间，当连接活动达到指定的时间后将拨叫另一条线路。

在“自动挂断”中选择所需的“活动不超过”百分比和“至少持续”时间，当连接活动降低到指定的时间时，设备将被挂起。如果选择“仅在需要时拨叫设备”，最后的多链接设备将忽略“自动挂断”设置，并且最后的设备将使用 20 分钟的超时。

2. 使用 ADSL 数据通信网接入

xDSL 是一种以铜电话线为传输介质的传输技术。DSL 技术在传统电话网的用户环路上支持对称和非对称传输模式。ADSL 称为非对称数字用户专线。所谓非对称是指其上行和下行带宽不是相等的，下行带宽比上行大得多，这个特点适合主要需求从网络上下载大量信息的用户。

ADSL 通信是把一条电话线分成了 3 个信道，因此，用户在一条电话线上接听或拨打电话的同时又能够进行 ADSL 数据传输，而且 ADSL 的收费类似专线的租用方式。

ADSL 接入网络主要有专线接入和虚拟拨号两种方式。多数用户使用的是虚拟拨号方式，接入 Internet 时使用的协议是 PPPOE（基于以太网的点对点协议），PPPOE 实际上是以太网和拨号网络之间的一个中继协议，兼有以太网的高速性和 PPP 拨号的简单性。ADSL 拨号连接的不是具体的 ISP 接入号码（如 163 或 169 等），而是 ADSL 虚拟专网接入的服务器。

（1）ADSL 硬件安装操作步骤。

1）网卡的安装。将网卡插入 PCI 插槽，之后开机，系统会自动检测到硬件，然后会安装相应的软件（如果机器网卡已安装或主板集成则可忽略此步）。

2）连接 ADSL MODEM。分别连接电源、ADSL 进线接口、网线接口。依次将各线路连接好后，将得到如图 3.5 所示的结果。

图 3.5　ADSL 接口

（2）ADSL 拨号软件安装操作步骤。目前在 Windows 上使用的 PPPOE 软件包有很多，其中有 Enternet 300、WinPOET 等。根据功能的多少 Enternet 可分为 100、300 和 500 等多个系列，已经被世界上的多家大型 ISP 采用。一般 ADSL 附带的是 EnterNet 300 虚拟拨号软件（也可以从网上下载 EnterNet 500）。

1）双击 Setup 进入安装界面，选择 Quick Install（accep default settings）选项。单击“下一步”，系统会自动开始安装，待安装结束后，选择重新启动系统，就一切 OK 了。

2）在“开始”菜单中选择 EnterNet 300，进入如图 3.6 所示的界面。

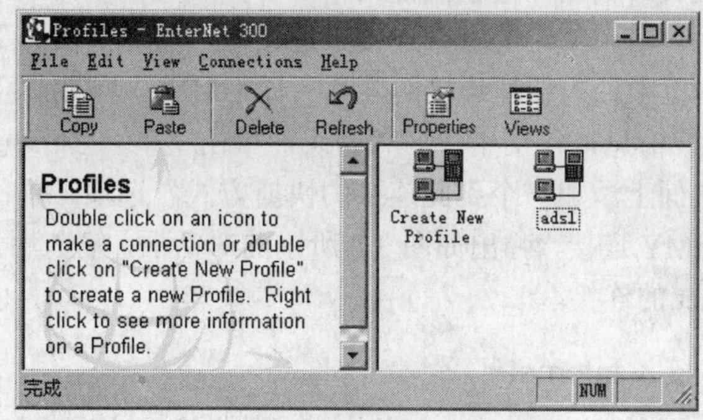

图 3.6　EnterNet 300 操作界面

3）选择 Create New Profile，来设置一个拨号连接。首先，为你的拨号程序起一个名字，单击“下一步”按钮。

4）在 connect name 对话框中输入新建连接的名字。单击“下一步”按钮，弹出如图 3.7 所示的界面。

图 3.7 ADSL 属性设置

5）输入用户名和密码，单击“下一步”按钮，单击“确定”拨号连接程序就完成了。

当然，还有必要对其进行一定的设置。选择建立的拨号程序，单击鼠标右键在弹出菜单中选择“属性”，即可进入相应的设置界面。当然，一般来说，软件都会自动进行相应的配置。除非有额外的需求，否则没有必要修改。接下来双击该连接进行拨号，就能享受 ADSL 给你带来的高速享受了。

（3）Windows XP 自带 PPPoE 虚拟拨号软件连接的设置。

1）执行“开始”→“所有程序”→“附件”→“通讯”→“新建连接向导”命令，弹出“欢迎使用新建连接向导”对话框，单击“下一步”。

2）选择“连接到 Internet”选项，单击“下一步”。

3）选择“手动设置我的连接”选项，单击“下一步”。

4）选择“用要求用户名和密码的宽带连接来连接”选项，单击“下一步”。

5）在 ISP 名称文本框中输入新建连接的名称（如 HMY），单击“下一步”。

6）输入 Internet 账户信息，包括用户名和密码，单击“下一步”。

7）选中“在我的桌面上添加一个到此连接的快捷方式”选项，单击“完成”。

8）双击桌面上的 HMY 连接，弹出如图 3.8 所示的对话框，输入用户名和密码，单击“连接”，即可完成与 Internet 的连接。

3.1.4 通过电话线接入 Internet

拨号访问要求用户在 PC 机上安装拨号软件。从用户 PC 在通信时所具备的功能来看，可以分为两种方式：一是仿真终端的形式，二是 SLIP/PPP 形式。

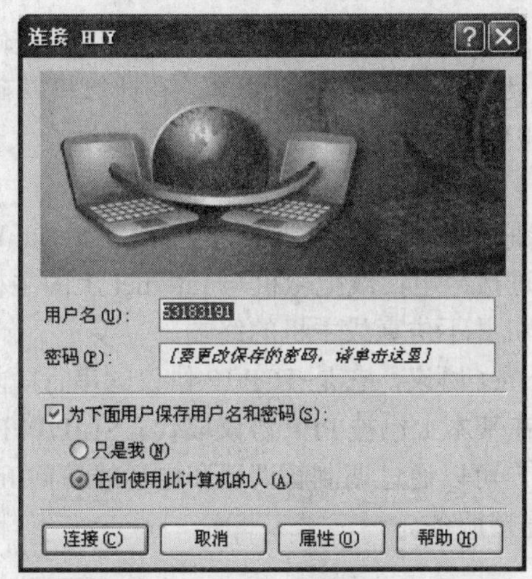

图 3.8　ADSL 连接对话框

1. *仿真终端方式*

仿真终端方式是最简单也是费用最低的一种拨号服务，几乎所有的 ISP 都提供该种方式，多数提供对新闻结点的访问、支持对 FTP 和 Gopher 的访问、提供对 WWW 的访问等。用户通过电话拨号把 PC 与远处服务商的一台 Internet 主机连接，用户计算机通过通信软件的终端仿真功能模拟成 ISP 服务系统主机上的一台终端，经由主机系统访问 Internet。如图 3.9 所示。

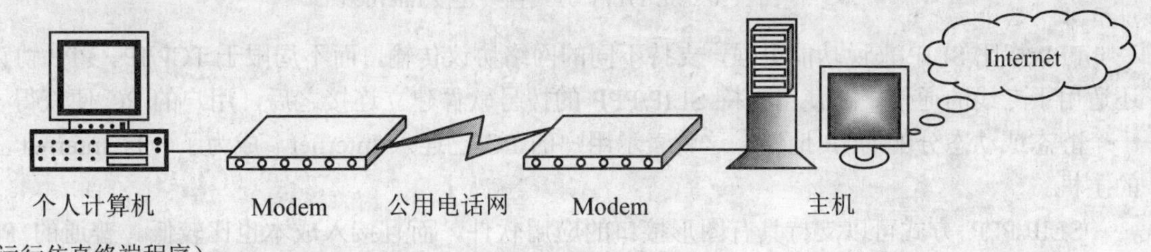

图 3.9　仿真终端方式直接连接 Internet

在建立连接之后，用户的 PC 只能作为主机的仿真终端使用，这意味着用户只能使用主机上所提供的应用软件访问 Internet，而不能使用自己 PC 上可能已经安装的应用软件。典型的应用是我们可利用 Windows 附件组中的超级终端应用软件拨号连接远程主机。终端方式的用户界面是字符界面，要求用户熟悉远程主机的操作系统命令。

在这种连接方式中，用户与 Intenet 之间没有实现真正的 IP 连接。仿真终端服务系统的主机作为一种操作系统服务代替了 Internet 连接，但这种方式的好处是主机设置成了 Internet 服务的客户端，使用这种方式对 Internet 连接的复杂工作就可以减少到最低限度。

使用这种连接方式接入 Internet 需要准备的条件是：一台计算机、普通的通信软件（如 PROCOMM、PCTCP、WINSOCK、TCP/IP For windows 等）、一条电话线路、一个调制解调器、申请一个 ISP 用户账号。用户上网时，利用通信软件拨号进入 ISP 的联机服务系统，通过系统查找或者调用 Internet 网上信息。

其缺点是没有 IP 地址，无法使用高级的用户接口软件。可以联机阅读，但若要把文件放在微机的软、硬盘上或打印的话，需利用 DOWNLOAD 协议把文件再传送到微机上。

终端连接的优点是联网费用低，安装维护简单，有计算机基础知识的人都能安装使用；缺点是通信速率及 Internet 服务均受到限制。仿真终端连接适合大量的个人用户使用。

2. SLIP/PPP 连接方式

SLIP/PPP 是另一种拨号服务形式。这种方式使用 SLIP（Serial Line Protocol）或 PPP（Point to Point Protocol）协议，通过拨号电话线把微机与 Internet 上的主机（大部分是专用的网络接入设备）连接起来，但本地机并不仿真成主机的终端。

SLIP 代表串行线路 Internet 协议，它是 TCP/IP 协议的串行版本。PPP 代表点到点协议，由 SLIP 发展而来。SLIP 现在基本上已被 PPP 协议取代。SLIP/PPP 在串行线上实现了 TCP/IP 所提供的互联网功能，使用户可以通过调制解调器和电话线访问 Internet，如图 3.10 所示。所有的 ISP 都提供 SLIP/PPP 连接服务。

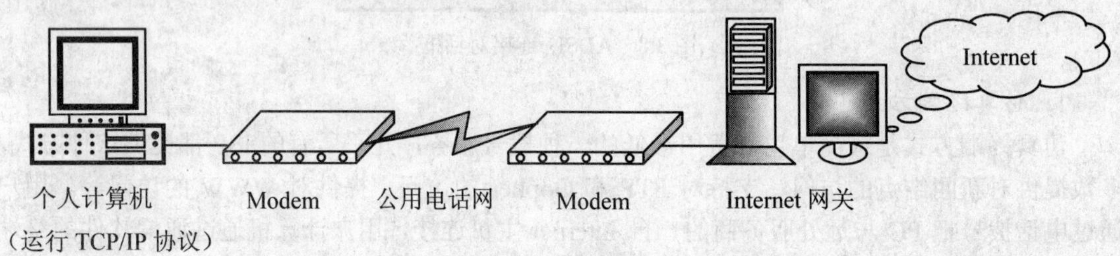

图 3.10　SLIP/PPP 方式直接连接 Internet

PPP 相比 SLIP 来说功能更强，支持不同的网络协议传输，而不局限于 TCP/IP。PPP 协议还适用于专线的通信。在使用支持 SLIP/PPP 的拨号软件建立连接之后，用户的 PC 便获得了一个静态或动态分配的 IP 地址，这就表示用户的 PC 已连入 Internet，成为了一台 Internet 上的主机。

SLIP/PPP 方式可以支持具有图形接口的应用软件，而且接入成本也比较低。普通的 PC 用户都可以用这种方式入网，成为具有独立有效 IP 地址的 Internet 主机，享受更多更好的资源和服务。

使用这种连接方式接入 Internet 需要准备的条件是：一台计算机、一条电话线路、一个调制解调器、申请一个 ISP 用户账号和 SLIP/PPP 软件。目前 Windows 9x 及以上版本内置有 SLIP/PPP 软件（拨号网络），因此用户可以直接使用。接入 Internet 后用户可以享受 ISP 所提供的各种 Internet 服务。

以 SLIP/PPP 方式入网时，用户通过调制解器和拨号程序拨通 ISP 的远程服务器。远程服务器监测到用户请求后，提示用户输入正确的账号和口令，然后检查用户的账号与口令是否正确。如果正确，则启动 SLIP 驱动程序并设置相应的网络接口，这样用户即可开始访问 Internet。

采用 SLIP/PPP 连接方式，用户的计算机将是一台 Internet 上真正的主机，是 Internet 中的一部分，它和 Internet 上的其他任何计算机都处在同等的地位上。普通的仿真终端方式连入是没有这种地位的。

在 SLIP/PPP 方式中，用户的计算机就是 Internet 上的一台主机，它与 Internet 之间具有 IP 连接性，因此必须有一个 IP 地址。这个 IP 地址分为静态和动态两种。若使用 PPP 协议拨号上网，则上网过程中 ISP 动态分配 IP 地址。所谓动态分配 IP 地址，是指 ISP 拥有一组 IP 地址，上网时 ISP 从它拥有的 IP 地址中随机分配给用户一个 IP 地址，当用户下网后，这个 IP 地址又归还 ISP，ISP 又可将这个 IP 地址分配给其他上网的用户。采用动态 IP 地址可以节省地址资源。

由于 IP 地址数量有限，ISP 只能给那些确实需要的用户分配固定的 IP 地址，即静态 IP 地址。对于多数个人用户，则采用几个人共用某几个 IP 地址的方法，由多个用户轮流使用几个 IP 地址。因此，通过该方式上网，计算机每次上网所获得的 IP 地址不是固定的。这种 IP 地址分配方式可大大节约 IP 地址资源，因而 PPP 协议广泛流行，并逐渐取代了 SLIP 协议。

SLIP/PPP 方式一般提供临时的 Internet 接入，而使用专线则提供不间断的联接，但费用较高，所以一般单位、部门采用专线上网，而个人家庭用户基本上是采用 SLIP/PPP 方式入网。通过使用拨号 modem 来建立网络或 Internet 连接，或允许其他人通过您的机器来连上网络，这些都要求使用 PPP 或 SLIP。

3.1.5　通过局域网接入 Internet

除了以上介绍的几种连接方式之外，局域网连接也是一种比较常见的接入方式。此种方式需要主机所在的局域网连入了 Internet，并且此主机被分配一个合法的 IP 地址或以代理方式通过此局域网的代理服务器来访问 Internet。此种连接方式如图 3.11 所示。

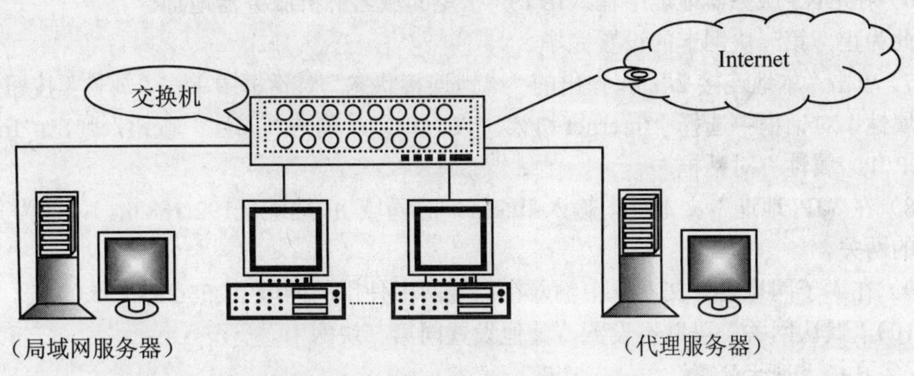

图 3.11　局域网接入 Internet

通过局域网接入 Internet 是指将用户的计算机连接到一个已经接入 Internet 的计算机局域网上，而这个局域网的服务器是 Internet 上的一台主机，用户计算机通过该局域的服务器来访问 Internet。

1．服务器端 TCP/IP 协议配置的操作步骤（以 Windows 2000 SERVER 为例）

安装 Windows 2000 Server 服务器，在服务器上安装两块网卡。

（1）执行“控制面板”→“网络和拨号连接”命令，打开如图 3.12 所示的对话框。

（2）单击“本地连接”，设置第一块网卡的 Internet 连接属性。在弹出的“本地连接状态”对话框中单击“属性”按钮，在“本地连接属性”对话框中选择“Internet 协议（TCP/IP）”，单击“属性”，弹出“Internet 协议（TCP/IP）属性”对话框，如图 3.13 所示。

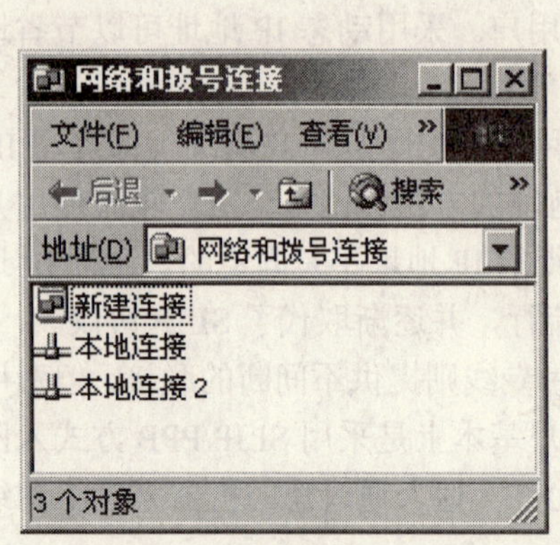

图 3.12 “网络和拨号连接”对话框

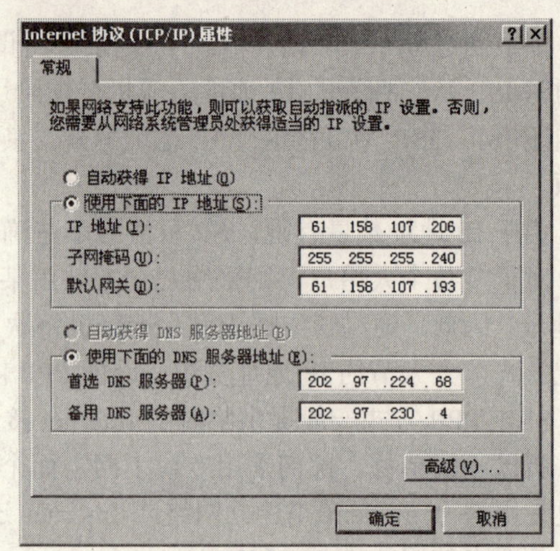

图 3.13 “Internet 协议（TCP/IP）属性”对话框

（3）在“IP 地址”文本框中输入与 Internet 的广域 IP 地址（由 ISP 分配，本机为 61.158.107.206）。

（4）在“子网掩码”文本框中输入在广域中使用的固定网段（由 ISP 分配）。

（5）在“默认网关”文本框中输入 IP 的出口。

（6）在 DNS 服务器地址中输入由 ISP 指定的域名解析服务器地址。

至此为止，第一块网卡的设置完毕。

（7）单击“本地连接 2”，在弹出的“本地连接状态”对话框中单击“属性”按钮，在“本地连接属性”对话框中选择“Internet 协议（TCP/IP）”，单击“属性”按钮，弹出“Internet 协议（TCP/IP）属性”对话框。

（8）在“IP 地址”文本框中输入 Internet 的局域 IP 地址（192.168.0.1），作为其他客户机上网的网关。

（9）在“子网掩码”文本框中输入在局域网中使用的网段（255.255.255.0）。

（10）“默认网关”可以不设置，其他设置同第一块网卡。

2. 客户机上网卡配置

（1）Windows 98 客户机网卡 IP 地址、DNS 配置如图 3.14 和图 3.15 所示。在 DNS 选项卡中设置“启用 DNS”，主机名为任意名称，域名可以不设置，DNS 服务器添加为 ISP 提供的 DNS 域名解析服务器地址。网关设置为 192.168.0.1。

（2）Windows 2000 中网卡的配置如图 3.16 所示。

1）打开“控制面板”，选择“网络和拨号连接”，在弹出的对话框中选择“本地连接”。

2）在本地连接状态对话框中单击“属性”按钮，按上图所示进行设置，设置完毕后单击“确定”按钮即可完成网络的设置。

如果用户身处高校等拥有专用宽带网的单位，并且该单位已经建立了校园或企业网，与专用宽带网连接，用户就可以通过局域网连上校园网或企业网，或直接通过校园网或企业网连上 Internet。但用户接入 Internet 之前必须知道代理服务器的网关地址和 DNS 地址。

3. 建立 Internet 连接的操作步骤

（1）打开 IE 浏览器，选择“工具”→“Internet 选项”，单击“连接”选项卡。

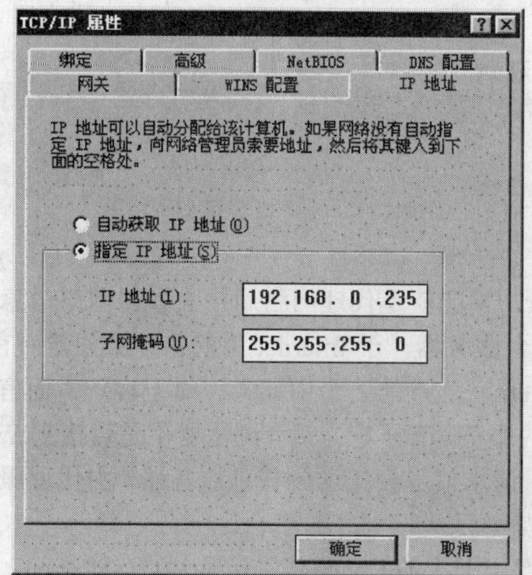

图 3.14　Windows 98 IP 地址设置

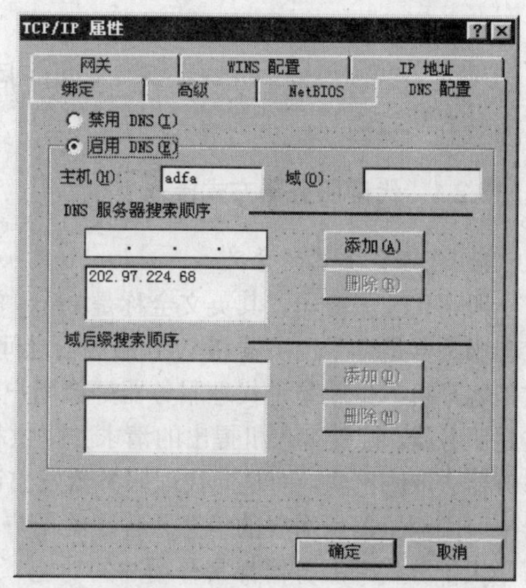

图 3.15　Windows 98 DNS 设置

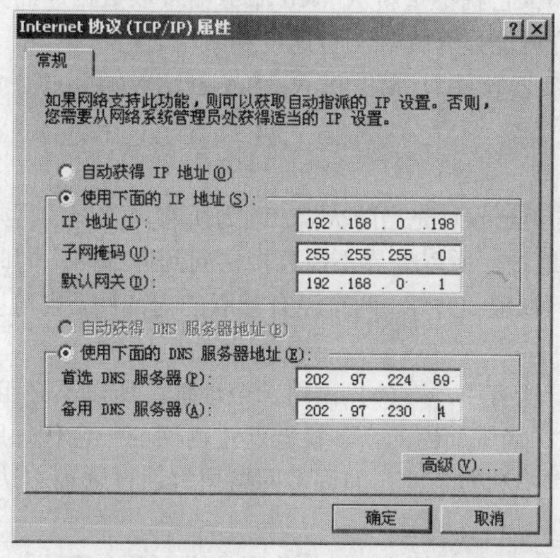

图 3.16　Windows 2000 网卡配置

（2）在弹出的对话框中，在“从不进行拨号连接”、“不论网络是否存在都进行拨号”、“始终拨打默认连接”三个选项中选择第一项“从不进行拨号连接”，然后单击“确定”按钮。

如果还要进行局域网的一些设置，例如，要通过代理服务器访问 Internet，则单击“局域网设置”按钮，进入“局域网设置”界面，选择“代理服务器”选项，并在下面的地址栏中输入代理服务器的 Internet 地址，在“端口”栏中输入代理服务器的端口，然后单击“确定”按钮，返回“连接”选项设置界面，再单击“确定”按钮，完成 Internet 的连接设置。

实训：

练习 ADSL 的安装配置及连接。

3.2 局域网接入

3.2.1 代理服务器方式接入

1. 代理服务器的含义

所谓代理服务器，其英文全称是 Proxy Server，功能就是代理网络用户去取得网络信息。代理服务器是介于浏览器和 Web 服务器之间的一台服务器，于 Internet 上的各种服务器而言，它是客户机，也就是说代理服务器好像用户和 Internet 连接的一个中间人。对于客户机而言，它是服务器，接受客户机提出的请求并提供相应的服务，有了它之后，浏览器不是直接到 Web 服务器去取回网页，而是向代理服务器发出请求，请求信号会先送到代理服务器，由代理服务器来取回浏览器所需要的信息并传送给用户的浏览器。

大部分代理服务器都具有缓冲的功能，就好像一个大的 Cache，它有很大的存储空间，不断将新取得的数据储存到它本机的存储器上，如果浏览器所请求的数据在它本机的存储器上已经存在而且是最新的，那么它就不重新从 Web 服务器中取数据，而直接将存储器上的数据传送给用户的浏览器，这样就能显著提高浏览速度和效率。

目前常用的代理服务器软件有 MS Proxy Server、WinProxy、WinRouter 、NetProxy、WinGate、Sygate 等。

2. 代理服务器的功能

（1）连接 Internet 与 Intranet 充当防火墙。因为所有内部网的用户通过代理服务器访问外界时，只映射为一个 IP 地址，所以外界不能直接访问到内部网；同时可以设置 IP 地址过滤，限制内部网对外部的访问权限；另外，两个没有互联的内部网，也可以通过第三方的代理服务器进行互联来交换信息。

（2）节省 IP 开销。所有用户对外只占用一个地址，所以不必租用过多的 IP 地址，从而降低网络的维护成本。这样局域局内的众多机器通过内网的一台代理服务器连接到外网可以大大减少费用。当然它也有不利的一面，如许多网络黑客通过这种方法隐藏自己的真实 IP 地址而逃过监视。

（3）加快浏览网站的速度。有时访问一些国外或者港台网站，速度很慢，但只要正确选用代理服务器，速度就可以得到提升，有时这些速度的提升很明显。

（4）通过代理服务器可以访问到一些平时不能去的网站。有些网站由于国内的网络被限制了访问，所以不能访问，但如果使用了代理服务器，就有可能访问被限制的网站。

3. 代理服务器的一般配置过程

代理服务器连接 Internet 和 Intranet，位于二者之间。运行代理服务器的这台计算机上有两个网络适配器，其中一个是网卡，连接 Intranet 内部网，具有属于内部网的 IP 地址；另一个根据与 Internet 的连接可以拥有 Internet 上的公开地址。两个网络之间的数据传输全部由代理服务器转发和控制。

代理服务器软件就工作在两个网络适配器之上。局域网上的用户利用客户端软件向代理服务器发出请求，代理服务器通过网卡上的内部 IP 地址接收从内部网络传来的请求，然后作为代理用公开的 IP 地址与 Internet 的访问目标建立连接，取回结果。再经代理服务器将地址转换为内部 IP 地址，转送到发出请求的主机上。

安装代理服务器首先要确定 Intranet 的 TCP/IP 配置协议方案。在安装完代理服务器软件之后，首先要配置测试 Intranet 的 TCP/IP 是否畅通，可以在每个客户机上用 Ping 命令来 Ping 代理服务器的内部 IP 地址，然后测试代理服务器与 Internet 能否连通，如果代理服务器与内部和外部的 TCP/IP 连接都通，就可以配置代理服务器的代理项目了。

最后要配置用户使用的客户端软件，如浏览器、FTP 客户端程序等。

4. IE 浏览器中代理服务器的设置

启动 IE 浏览器之后，执行“菜单栏”→“工具”→“Internet 选项”→“连接”→“局域网设置”命令，弹出“局域网（LAN）设置”对话框，如图 3.17 所示。

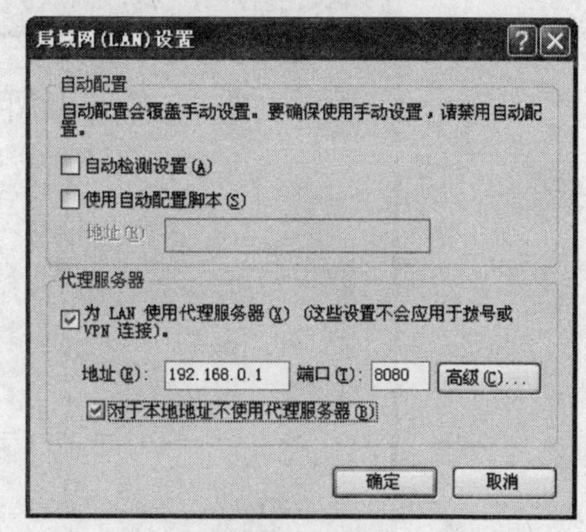

图 3.17　局域网（LAN）设置

在弹出的对话框中输入代理服务器的网卡 IP 地址（如 192.168.0.1）、端口号（如 8080）等，选择“对于本地地址不使用代理服务器”选项，则本地地址不通过代理服务器；也可以选择“高级”进行更详细的设置，设置完毕之后单击“确定”按钮退出。

相关知识链接

1. WINGATE 使用

WinGate 是世界上应用最广泛的代理服务器软件。安装很容易，在第一次安装的时候，会让用户选择是安装为服务器端还是客户端，如图 3.18 所示。

图 3.18　WinGate 安装类型选择界面

如果安装为代理服务器端，选择第二项，也就是设置这台电脑为 WinGate 代理服务器，单击 Continue 按钮进行下一步操作，如果说没有其他的要求就直接以默认方式安装。

安装完成，机器重新启动之后，会启动 WinGate 后台服务和相关程序，也可以执行“开始”→“程序”→WinGate→Start WinGate→Start WinGate Engine 命令开始代理服务。再用同样的方式启动 GateKeeper，将弹出“输入管理员口令”对话框，需要用户输入启动口令（但新装的软件不用），以后每次起动它时都要执行该操作。启动之后弹出如图 3.19 所示的窗口。

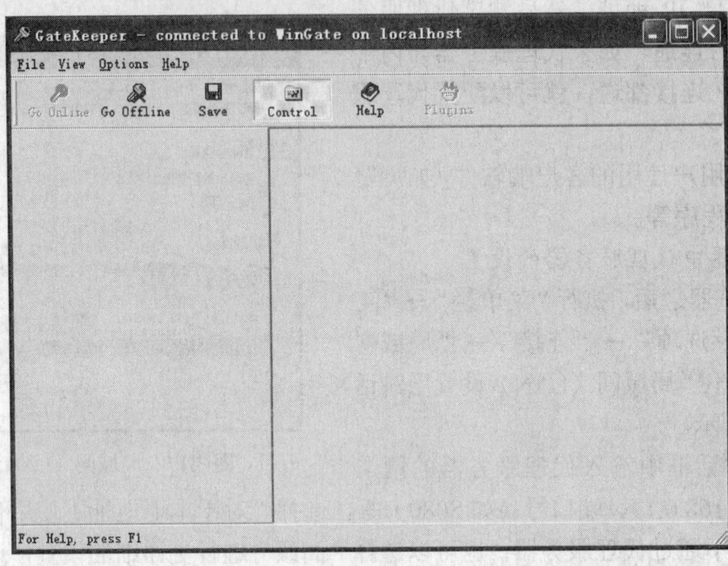

图 3.19 GateKeeper 窗口

GateKeeper 窗口主要分为三部分，窗口的上面是菜单和工具栏；左面是设置栏，在这里可以对 WinGate 提供的各项服务进行管理，也列出了它提供的各种服务的名称和相应的端口号。

GateKeeper 是 WinGate 的一个控制中心，代理服务的大部分工作都在这里进行。WinGate 为用户提供了各种 Internet 服务，有常用的 WWW、POP3、FTP、Telnet 等，通过这这些服务，用户可以浏览网页、收发电子邮件、下载软件。除了这些常用的服务，WinGate 还允许用户自己添加其他服务，如 SMTP、NEWS 等。

2. Sygate 使用

（1）Sygate 软件的优点。在众多的代理服务器软件中，Sygate 软件特别适用于中小型企、事业单位的办公室，它支持 Windows 9x/NT/Me/2000/XP、UNIX 等多种操作系统，还支持包括 Modem、ISDN、ADSL 等 Internet 接入方式，作为客户端的操作系统可以为 Linux、Macintosh 和其他的 UNIX 等。

Sygate 的优点如下：

- 安装和设置都十分简单。
- 能根据访问要求提供自动拨号功能，以及超时自动断线，任何一台客户机都可控制 Sygate 服务器的拨号程序。
- 安全性好，可以自由设定安全规则，防止信息泄漏，同时 Sygate 通过内建的安全防火墙，提供对局域网内部资源的周到保护，防止信息泄漏和黑客的攻击。
- 界面友好，采用类似于 Windows 资源浏览器、MMC 管理控制台的用户界面，提供快速配置向导等多个向导界面，非常容易学习和使用。

（2）Sygate 4.5 的安装。运行 Sygate 4.5 安装程序：双击 Sygate.exe 程序，单击“下一步”

按钮，弹出如图 3.20 所示的对话框，询问是安装为服务器模式还是客户端模式，由于局域网中所有的电脑都要通过服务器才能连接到 Internet，因此应该选择服务器模式，安装好后需要重新启动一次电脑。很快 Sygate Server 的安装就完成了。此后每次打开主机时 Sygate 服务器的引擎都会自动运行。

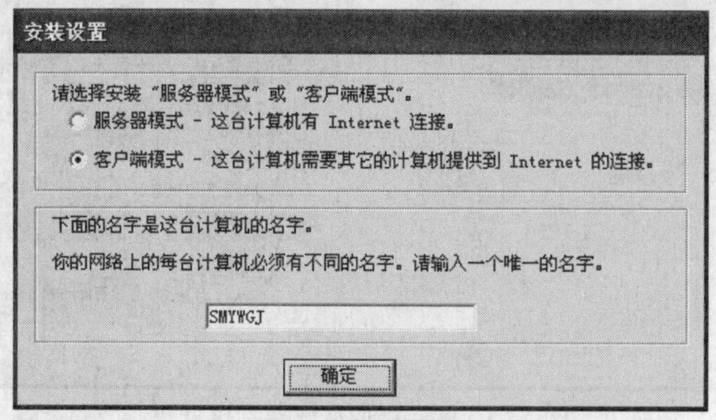

图 3.20　Sygate“安装设置”对话框

（3）Sygate 4.5 的使用。服务器端 Sygate 启动后在系统托盘区显示小图标，双击这个图标即可出现如图 3.21 所示的 Sygate Manager 界面。

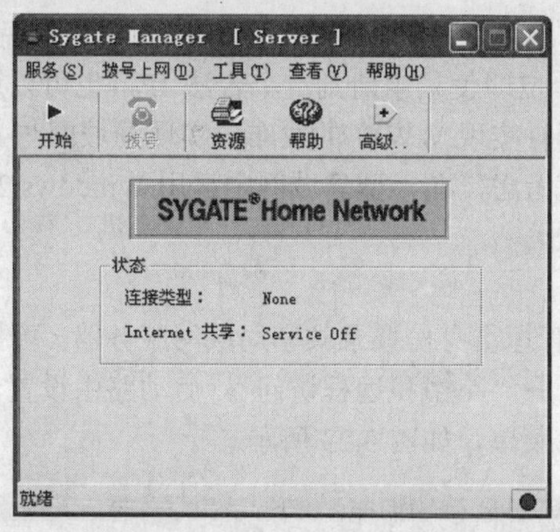

图 3.21　Sygate Manager 界面

在这个窗口的最上方有一排按钮，其中第一个是“开始”，这是开启和停止共享服务用的；第二个画着电话机标志的按钮用于拨号；此外还有一个“高级”按钮，用于在“简单模式”和“高级模式”的管理界面之间切换。对于服务器，如果采用的是拨号上网，只要单击“拨号”按钮，就可以像平常那样拨号上网了；如果采用是专线接入，则不用做任何设置。确定 Sygate 服务器已经连上 Internet 且局域网联接无问题后，在客户机端运行 Sygate 右键菜单中的“诊断”命令，此时客户机会在整个网络中查找 Sygate 服务器并记录它的位置（IP 地址）。到此为止，Sygate 服务器和客户机端的设置可以说是大功告成了，这相对于以 WinGate 等为代表的代理服务器软件的使用要简单许多。

（4）进一步配置。可以在 Sygate 的服务器端进行进一步配置。打开“高级模式”管理界面，如图 3.22 所示。在“高级模式”下是许多看似复杂但十分有用的设置，如设置防火墙以防止心怀不轨的黑客入侵、设置客户机对 Internet 站点的访问权限、监视每一台通过 Sygate 联上 Internet 的客户机的状态、设置黑名单等。

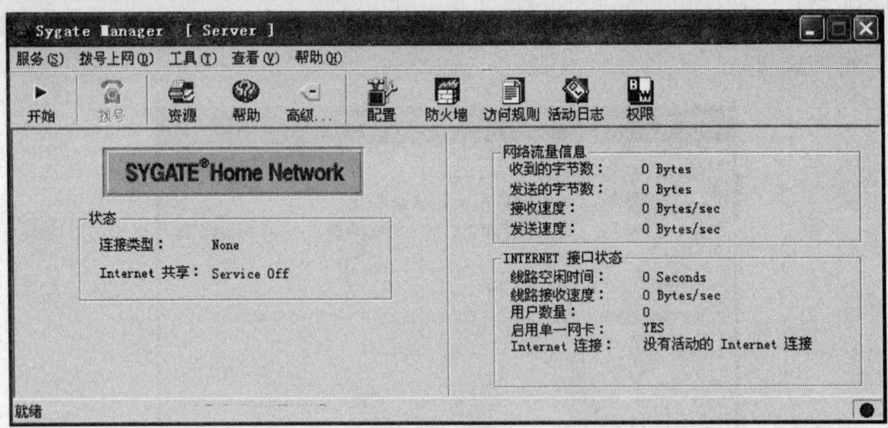

图 3.22 Sygate 服务器端高级设置

3.2.2 路由器方式接入

通过路由器可以实现单位所有计算机访问 Internet，支持地址超载，可通过申请到的几个 IP 地址满足几百个内部 IP 地址的计算机访问 Internet，同时支持静态地址映射，可实现单位 WWW 主页的发布，甚至单位即使只申请到一个合法 IP，也可以通过路由器的端口映射，在满足几百台计算机上网的同时实现 WWW 的发布。实现局域网与 Internet 的连接有很多方法，但从价格、管理、维护难度考虑，在小型局域网中运用 Windows 2000 Server 内置的软路由功能来实现是很好的一种方法。

操作步骤如下：

（1）以 Administrator 管理员身份登录共享局域网服务器（可接入 Internet），执行“开始”→“程序”→“管理工具”→“路由和远程访问”，启动路由设置，右击计算机名，选择“配置并启用路由和远程访问”菜单，如图 3.23 所示。

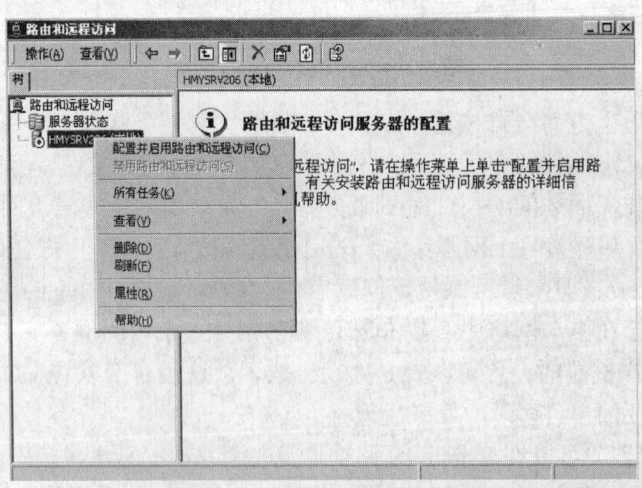

图 3.23 “路由和远程访问”窗口

（2）进入配置向导界面，单击“下一步”按钮继续，在公共设置中选择“Internet 连接服务器”。

（3）根据向导提示选择“使用功能更强大的 NAT 路由服务器”。

（4）服务器将设定所使用的连接互联网的接口。如果是专线连接方式，则要选择与专线 IP 地址（由 ISP 提供）捆绑的网卡即可；如果使用某种拨号方式，则选择 “创建一个新的请求拨号 Internet 连接”，按照新向导完成设置即可，如图 3.24 所示。

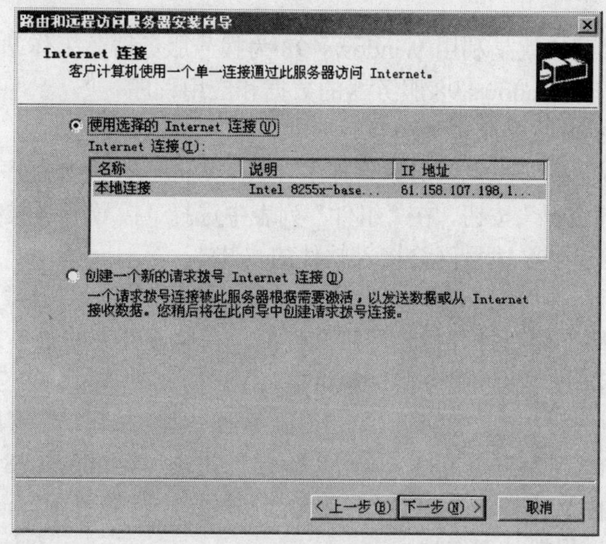

图 3.24　“Internet 连接”向导

（5）完成设置以后，可以通过控制台中的“网络地址转换（NAT）”来验证一下，查看属性以确认是否设置了正确的接口。

服务器设置完成以后，需要对局域网内客户机进行设置。设置方法也很简单，把网关和 DNS 都设置指向这台共享上网服务器。

实训：

练习安装、配置和使用 WinGate 代理服务器。

练习路由器方式接入 Internet。

3.3　拨号网络

拨号上网的用户采用的是传统的电话线，电话线的优点是普及率极高，几乎每个人都可以在办公室或家庭用电话和调制解调器访问 Internet，因此这种具有 IP 连接的拨号上网方式特别适合于个人或家庭计算机上网。拨号上网所需要的条件：

- 硬件设备：一台 PC 机、一个调制解调器（内置或外置）、一条电话线。
- 软件：在用户端计算机上运行支持 SLIP/PPP 协议的 TCP/IP 软件。
- 拨号上网的速率受很多因素的影响，如电话线路的质量、Modem 的速率、ISP 的 Modem 池的速率、出口带宽等，数据最终在通信线路上的传输速度取决于这几个速度中最低的一方。

3.3.1 Windows 98/95 下的拨号网络

网络已经成为人们生活中不可或缺的一部分，通过网络实现资源共享，充分利用信息资源，实现资源价值的最有效利用成为人们的共识。鉴于很多电脑仍然使用的是 Windows 98 操作系统，并且多数都配置有调制解调器，在此将提供一种利用 Windows 98 建立拨号服务、实现资源共享的方法。

Windows 98 拨号网络就是利用 Windows 98 为拨号服务器，工作站通过电话线拨号进入 Windows 98 系统，共享 Windows 98 服务器的数据和应用程序。

1. 安装 Windows 98 拨号服务器的操作步骤

（1）执行“控制面板”→“添加删除程序”→“Windows 安装程序”→“组件”→“通讯”命令，单击“详细资料”按钮，在“组件”列表中选择“拨号网络服务器”，然后单击“确定”按钮，完成 Windows 98 拨号网络接入软件的安装。

（2）安装完成后，在 Windows 98 拨号服务器上执行“开始”→“程序”→“附件”→“通讯”→“拨号网络”命令打开拨号网络文件夹，在此文件夹的菜单条上选择“连接-拨号网络服务器”选项，弹出“拨号服务器”对话框。

（3）在对话框中选择“允许拨入”，单击“服务器类型”按钮，选择服务器类型（如 PPP：Internet、Windows NT、Windows 98），单击“确定”完成，Windows 98 此时将启动拨号服务器的拨号接入服务，在 Windows 98 状态右下角会出现一个计算机图标，表明 Windows 98 拨号服务器已准备接入远程拨号工作站了。

2. 建立 Windows 98 拨号工作站的操作步骤

（1）在 Windows 98 客户机的拨号网络窗口中双击“添加新连接”图标，屏幕将显示连接对话框，根据向导分别输入连接计算机名称、连接对方的电话号码（如服务器的号码为 8068，则内部电话输入 8068，外部电话输入“53181460,,，8068”，逗号起着拨号时在总机接通过程中的延时功能）即可。

（2）执行 Windows 98 拨号服务器拨号网络文件夹中的“连接”→“设置”→“拨号网络服务器”菜单命令，启动 Windows 98 拨号服务器的拨号接入服务，并在拨号网络服务器对话框内选择“允许拨入”再单击“确定”，当 Windows 98 状态栏上出现一个小计算机图标时，表明 Windows98 拨号服务器已准备就绪。

3. 接入 Internet

（1）执行“我的电脑”→“拨号网络”→“建立新连接”命令，在出现的对话框中的“请键入对方计算机的名称”文本框里输入标识文字，如 163，单击“下一步”按钮继续。

（2）在出现的对话框中填写区号和电话号码，正确填写后，单击“下一步”按钮继续，系统提示成功建立了新连接，单击“完成”即可。

（3）用鼠标右键单击拨号网络窗口的 163 连接，在弹出的快捷菜单中选择“属性”，出现如图 3.25 所示的对话框。在“常规”选项卡中不选“使用区号与拨号属性”，在“服务器类型”选项卡中只选择“启用软件压缩”和 TCP/IP 两个选项即可（减少登录时间），因为它是直接接入 ISP 的拨号接入服务器的，中间不再需要本地的服务器，可以省掉查找本地网络接入服务器的时间，如图 3.26 所示。

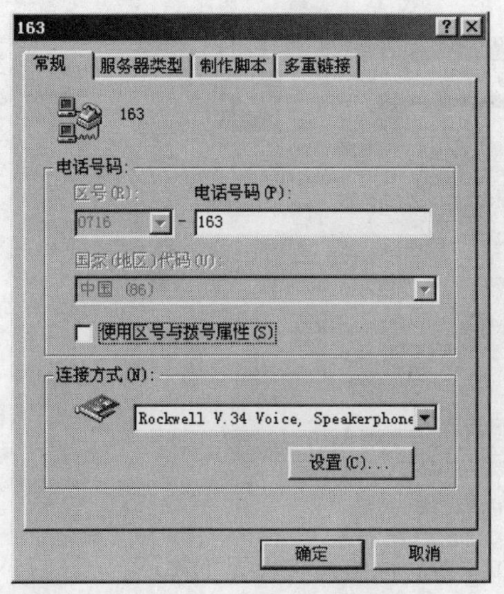

图 3.25　“常规”选项卡

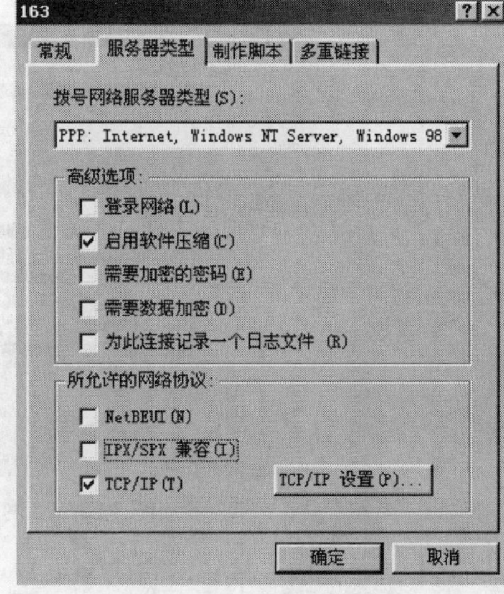

图 3.26　“服务器类型”选项卡

（4）回到“拨号网络”窗口，双击 163 连接，在出现的对话框中填入正确的“用户名”和“密码”，单击“连接”，如果桌面右下角出现图标 就表示连接成功了。

3.3.2　Windows 2000 下的网络连接

Windows 2000 下的网络连接操作步骤如下：

（1）右键单击桌面上的“网上邻居”图标，在弹出的对话框中选择“属性”命令。

（2）打开“网络和拨号连接”窗口，如图 3.27 所示，双击“新建连接”，在出现的对话框中单击“下一步”按钮继续，弹出如图 3.28 所示的对话框。

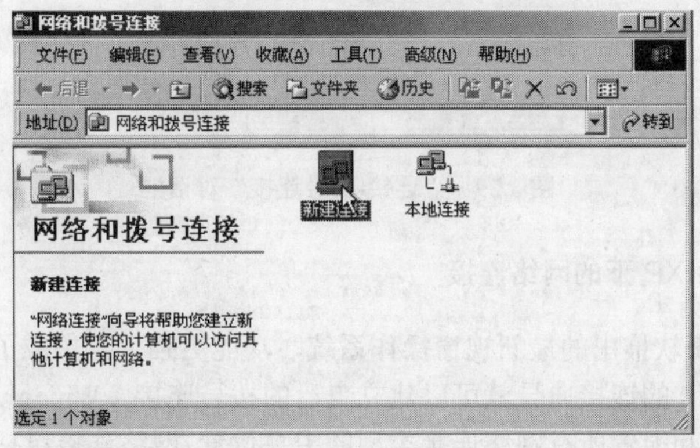

图 3.27　“网络和拨号连接”窗口

（3）选择“拨号到专用网络”单选按钮，单击“下一步”按钮继续。

（4）在“电话号码”栏中输入拨号上网的号码（如 53181460），再单击“下一步”按钮继续。

（5）在“可用连接”对话框中选择“所有用户使用此连接”，单击“下一步”按钮继续。

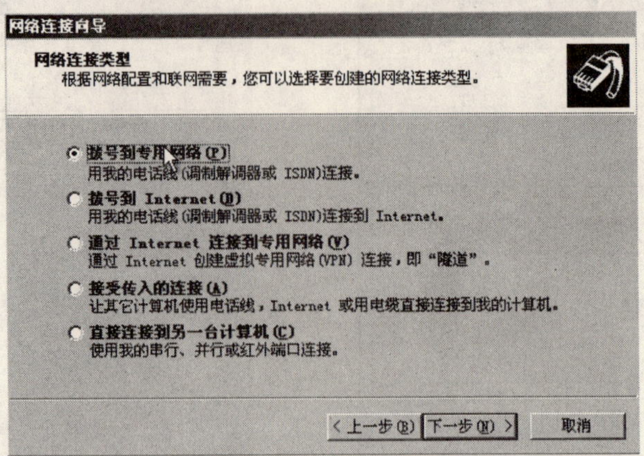

图 3.28 “网络连接向导”对话框

（6）单击“完成”按钮，完成 Windows 2000 的拨号网络连接设置工作。

单击“网络和拨号连接”窗口中的“拨号连接”，弹出如图 3.29 所示的对话框，输入用户名和密码，再单击“拨号”按钮就可以进行拨号连接了。如果选择“保存密码”复选框，系统就会记住用户名和密码，以后拨号上网时就不用输入用户名和密码了。

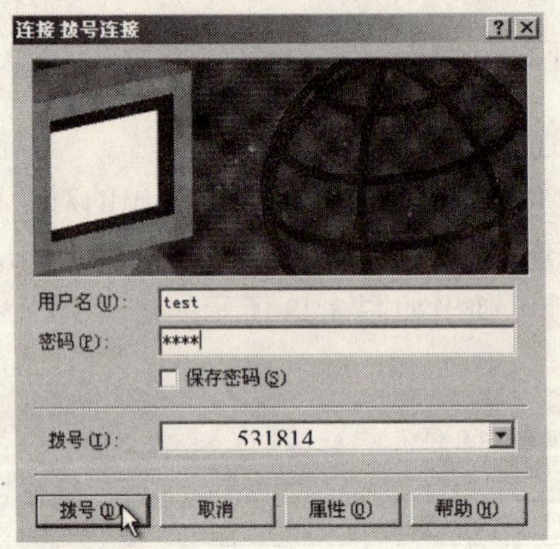

图 3.29 “连接-拨号连接”对话框

3.3.3 Windows XP 下的网络连接

Windows XP 是微软推出的最新视窗操作系统，功能更强大，集成了 PPPoE 协议的支持，直接使用 Windows XP 的连接向导就可以建立自己的拨号连接。Windows XP“网络连接”文件夹在计算机中查看和配置所有网络连接类型的中央位置。网络连接包括常见的 LAN 连接（如以太网和无线）和拨号连接（如模拟电话或虚拟专用网络连接）。

WindowsXP 拨号网络连接操作的步骤如下：

（1）执行“开始”→“控制面板”→“网络和 Internet 连接”命令，打开“网络和 Internet 连接”窗口。

（2）在“网络和 Internet 连接”窗口中，找到并单击“创建一个到您的工作位置的网络连接”，打开“新建连接向导”对话框，如图 3.30 所示。

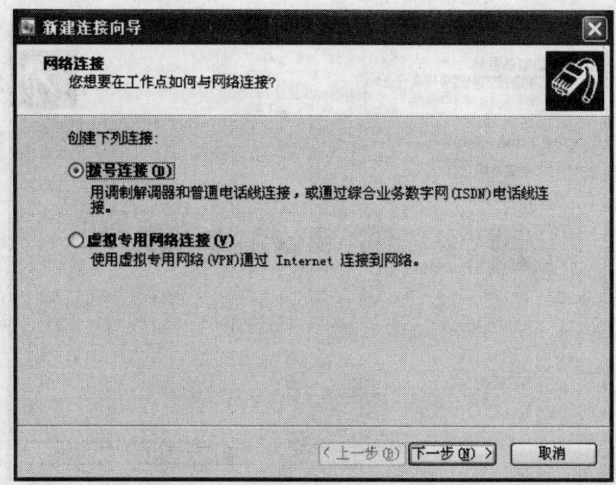

图 3.30　“网络连接”选择对话框

（3）选择“拨号连接”选项，单击“下一步”按钮继续操作，弹出如图 3.31 所示的对话框。

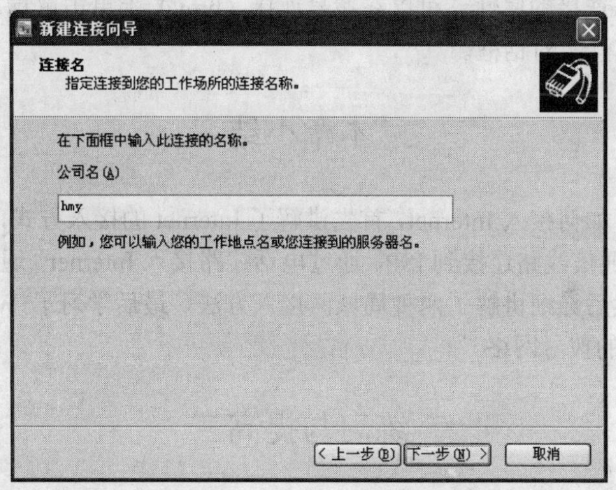

图 3.31　“连接名”输入对话框

（4）在“公司名”中输入一个名称（这个名称方便自己使用即可，我们这里使用 hmy），再单击“下一步”按钮，弹出如图 3.32 所示的对话框。

（5）在此对话框的“电话号码”栏中输入“53181460”（拨号上网所用的电话号码），再单击“下一步”按钮继续，弹出“正在完成新建连接向导”对话框。

（6）如果希望在桌面上放一个快捷方式，选择“在我的桌面上添加一个到此连接的快捷方式”，单击“完成”按钮完成新建连接向导。

（7）如果在桌面上放置了快捷方式，请在桌面上双击刚才建立的拨号连接（如 hmy），打开“连接”对话框。输入用户名和密码，再单击“拨号”按钮，即可拨号上网。

（8）如果没有在桌面上放置快捷方式，可以回到“网络和 Internet 连接”窗口，找到并单击“网络连接”，在“网络连接”里可以找到刚才建立的拨号连接（hmy）。双击拨号连接，打开“拨号”对话框进行拨号。如果确认用户名和密码正确以后，直接单击“连接”即可拨号上网。

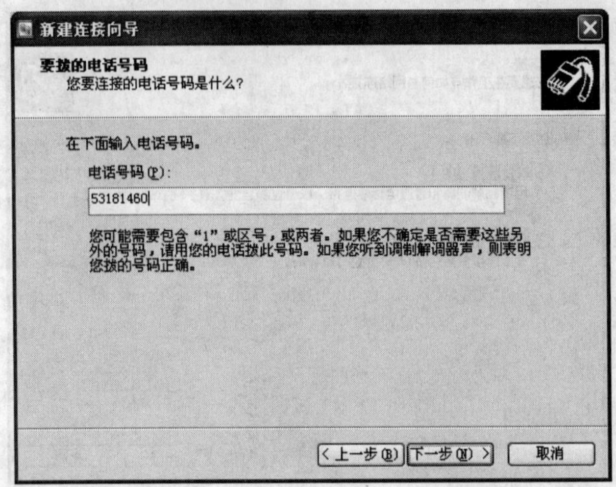

图 3.32 “要拨的电话号码”输入对话框

成功连接后，你会看到屏幕右下角有两部电脑连接的图标。

如果要查看拨号连接的属性，可以在拨号连接（hmy）上单击鼠标右键，选择“属性”，打开拨号连接的“属性”对话框。

本章小结

本章重点介绍了如何接入 Internet，首先讲解了 Internet 的接入方式，讲述了通过电话线路连到 ISP、通过数据通信线路连接到 ISP、通过电话线路接入 Internet、通过局域网接入 Internet 的具体操作方法，然后详细讲解了两种局域网接入方法，最后学习了 Windows 98、Windows 2000、Windows XP 的拨号网络。

练习与提高三

一、填空题

1. ADSL 接入网络有_______和_______两种方式。
2. 通过电话线接入 Internet 有_______和_______两种方式。
3. _______是最简单也是费用最低的一种拨号服务。
4. Windows XP 集成了_______协议支持。
5. 安装代理服务器首先要确定 Intranet 的_______方案。

二、简答题

1. 什么是 ISP？
2. 简述代理服务器的含义。
3. 简述代理服务器的功能。
4. 简述代理服务器的配置过程。

5．拨号上网所需的硬件条件有哪些？

三、实践题

1．安装 ADSL 硬件设备。
2．Windows XP 自带 PPPoE 虚拟拨号软件连接设置。
3．Windows XP 下拨号网络连接的设置。
4．IE 浏览器中代理服务器的设置。

第 4 章　E-mail（电子邮件）

本章主要讲解电子邮件的基础理论，读者需掌握 E-mail 的基本服务和特点。

本章学习目标：

- 电子邮件的基础知识
- E-mail 的协议
- 电子邮件客户端软件
- 邮件服务器
- 电子邮件系统的安全与发展

4.1　电子邮件基础知识

4.1.1　初识 E-mail 的作用

1. 电子邮件的概念

电子邮件的英文名称为 Electronic Mail，简记为 E-mail，它是 Internet 上使用最频繁、应用范围最广的一种服务。电子邮件允许用户在 Internet 上的各主机间发送消息，这些消息可以是大量数据或几行文本数据，也允许用户接收 Internet 上其他用户发来的消息，即利用 E-mail 可以实现邮件的接收和发送。

随着计算机网络的普及应用，人类社会的信息交流方式发生了巨大的变化，同时也推动了全球经济、文化、政治的发展。通过电子邮件的形式进行交流是一种全新的交流和联系方式，同时也由于它具有快捷、方便的特点，使人们足不出户便可以与世界上任何地点（与 Internet 连接）的朋友通信。

2. E-mail 系统的功能

- 阅读收到的所有邮件。
- 答复某些邮件。
- 建立并发送一个新邮件。
- 建立邮件列表，这样你可以把邮件发送给多个用户。
- 建立邮件夹，用来存储有用的邮件。
- 把邮件保存在文件中或磁盘上。
- 删除无用的邮件。
- 把文件（可以是文本文件、图形图像文件、声音文件）作为邮件进行收发。
- 在不同的电子邮件系统间发送邮件。

不是所有的电子邮件系统（软件）都能提供以上种种功能，因此用户在选用电子邮件系统（软件）时，一定要注意该电子邮件提供了哪些功能，这些功能是否能够满足需要。

4.1.2　了解 E-mail 的编码

电子邮件应当注意编码。编码问题是每一位电子邮件的使用者均应予以注意的大事。由于中文文字自身的特点，加上一些其他的原因，我国的内地、台湾省、港澳地区，以及**世界**上其他国家的华人，目前使用着互不相同的中文编码系统。例如浏览港台地区的网站，收到那边来的邮件或软件，大都是 BIG5 繁体编码的，大陆多采用 GB 简体码，当一位用户使用**中国**内地的编码系统向其他一切国家和地区里的用户发出电子邮件时，由于双方所采用的中文编码系统有所不同，对方便很有可能只会收到一封由乱字符所组成的“天书”。

因此，电脑用户在使用中文向除了中国内地之外的其他国家和地区的华人发出电子邮件时，必须同时用英文注明自己所使用的中文编码系统，以保证对方可以收到自己的邮件。

相关知识链接

当遇到乱码邮件时，首先要判断产生的原因。出现乱码的原因很多，其中一种可能是由于 Internet 上的某些邮件主机不支持 8 位（非 ASCII 码格式）传输造成的。具体的说，在直接发送中文双字节或二进制等非 ASCII 码格式的邮件（如中文双字节文件、图片文件.jpg、可执行文件.exe 或压缩文件.zip 等二进制文件）时，邮件主机无法处理，便把信件中每个字符的第八位都过滤掉（截去第八位），从而使此信息和初始信息截然不同，造成邮件信息的失真或损坏。因此，在发送 8 位格式的文本文件时，必须事先进行编码，将文件转换为 7 位 ASCII 码或更少位数的格式，然后才能保证文件的正确传送。收件人收到 7 位或更少位格式的邮件之后，可以再转换为 8 位的格式，这样就可以阅读了。

一般电子邮件系统的“附件”功能可以自动对信件先进行编码，然后送出。如果收信人的电子邮件系统（如 Netscape Email、Pegasus、Eudora、Acacia、MS Internet Mail 等）能够区别信件的编码方式，则可以自动将信件解码。由于各种电子邮件软件的默认配置不同，收件人和发件人自己定制的一些选项也会各不相同，在收到编码的信件后，系统不一定能识别出信件所用的编码方法。识别不出编码方法，系统自然无法自动解码，这样当你查看信件内容时，就会出现所谓的乱码，使收信人无法阅读该文件。

4.1.3　掌握 E-mail 的地址格式与信息格式

1. E-mail 的地址格式

要在 Internet 上接收电子邮件，用户必须拥有一个电子邮箱，它实际上是 ISP 在其服务器上为用户设置的一块存储空间。E-mail 地址就是在邮件服务器上的电子邮箱地址。

每个使用 E-mail 的用户都有一个或多个 E-mail 地址，这是在用户向 ISP 申请电子邮箱时分配的。

E-mail 地址是全球惟一的，邮件服务器将根据收件人的 Email 地址把电子邮件送往其电子邮箱，只有该地址所对应邮箱的用户才有读取信件的权限。

在 Internet 上，一个完整的 E-mail 地址由两部分组成，中间用@符号分隔，其格式为：用户名@ 邮件服务器主机的 IP 地址或域名。

其中，用户名就是使用电子邮箱时的登录名；中间的符号@读作 at，也就是“在”的意思；右边是完整的主机名，也可以是主机的 IP 地址。

例如smxclz@sina.com就是一个完整的电子邮件地址，其含义是，位于 sina.com 主机上的

smxclz 邮箱，用户在使用这个邮箱时，使用 smxclz 作为登录名。

说明：在申请和使用电子邮件地址时，要注意无论是在用户名、服务器主机名还是在@符号的两侧都不要使用空格。同时也要注意 ISP 对一些特殊字符如“_”、“-”、“$”等的使用说明。一般情况下，除字母外，可以使用下划线、符号“_”和英文分隔符，其他特殊字符一般情况下是禁用的。

2. E-mail 的信息格式

（1）使用电子邮件的规则。一个完整的电子邮件主要由三部分组成：邮件头、邮件正文及签名。

邮件头是一个电子邮件的前几行，它反映邮件的重要统计信息，主要包括时间（Date）、收件人的地址（To）、寄件人的地址（From）、主题（Subject）、能得到邮件副本的人的地址（Cc）。主题行（Subject）对一个电子邮件来说是十分重要的。主题行应该用简短的文字详细而准确地反映电子邮件的主要内容，因为绝大多数网民在决定是否阅读信箱中满满一叠电子邮件时，仅仅通过扫描一下 Subject 这一行。在发送国际间的电子邮件时，最好使用格林威治标准时间（GMT），这样可以使收件人了解到收到邮件的准确时间，而省去了换算时间所带来的不便。

邮件的正文：既可以是普通文本，也可以是 HTML 格式。对于邮件的正文内容还可以进行格式排版。在邮件正文中添加粗体、彩色、图形等效果时，可以使用 HTML。

邮件签名：邮件签名附在邮件最后，内容一般是寄件人姓名、工作单位及地址、联系电话等，签名虽然是可有可无的，但加上签名可以在双方交流中增进友谊。签名不应超过四行，否则会给人一种喧宾夺主的感觉。

（2）初步介绍缩写词。缩写词可以分为几类，大多数缩写词都是由常用短语或短句的主要字母组合在一起构成的，如 BTY（By the way），另外有些缩写词是利用英文字母的发音与个别词组的发音相同或相近而产生的，这类短语数量不多但容易理解，如 OIC（oh，I see），可以帮助用户阅读及编写电子邮件时使用。

同时，用户也经常会遇到一些不明其意的缩写词，可以在环球网缩写词服务器上查找你想知道的缩写词或找出其全称中含有特定单词的缩写词。例如可以通过曼彻斯特计算中心目录查阅。

（3）形文字。人们评价用 E-mail 进行通信的缺点之一是它无法表现个人的感情色彩，接收电子邮件的人无法从平铺直叙的电子邮件中感觉到发件人的喜怒哀乐。

一些网络迷们便发明了一些符号来表达个人的感情，在侧着头看这些符号时，你便会见到一张不同表情的小脸。如:-)　哈哈，开个玩笑、:-D　开心地大笑等。但这也只是表现感情的简单方法，不可过多地使用。

实训：

根据所了解的电子邮件基础知识，练习书写和发送简单的电子邮件。

4.2 E-mail 的协议

在 Internet 中，电子邮件的发送与接收依靠专门的电子邮件协议，它是整个网络应用协议的一部分。目前最常用的是 SMTP、POP3 和 IMAP 协议。

4.2.1　学习 SMTP

SMTP 协议（Simple Mail Transfer Protocol，简介 SMTP）用来在因特网上传递电子邮件。TCP/IP 协议族中，提供了两个电子邮件传送协议：邮件传送协议 MTP（Mail Transfer Protocol）和简单邮件传送协议 SMTP（Simple Mail Transfer Protocol）。

电子邮件在 Internet 中的传送都是依靠 SMTP 协议进行的，它只规定了电子邮件如何在 Internet 中通过发送方和接收方的 TCP 协议连接传送。因此 SMTP 协议比较简单，而对其他操作，特别是前台的操作，如与用户的交互、邮件的存储、邮件系统发送邮件的时间间隔等问题均不涉及。

在 Internet 中，前台与用户交互的工作是由其他程序来承担的。比如在 UNIX 系统中，用户通过使用前台的 mail 和 mailx 等程序，间接地调用了在 UNIX 系统内配置的 Sendmail 程序，从而实现 SMTP 协议对电子邮件的传送。

计算机通信需要涉及客户机和服务器程序之间的交互。电子邮件系统也采用客户机/服务器结构。在后台，SMTP 协议就是按照客户机/服务器方式工作的。发信人的主机为客户机，收信人的邮件服务器为服务器方，双方机器上的 SMTP 协议相互配合，将电子邮件从发信方的主机传送到收信方的信箱。

在传送邮件的过程中，SMTP 协议规定了发送方和接收方双方进行交互的动作。发送方的主机与接收方的邮件服务器直接相连，从而建立了从发送方主机到接收方的邮件服务器之间的直接通道，这就保证了邮件的传送十分可靠。

在传送邮件的过程中，双方也需要交换一些应答信息，而这是通过使用 SMTP 协议的一组命令来实现的。

4.2.2　认识 POP3

POP 的全称是 Post Office Protocol，即邮局协议，用于电子邮件的接收，它使用 TCP 的 110 端口，现在常用的是第三版，所以简称为 POP3。

POP3（Post Office Protocol Version 3，邮局协议版本 3）协议采用的是对邮件消息进行排队的标准机制，这样接收者以后才能检索邮件。POP3 服务器也运行在 TCP/IP 之上，并默认在端口 110 上监听。在客户和服务器之间进行了初始的会话之后，基于文本的命令序列可以被交换。使用 POP3 协议时，客户利用用户名和口令向 POP3 服务器认证。

POP3 的认证是在未加密的会话基础上进行的。POP3 客户发出一系列命令发送给 POP3 服务器。POP3 代表一种存储转发类型的消息传递服务。目前大部分邮件服务器都采用 SMTP 发送邮件，同时使用 POP3 接收电子邮件消息。

4.2.3　认识 IMAP

IMAP 是消息访问协议，是 Internet Message Access Protocol 的缩写，IMAP 是一种电子邮件消息排队服务，它对 POP3 在存储转发方面的局限性进行了改进。IMAP 也使用基于文本命令的语法在 TCP/IP 上运行。

与 POP3 相同的是 IMAP 服务器允许 IMAP 客户下载一个电子邮件的头消息，并且不要求将整个消息从服务器下载至客户。IMAP 服务器在提供了一种排队机制以接收消息的同时也必须与 SMTP 结合在一起才能发送消息。

实训：

了解 E-mail 的 SMTP、POP3、IMAP 协议，练习配置 Outlook Express 的邮件服务协议。

4.3 电子邮件客户端软件

4.3.1 了解客户端软件的种类

1．电子邮件客户端软件简介

电子邮件客户端软件是指能够与邮件服务器通信，可以将用户名和密码提交给服务器，并能够将存放在邮件服务器中的邮件接收到用户计算机中的软件。

一般情况下，用户在获得电子邮箱后，若要收发电子邮件，需先利用 IE 等浏览器软件到 ISP 指定的网页，从该网页中提交用户名和密码进行登录，然后在浏览器中查看和处理邮件。这种通过 WWW 处理电子邮件的方式通常称为 Web Mail 方式。

有了 Outlook Express、Foxmail 等工具软件后，用户就不必自己登录邮件服务器处理邮件，直接利用这些邮件客户端，就可以将信件收取到本地计算机上，离线后仍可继续阅读信件。发信时用户可以先用客户端软件在本地写好一封或多封邮件，再上网一次发送。

由于客户端软件操作的便利性，因此一般用户多用此类软件来处理邮件，而在无法使用自己的计算机时（如在网吧阅读和处理邮件）才使用 Web Mail 方式。

2．客户端软件的种类

目前较常用的客户端软件有 Outlook Express、Foxmail、Netscape Mail、Becky、The Bat 和 Eudora 等。

Outlook Express 与 IE 一同发布，它的功能较完善，是当前常用的一个电子邮件收发软件。

Outlook Express 包括 Internet 邮件客户程序、新闻阅读程序和 Windows 通讯簿，它不仅方便易用、界面友好，而且具有可管理多个邮件和新闻账号、可脱机撰写邮件、以通讯簿存储和检索电子邮件地址、并可使用数字标识对邮件进行数字签名和加密、在邮件中添加个人签名或信纸以及预订和阅读新闻组等多种功能。我国自主开发的 Foxmail 也在易用性上做了更多的努力，而且在功能上并不输于 Outlook Express。

4.3.2 学习 Outlook Express 的配置和使用

1．启动 Outlook Express

启动 Outlook Express 程序的方法是选择“开始”→“程序”→“Outlook Express”命令。其界面如图 4.1 所示。

Outlook Express 窗口除包括标题栏、菜单栏、工具栏和状态栏外，还包括“文件夹”窗格、邮件列表、邮件预览窗口标题栏、预览窗口、“联系人”窗口等部分。

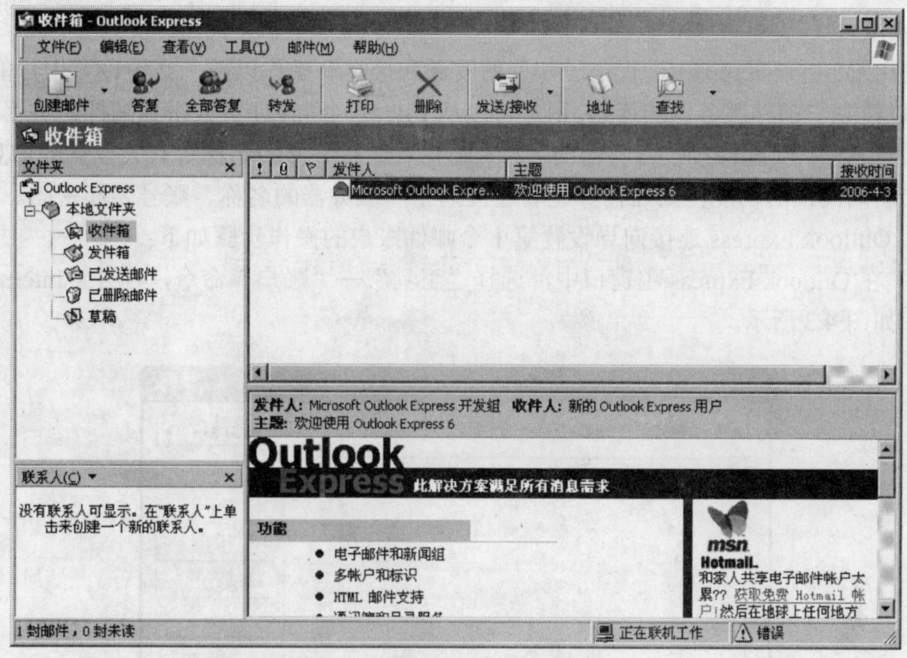

图 4.1　Outlook Express 窗口

在“文件夹”窗格中，选中相应的文件夹，文件夹列表中将显示该文件夹的标识，并在邮件列表中显示该文件夹中所有的邮件。

预览窗口标题栏中显示的是当前邮件的发信人、收信人及邮件主题的信息。单击邮件列表中的邮件标题就可以在预览窗口中直接浏览该邮件的内容。

用户可以通过显示或隐藏主窗口中各个部分来改变或者自定义主窗口的布局。方法是：选择“查看”→“布局”命令，在弹出的“窗口布局属性”对话框中定义 Outlook Express 的布局，设置出最适合自己工作风格的界面，如图 4.2 所示。

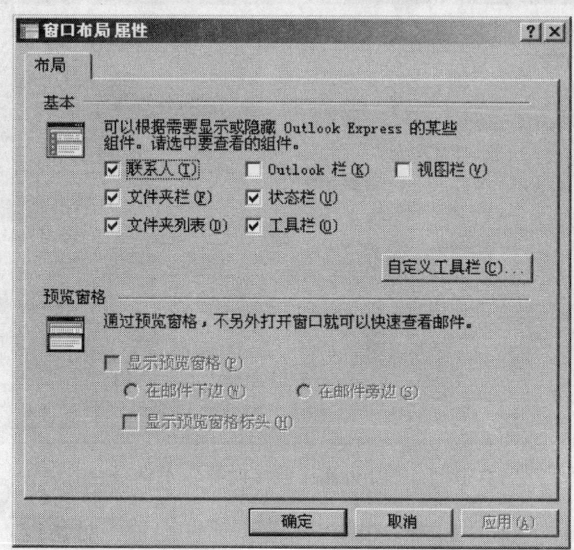

图 4.2　“窗口布局属性”对话框

2. 设置邮件账户

在使用 Outlook Express 进行电子邮件的发送和接收等操作以前，必须设置用户的电子邮件账户，以建立与邮件服务器的连接。用户可以从 ISP 或网络管理员处得到邮件服务器的类型、邮件账号名和密码、邮件接收服务器的名称、邮件发送服务器的名称等有关设置的信息。如果需要添加新闻阅读的功能，则还需知道要连接的新闻服务器的名称、账号名和密码。

使用 Outlook Express 连接向导设置第 1 个邮件账户的操作步骤如下：

（1）在 Outlook Express 主窗口中，选择“工具”→“账户”命令，打开“Internet 账户”对话框，如图 4.3 所示。

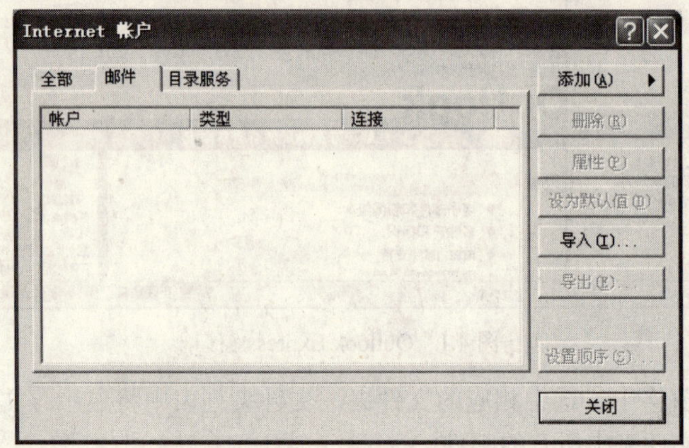

图 4.3 “Internet 账户”对话框

（2）在“邮件”选项卡中右击“添加”按钮，在弹出的快捷菜单中选择“邮件”命令，将打开“Internet 连接向导”对话框，如图 4.4 所示。在“显示名”文本框中输入用户名。所输入的名字将应用到所发送邮件的“发件人”字段中。

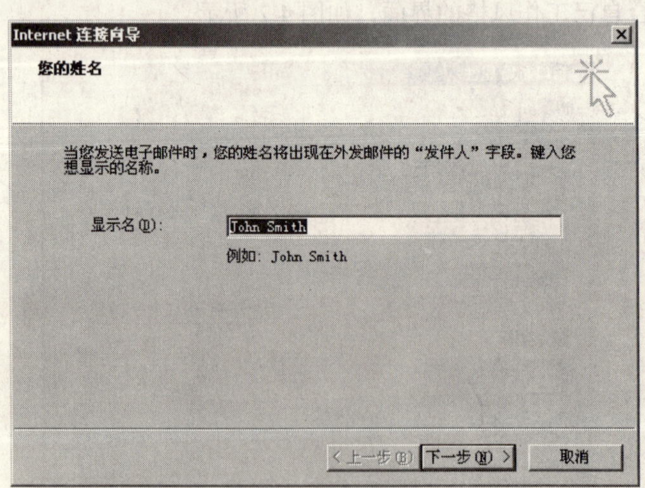

图 4.4 “Internet 连接向导”对话框

（3）单击“下一步”按钮，打开“Internet 电子邮件地址”对话框，如图 4.5 所示。在“电子邮件地址”文本框中输入 Internet 服务提供商（ISP）为用户分配的电子邮件地址（或自己申请的免费邮箱，如 sunyj2006@sohu.com）。

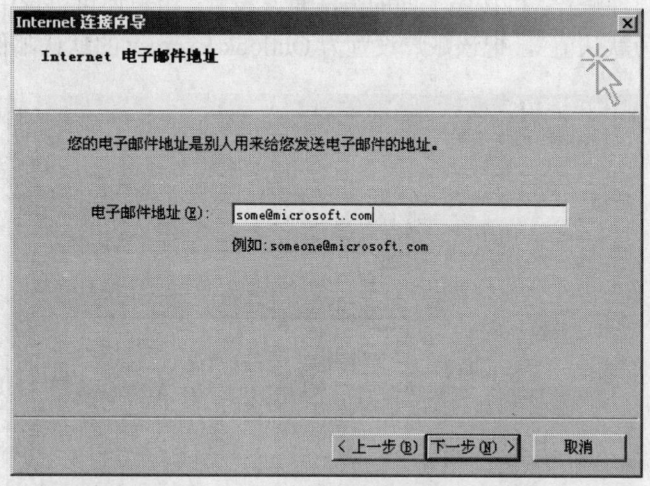

图 4.5　“Internet 电子邮件地址”对话框

（4）单击“下一步”按钮，打开“电子邮件服务器名”对话框，如图 4.6 所示。从“我的邮件接收服务器是”下拉列表框中选择服务器的类别（除非有特殊说明，一般选择 POP3 选项），并分别输入接收和发送电子邮件服务器域名或 IP 地址（sohu 电子邮箱系统的接收服务器为 pop3.sohu.com，发送邮件服务器为 smtp.sohu.com）。

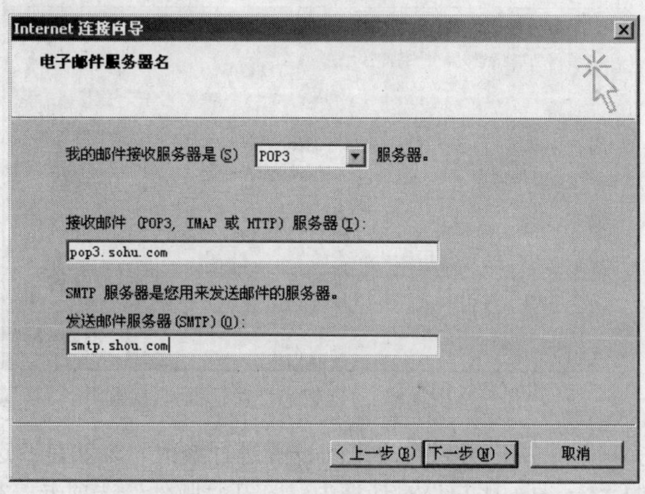

图 4.6　“电子邮件服务器名”对话框

（5）单击“下一步”按钮，打开“Internet Mail 登录”对话框，如图 4.7 所示。分别在“账户名”和“密码”文本框中输入 Internet 服务提供商提供的电子邮件账户名与密码（或自己申请邮箱时自己设定的用户名和密码）。若不希望每次接收邮件时都输入密码，可选中“记住密码”复选框。

（6）单击“下一步”按钮，打开“祝贺您”对话框，如图 4.8 所示。单击“完成”按钮即可完成电子邮件账户的设置。

至此，Outlook Express 已经为用户建立了一个电子邮件账户，新建立的账户将显示在

“Internet 账户”对话框中的账户列表中，用户可以用这个账户来收发电子邮件了。如果用户希望拥有多个电子邮件账户，可按照上面的方法重复设置。用户还可以选中列表中的某个邮件账户，并单击“设为默认值”，把该账户设置为 Outlook Express 的默认邮件账户。

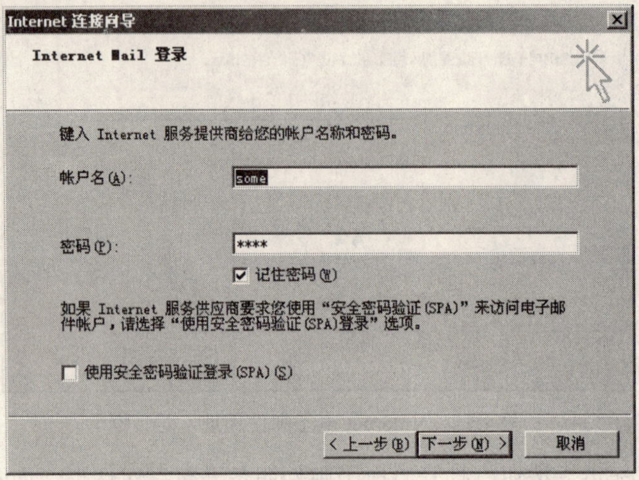

Internet 连接向导

Internet Mail 登录

键入 Internet 服务提供商给您的帐户名称和密码。

帐户名(A): some

密码(P): ****

记住密码(W)

如果 Internet 服务供应商要求您使用“安全密码验证(SPA)”来访问电子邮件帐户，请选择“使用安全密码验证(SPA)登录”选项。

使用安全密码验证登录(SPA)(S)

< 上一步(B) 下一步(N) > 取消

图 4.7 “Internet Mail 登录”对话框

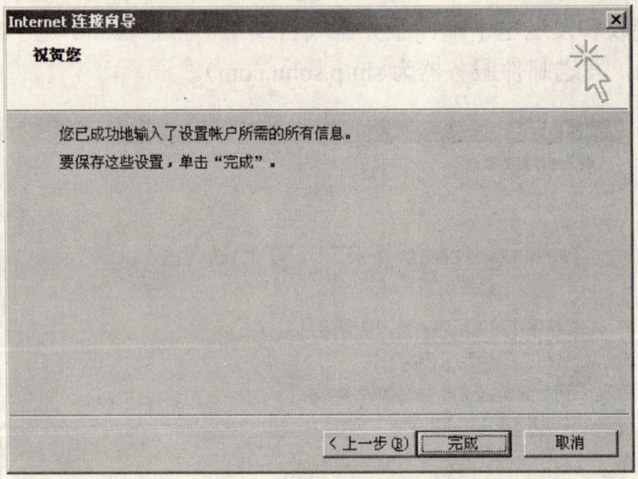

Internet 连接向导

祝贺您

您已成功地输入了设置帐户所需的所有信息。

要保存这些设置，单击“完成”。

< 上一步(B) 完成 取消

图 4.8 “祝贺您”对话框

邮件账户设置完成后，用户可以对原来的设置进行修改。方法是：选择“工具”→“账户”命令，在弹出的“Internet 账户”对话框中，打开“邮件”选项卡，在账户列表中选中要修改的邮件账户，单击“属性”按钮，在弹出的对话框中修改相应的信息，如图 4.9 所示。

相关知识链接

邮件系统不同，主机的域名或 IP 地址也各不相同。服务器的域名可在申请邮箱时从帮助系统中获得。如进入 Sina 邮件管理页面，单击页面中的“使用帮助”链接，在帮助页面中就提供了两个服务器的域名。出于安全和速度方面的考虑，邮件发送服务器需要用户在发送邮件时必须登录到邮件服务器，以避免非注册用户占用服务器资源。

在设置好邮件账户后，必须在账户属性对话框中打开“服务器”选项卡，选中“我的服务器要求身份验证”复选框；否则邮件发送可能失败，如图 4.10 所示。

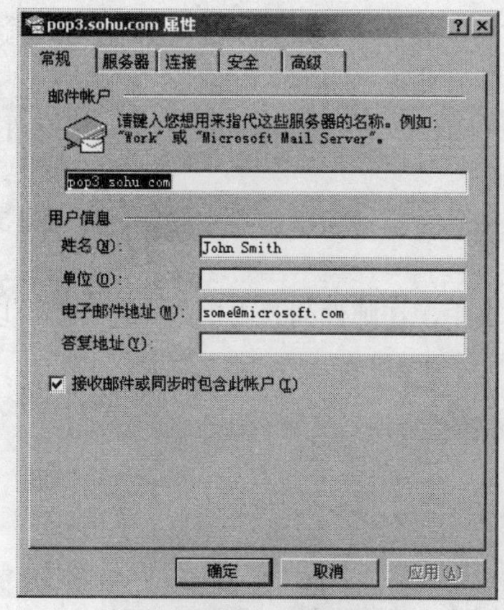

图 4.9　修改邮件账户信息

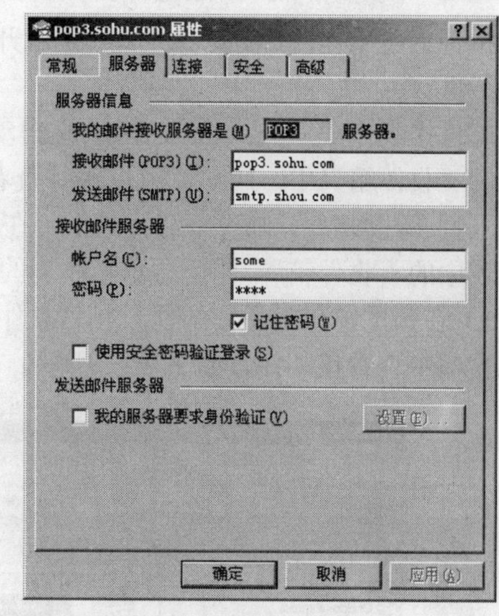

图 4.10　"服务器"选项卡

3. 接收和阅读邮件

发送给用户邮件实际上首先发送到用户自己所连接的邮件服务器上，并且保存在邮件服务器分配的邮箱里。当用户连接到邮件服务器时，即可从邮件服务器上下载这些新邮件，进行脱机阅读。所有收到的邮件都保存在"收件箱"文件夹中，不同性质的邮件前面会用不同的符号进行标记，通过这些标记，用户可以有选择地对邮件进行处理。

（1）接收邮件的操作步骤。

1）启动 Outlook Express。

2）选择"工具"→"发送和接收"→"接收全部邮件"命令。

3）在工具栏中单击"发送/接收"按钮右侧的下三角按钮，在弹出的菜单中选择"接收全部邮件"命令，如图 4.11 所示。

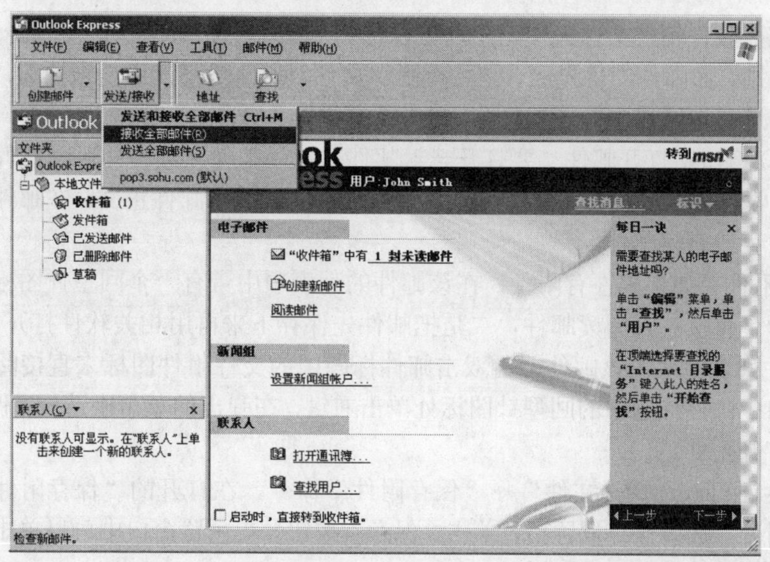

图 4.11　接收邮件

执行上述操作后，Outlook Express 就开始进行邮件的接收了，并且弹出显示邮件接收进度的对话框。

邮件接收完成后，Outlook Express 自动把这些邮件放到 Outlook Express 主窗口“文件夹”栏中的“收件箱”中，用户就可以进行查看和阅读邮件。

（2）阅读邮件。邮件下载完成后，在 Outlook Express 窗口中单击“文件夹”窗口中文件夹列表中的“收件箱”，即可显示接收到的所有邮件。

1）在预览窗口中阅读邮件。在“收件箱”文件夹中，在邮件列表中单击邮件，就可以在预览窗口中查看该邮件，如图 4.12 所示。

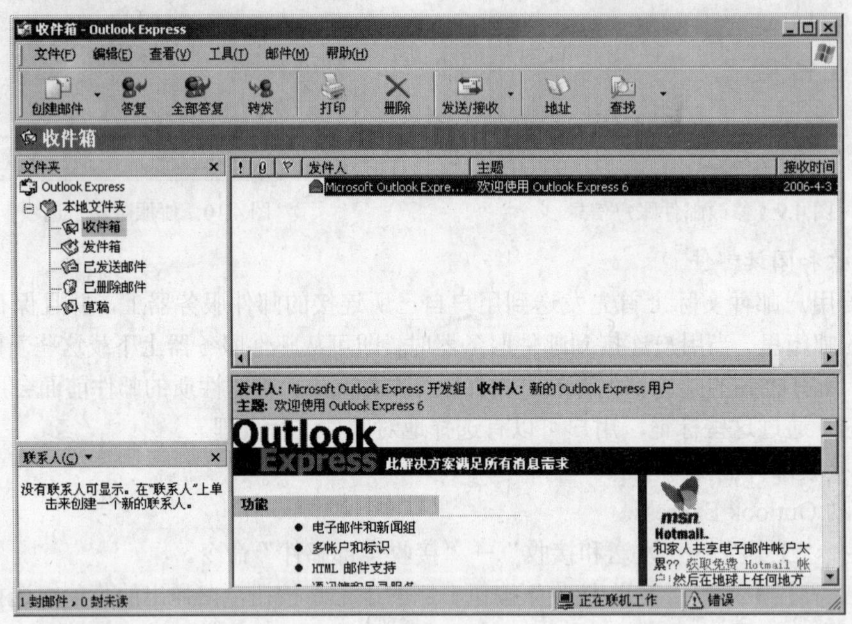

图 4.12 “收件箱”文件夹

另外，在“收件箱”文件夹中，用户可以根据 Outlook Express 所给出的一些特殊符号来辨别邮件的类别，如邮件的优先级、是否有附加文件、邮件是已读还是未读等，用户可以根据这些符号来有选择地阅读和处理邮件。

2）在独立窗口中打开邮件。要打开一封邮件，在该邮件上双击即可。邮件上部显示出邮件的发件人、收件人、发送时间和主题，下面的文本框中显示邮件正文。在邮件窗口中可以阅读、打印、另存或删除邮件。

3）处理附件。如果邮件有附件，在该邮件的列表项中带有一个回型针图标。阅读邮件有两种方式，一是直接打开阅读邮件，二是把邮件先保存下来再用相关软件打开。

可在邮件列表中双击该邮件，再双击邮件标题中的文件附件图标来直接阅读附件；也可以在预览窗口中邮件标题中的回型针图标处单击右键，在弹出的菜单中选择“保存”命令保存附件，然后打开附件。

保存附件还可以选择“文件”→“保存附件”命令，在打开的“保存附件”对话框中选择要保存的附件，选择保存位置后，单击“保存”按钮。在预览窗口中可以单击文件名的同时按住 Ctrl 键来保存附件。

4.3.3　了解免费信箱和电子刊物

1. 免费信箱

目前，国内外有很多网站都提供了各有特色的电子邮箱服务，而且均有收费和免费版本。比较著名的有新浪 www.sima.com.cn、搜狐 www.souh.com、网易 www.163.com、www.hotmail.com 等。用户可以任选其一申请。

收费邮箱和免费邮箱的申请流程基本一致。下面以申请 Sohu 免费邮箱为例介绍申请电子邮箱的方法。

（1）在 Internet Explorer 浏览器地址栏中输入 http://mail.sohu.com/，直接打开搜狐邮箱注册/登录页面。

（2）在页面右上方的“免费注册新邮箱”栏中的文本框中输入自己想好的用户名，如图 4.13 所示。

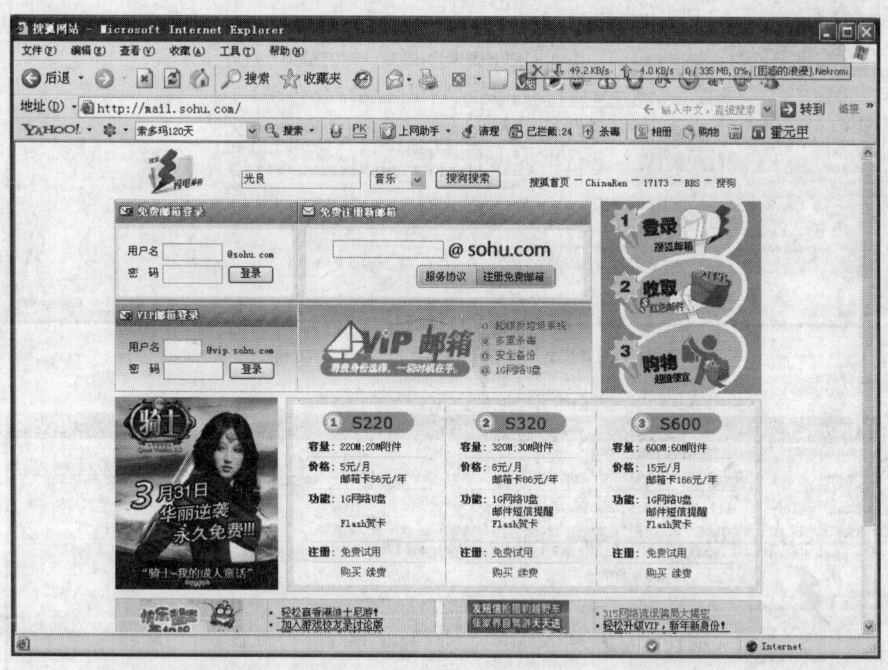

图 4.13　搜狐网站

（3）单击“注册免费邮箱”按钮。

（4）在“邮件新用户注册”页面中显示了 Shou 免费电子邮箱服务的用户注册项目，并提示用户正确填写，如图 4.14 所示。

（5）按要求和提示逐条填写注册信息。

相关知识链接

在注册用户名时，经常会遇到填写的用户名已经被注册过的情况，这时系统会告知你，并随机生成几个与你填写的用户名相关而又没有被注册的名称供你挑选，如图 4.15 所示。

遇到这种情况时如采纳系统建议，则选中某个名称；否则就返回前一页重新填写另一个用户名。

在设计和填写密码提示问题和密码提示答案时一定要认真，以备日后忘记密码时可以从密码提示答案中得到提示或从系统获得原始密码或重新设置密码。

密码问题的答案最好是别人无法猜测的，本例中的设置相对较简单，但别人要猜中也是不容易的。

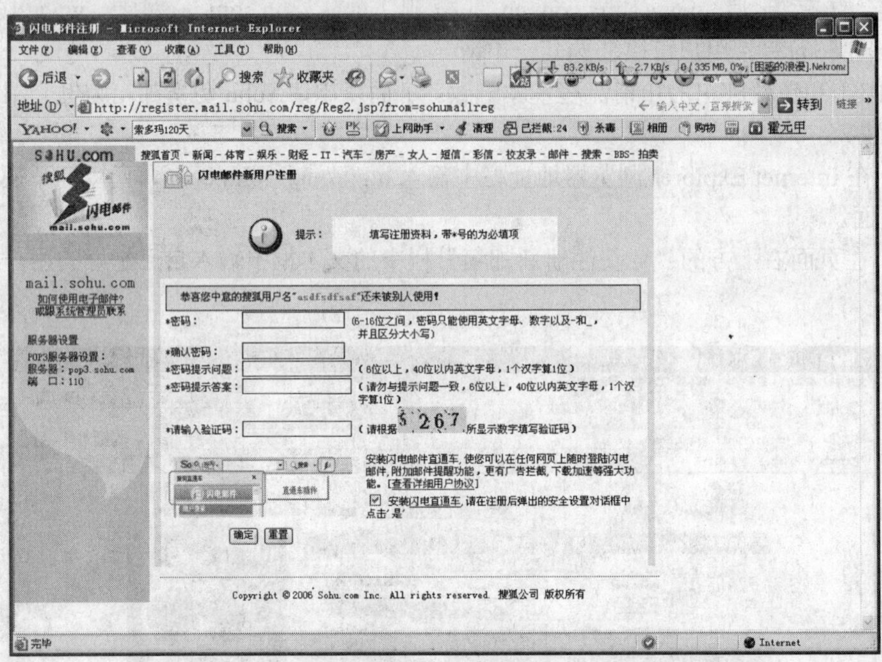

图 4.14 “邮件新用户注册”页面

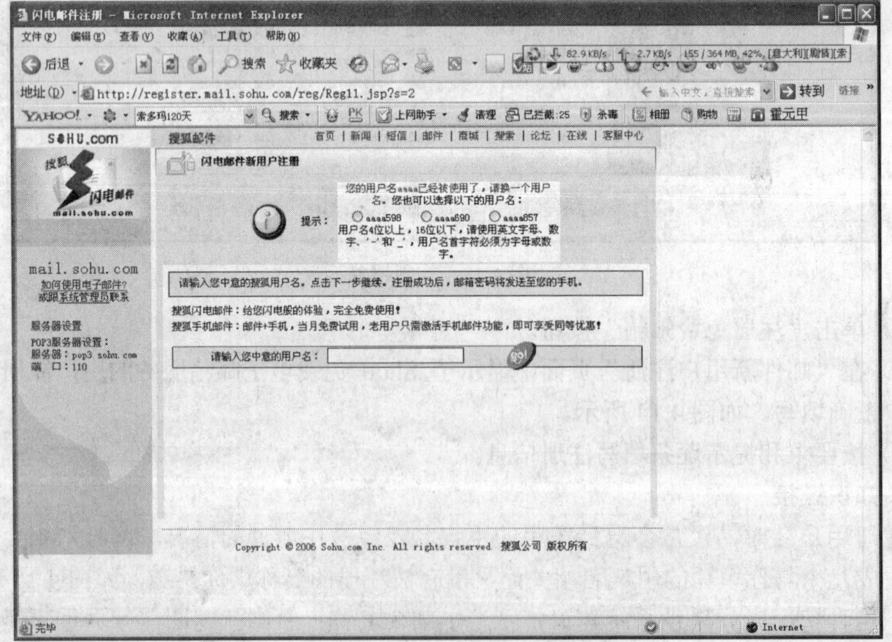

图 4.15 用户名不能使用时的提示信息

（6）填写完注册资料，检查无误后单击“确定”按钮，则会立刻显示“恭贺您注册搜狐闪电邮件成功”这样注册成功页面的提示，如图 4.16 所示。本例中申请成功的电子邮箱地址为 trrjuerjerjre@sohu.com。

至此，邮箱申请全部完成。

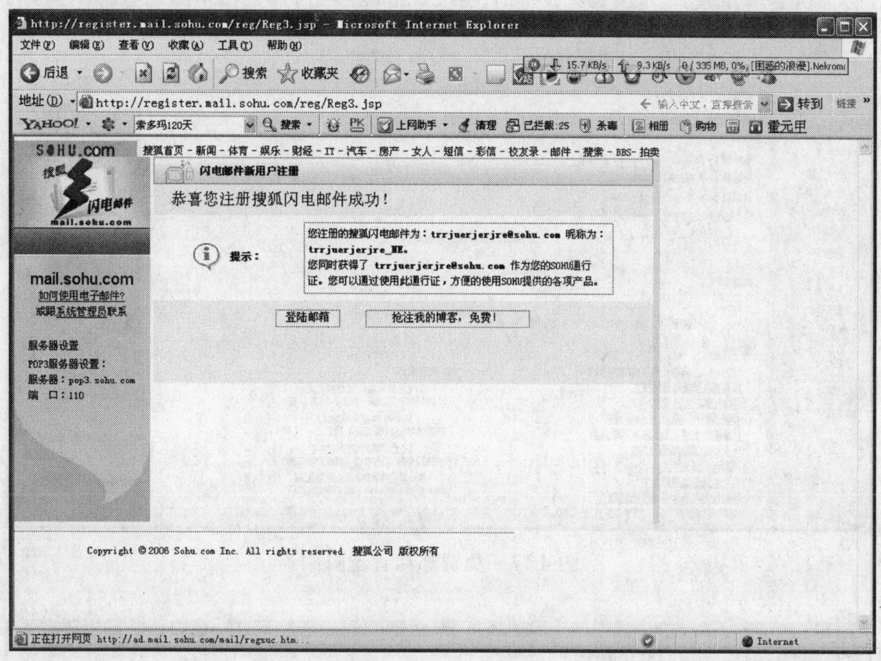

图 4.16　注册成功

使用刚申请的电子邮箱接收、阅读和发送邮件的操作步骤如下：

（1）在 Internet Explorer 浏览器地址栏中输入 http://mail.shou.com/，打开搜狐邮箱注册/登录页面。

（2）在页面的“免费邮箱登录”栏中的“用户名”文本框中输入自己的用户名，然后在“密码”文本框中输入密码。单击“登录”按钮，如果用户名和密码输入无误，将进入邮箱管理页面，如图 4.17 所示。

（3）从图中可以看出，已经收到了一封邮件。此时单击“收件箱”链接，便可打开收件箱页面，如图 4.18 所示。

（4）单击邮件列表中的邮件主题，即可打开读信页面阅读邮件了。

（5）阅读完邮件后，若还需阅读其他邮件，则单击页面上的“返回收件箱”链接，返回收件箱页面。若要退出邮箱，单击页面左部中间的“退出邮箱”链接。

（6）如果要给朋友发送电子邮件，单击“写信”链接，进入如图 4.19 所示的“写信”页面。在该页中的“收件人”文本框中输入朋友的电子邮件地址，在“主题”文本框中输入邮件主题，在邮件正文编辑区中输入邮件内容，然后单击“发送”按钮即可将邮件发出。

由于 Web 页面联机处理邮件时会占用大量上网时间，这样会造成电话费和网费的浪费。因此用户可以在记事本等字处理工具中写好需要发送信件的文字内容（如收件人、主题、正文内容等），然后拨号上网，进入用户的 Web 邮箱，将记事本中的相关内容通过复制、粘贴的方法复制到发件箱页面，如果有附件，再把附件粘贴上去，最后单击“发送”按钮。

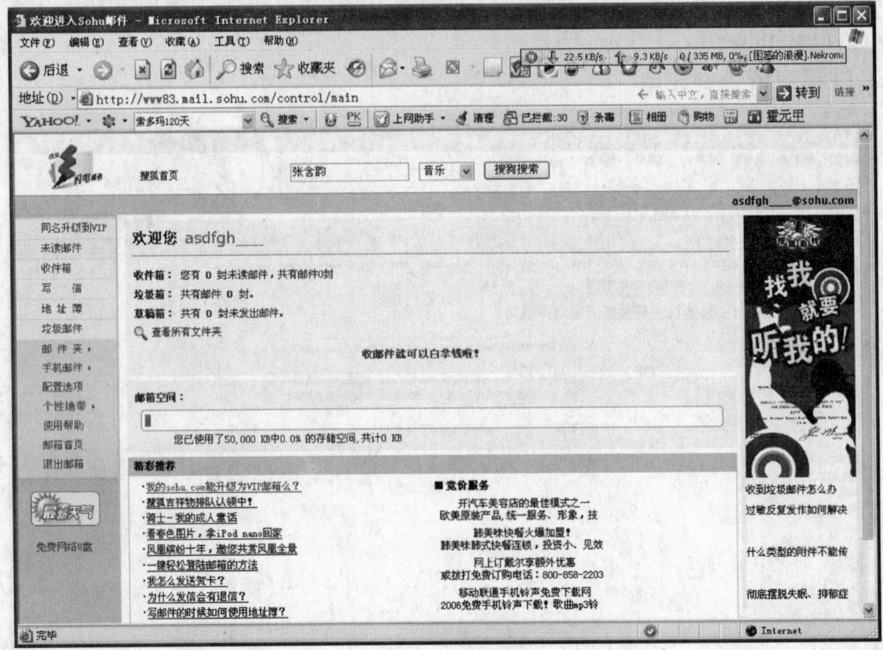

图 4.17　免费邮箱管理页面

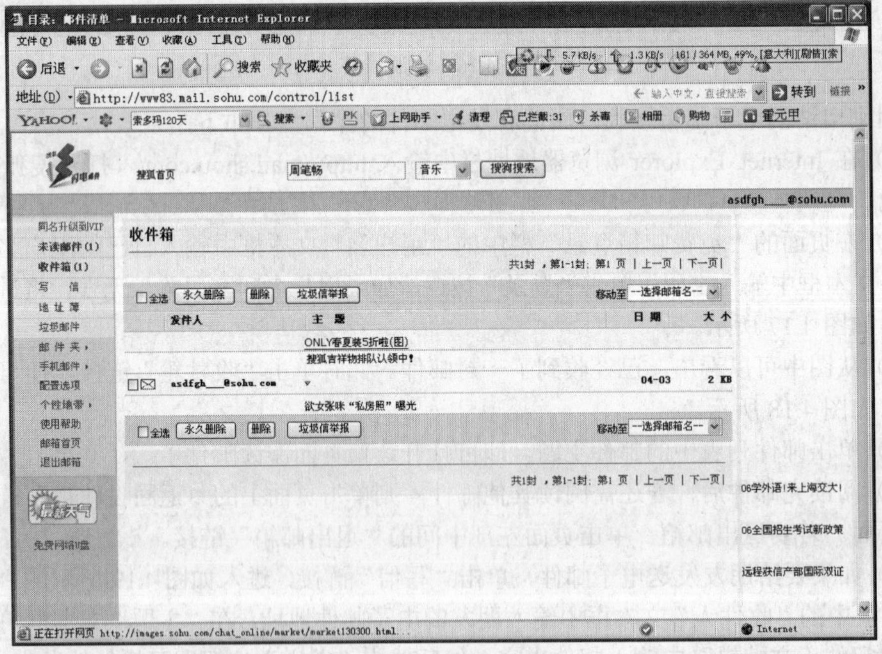

图 4.18　收件箱页面

这是用 Web Mail 方式收发电子邮件的过程，一般情况下使用客户端软件处理邮件也比较多，例如用 Outlook 收发电子邮件。

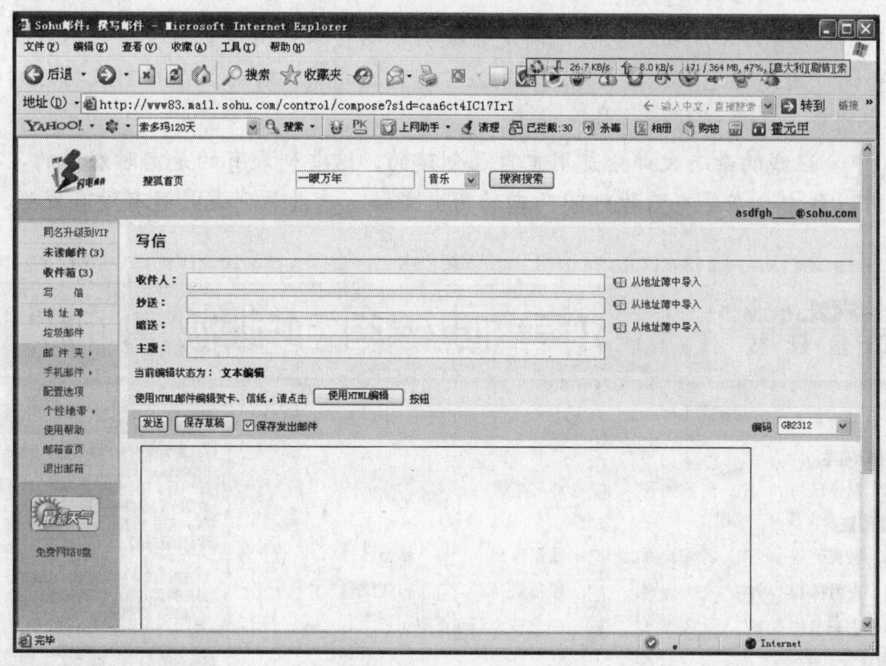

图 4.19　写信页面

2. 电子刊物

在网上有许多可以免费获得的电子刊物，只要通过订阅申请，所订阅的刊物便会自动地寄到用户的电子邮箱中。这些电子刊物，有的是传统媒体的电子版，有的则是网上分类搜集的各种信息，如各大网站软件的更新通知、网站信息的精华摘要等。订阅电子刊物，可节省大量的在线浏览时间，也意味着节省了上网开支。可以说，订阅电子刊物是在网上获取信息最高效方便的一种方式。

要订阅电子刊物，需要具备基本的上网条件：可以浏览网页和收发 E-mail、一个属于自己的电子信箱、一个功能强大的 E-mail 收发软件。

订阅电子刊物，最好使用网上提供的免费信箱。现在网上提供大容量免费电子信箱的网站很多，可以根据所处的区域来选择一个收信较快的信箱。

下面以国内一个比较著名的提供电子刊物订阅的网站——中金在线为例，来看看如何订阅电子刊物。

打开浏览器，登录到中金在线电子刊物订阅网页（http://www.cnfol.com/maillist/），如图 4.20 所示。

申请订阅电子刊物的操作步骤如下：

（1）选择喜爱的电子刊物。

（2）在该页面中提示输入 E-mail 地址的地方，填入电子信箱地址，单击“订阅”。

（3）系统会及时发送一封确认信给你，单击“确认”后，电子杂志订阅成功。

说明：有时完成订阅申请后，收不到确认信，收到确认信后，作了回复，还是收不到电子刊物。这是因为：

（1）用户免费信箱不稳定，或是用户信箱对邮件列表屏蔽也将造成用户收不到所订阅的电子杂志。请使用收费邮箱或 ISP 提供的信箱。

（2）可能没有订阅成功，查看订阅是否成功可以登录到用户管理中心，通过“查询＆退订”功能查询订阅是否完成。如果完成，则在“查询＆退订”时会显示目前成功订阅的列表状态。请检查列表是否是“暂停接收”状态。

（3）中金在线的杂志大部分是用户自己创建的，这些列表有的是定时发送的，有的是不定时的，可以到中金在线查看你订阅杂志的历史文档，看看该列表最近有没有发送。

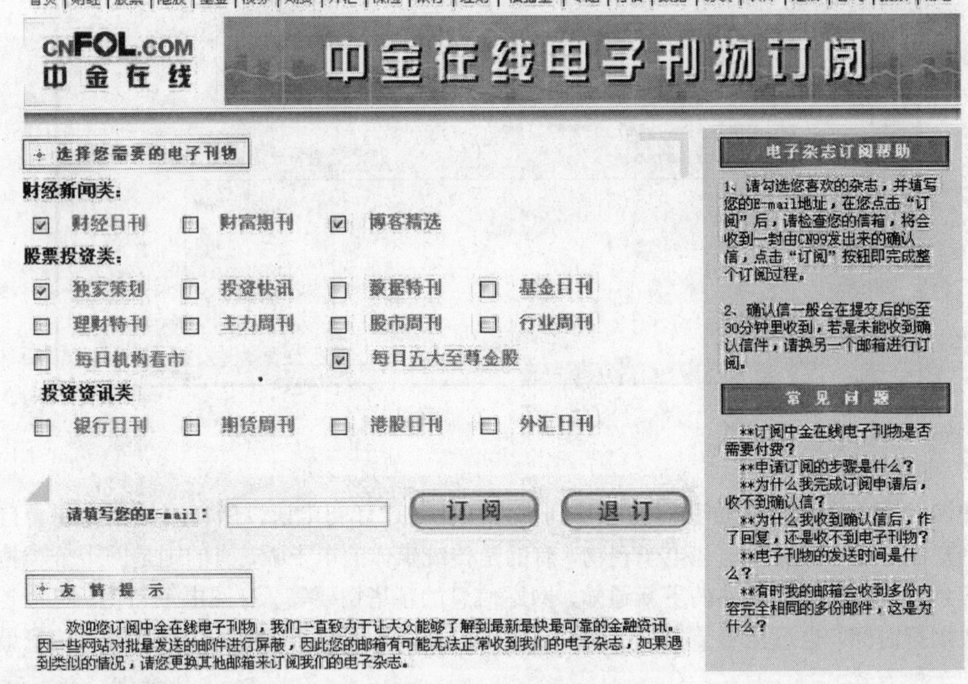

图 4.20 中金在线电子刊物订阅网页

有时邮箱会收到多份内容完全相同的邮件，这是为什么？

首先同一 E-mail 地址在操作上可以多次订阅，但在数据库中只可能有一条信息，因此不会造成重复订阅。

收到多份相同邮件可能的情况有两种，一是邮件列表管理员同一邮件发送了两次，另一种情况是用户使用另一转信信箱如 126.com 也订阅了相同的列表。如果每次都收到两封重复的邮件，很可能是你使用了转信功能。

在其他一些网站订阅电子刊物，确认的方法可能会有所不同，比如：如果不能访问 WWW，系统会要求将电子邮件发送到某个特定的地址，信件主题和内容可以任意，系统收到信件后也会自动完成订阅，或者将地址直接拷贝到邮件中的“收件人”再发送。但是就常见的网站来说，都提供了“直接点击链接进行确认”这种方式。通过确认，系统可以确认是否能够从你的电子邮件地址收到邮件，同时它也防止某些人冒用你的名义进行注册。

电子刊物订阅好了，下面的事情就是耐心等待网站寄给你的电子刊物了。需要在所用的 E-mail 收发软件中设置好 POP3 服务器，以方便收取电子刊物。以 Microsoft Outlook 为例，假设在新浪网上申请的信箱账号为 magazine，那么需要在 Microsoft Outlook 中设置账号属性。发送邮件服务器（SMTP）设置为 smtp.sina.com.cn，接收邮件服务器（POP3）设置为

pop3.sina.com.cn，如图 4.21 所示。POP3 邮件账号是 magazine，密码是邮箱的密码。通过设置，就可以用 Microsoft Outlook 轻松地收取电子刊物了。

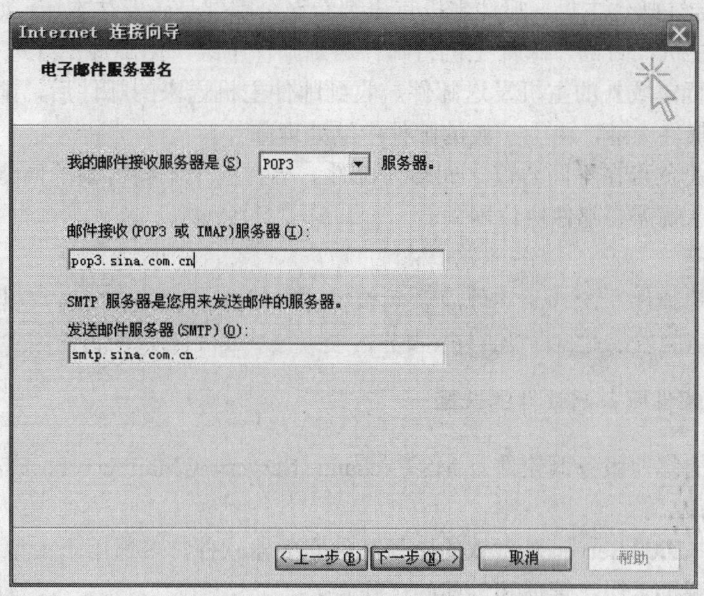

图 4.21　设置账号属性

实训：

练习 Outlook Express 的配置和使用，练习申请免费信箱和电子刊物。

4.4　邮件服务器

4.4.1　了解 E-mail 系统的组成

一个完整的邮件系统除了底层操作系统以外，一般由邮件服务器（Mail Server）、邮件客户机（Mail Client）、邮件主机（Mail Host）、邮件中继（Mail Relay）和邮件网关（Mail Gateway）构成。

1. 操作系统

操作系统作为整个邮件系统服务器的底层支持，安全性至关重要。在这一方面，UNIX 类操作系统先天就足够安全、足够健壮。至于具体应用中是选择 UNIX、BSD 还是 Linux 操作系统，可以根据具体情况选择合适的系统。

2. 邮件服务器

邮件服务器用来保存用户的邮件，为用户提供登录机会来收发信件。一般邮件服务器需要对用户的信件保存很长时间，因此邮件服务器需要安装大容量的硬盘，并且需要提供备份服务器，以便主服务器有故障时，不影响用户邮件的收发。如 SMTP 服务器、POP3 服务器、IMAP4 服务器等。

3. 邮件主机

邮件主机负责域内邮件的转发。每一个域必须有一个邮件主机。当邮件服务器发出一个邮件时，邮件被送往邮件主机。邮件主机首先判断这个邮件是否发往本域，如果是，邮件主机将邮件送到目的主机，否则，邮件主机将邮件送到邮件中继，由邮件中继进行判断后转发。

邮件中继负责向域外的主机发送邮件。收到邮件主机送来的邮件后，邮件中继将邮件送到远处的上一级邮件中继，由上一级的邮件中继处理邮件。

邮件转换网关负责在不同协议之间转发邮件。当在两个不同协议的网络上传递邮件时，需要进行转换，这就需要邮件协议网关。

相关知识链接

传统网络上的邮件系统：从实现上看，传统的网络分为两类——客户机/服务器模式和文件共享模式。目前的发展趋向于客户机/服务器模式。

4.4.2 掌握邮件服务器软件的选择

目前较常用的邮件服务器软件有MS Exchange Server、CMailServer、FTGate、Easymail、Forward Mail Server等。

MS Exchange 2000 Server是微软的电子邮件服务器软件，多适用于大型服务系统的功能，活动目录的集成减少了用户管理和创建的工作量。

CMailServer的电子邮局：邮件服务器CMailServer是标准的互联网邮件服务器软件，支持SMTP/POP3/ESMTP等标准互联网邮件服务协议，支持互联网邮件收发，支持通用的邮件客户端软件Outlook、Foxmail等收发邮件。CMailServer还提供了完善的Web Mail网页收发邮件功能，用户可以通过浏览器申请邮箱、修改密码、接收和发送邮件。邮件发送身份验证功能可以有效地防止垃圾邮件发送者的入侵。管理员可以通过浏览器进行远程邮件账号管理。支持邮件在线杀毒，能很好地和瑞星、诺顿等杀毒软件配合使用，轻松杀除邮件病毒。邮件服务器CMailServer还支持邮件过滤和IP过滤，可有效地防止垃圾邮件。

FTGate是一个安装配置简单，但功能比较齐全的邮件服务器软件，可以安装在Winwdows 9x、Windows XP及Windows NT操作系统上。

Easymail是一个基于Windows的高效快捷的邮件服务器软件，小巧而且稳定，它的设置简单方便，而且完全免费。

Forward Mail Server是一个功能完善的邮件服务器软件，可以轻松组建局域网内部电子邮件系统，可以代理邮件收发，对于局域网内部用户无须拨号上网，便可自由收发邮件，同时具有自动拨号功能，同时管理多个邮件账号，具有收件备份、定时收发邮件、创件邮件箱组，具备Web代理服务等多种功能，适用于Windows 9x、Windows XP及Windows NT操作平台。

本章主要介绍MS Exchange Server、CMailServer这两个软件。

4.4.3 学习MS Exchange Server的安装及配置

MS Exchange 2000 Server是微软的电子邮件服务器软件，多适用于大型服务系统，活动目录的集成减少了用户管理和创建的工作量。由于其服务和管理应用程序需要大量的内存容量，因此这个软件需要高性能的服务器。

Exchange目前已经出了新版本Exchange 2003，相对于它的前身有了很多的改进，不过，它的基本特点——需要 Windows 活动目录，支持 SRC 记录的 DNS 与较高性能的服务器这些都没有改变。在硬件价格大幅降低的今天，它对系统硬件要求较高的问题已经不难解决。考虑到它和 Outlook 等协作工具的密切关系和各种强大的企业级功能，应该说是一款很适合中等以上规模企业应用的企业级邮件服务器软件。

1. Exchange 2000 Server 的安装

（1）安装前的准备工作。

1）确保 Windows 2000 已升级成域控制器，安装了 Active Directory（活动目录）。假设本服务器的计算机名为 Server，“域”被命名为 edu，“域名”为 enanshan.com，则本机的“Active Directory 域名”为 edu.enanshan.com（它同时也将是邮件服务器名），而“完整的计算机名”则为 server.edu.enanshan.com。

2）确保已安装了 NNTP（Network News Transfer Protocol，网络新闻传输协议）和 SMTP（Simple Mail Transfer Protocol，简单邮件传输协议）两种服务。它们的添加可以在“控制面板”→“添加/删除程序”→“添加/删除 Windows 组件”中的“Internet 信息服务（IIS）”中找到。由于基于 Web 的 Exchange 的使用需要用到 IIS 中的 HTTP 服务器，因此建议此处一并将 IIS 组件中的所有内容都选中，如图 4.22 所示。

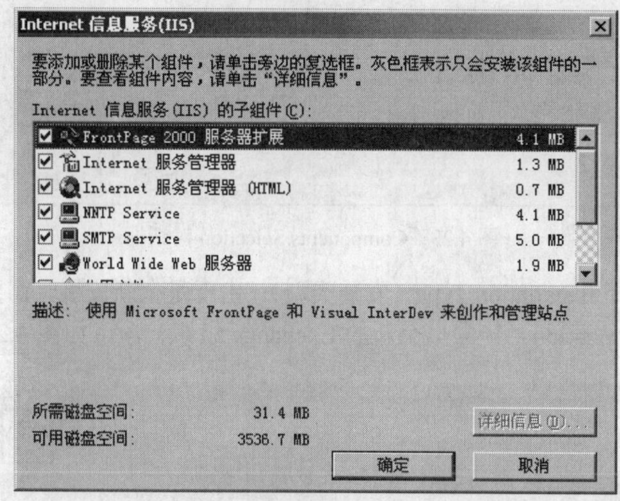

图 4.22　“Internet 信息服务（IIS）”对话框

3）登录账户必须拥有修改根域的配置的权限，并且它必须是以下三个小组中的一员：Enterprise Admins、Domain Admins 和 Schema Admins，即它必须至少属于其中的某一个小组。

4）目录 MDBData 必须为空，它所在的默认路径为 C:\EXCHSRVR\MDBDATA，C 盘为 Win2000 系统文件所在的分区。

5）此外还需要 DNS（Domain Name System，域名系统）和 DHCP（Dynamic Host Configure Protocol，动态主机配置协议）两种服务。它们的添加可以在上步“添加/删除 Windows 组件”列表中的“网络服务”里找到；也可以在安装 Exchange 2000 Server 时让系统一并将它们自动添加上去。

（2）安装 Exchange 2000 的操作步骤。

1）进入安装光盘的 setup\i386 目录，执行其中的 Setup.exe 文件，即可开始安装工作，如果本机安装了终端服务，则需要打开“控制面板”→“添加/删除程序”→“添加新程序”对话框，再单击“光盘或软盘”按钮，然后选择安装程序所在地再单击“下一步”按钮即可。

2）此时将进入 Exchange 2000 Server 安装向导（Install Wizard）的欢迎页面。直接单击“下一步”按钮继续。

3）随之会出现 Components Selection（组件选择）的界面，如图 4.23 所示，此时可以有选择性地安装所需要的内容；默认情况下，安装文件会存在 C:\Exchsrvr 目录中，可以不用改变。如果不知道需要或不需要哪些，则直接使用其推荐的 Typical（典型）方式进行安装即可。

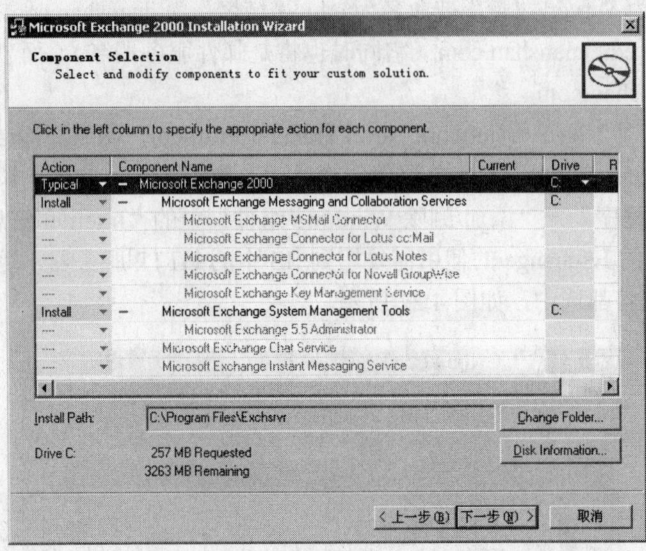

图 4.23 Components Selection 对话框

4）接着要求选择 Installation Type（安装类型），由于是全新安装，需要选择上面的 Create a new Exchange Organization（建立一个新的 Exchange 组织）项，如图 4.24 所示。

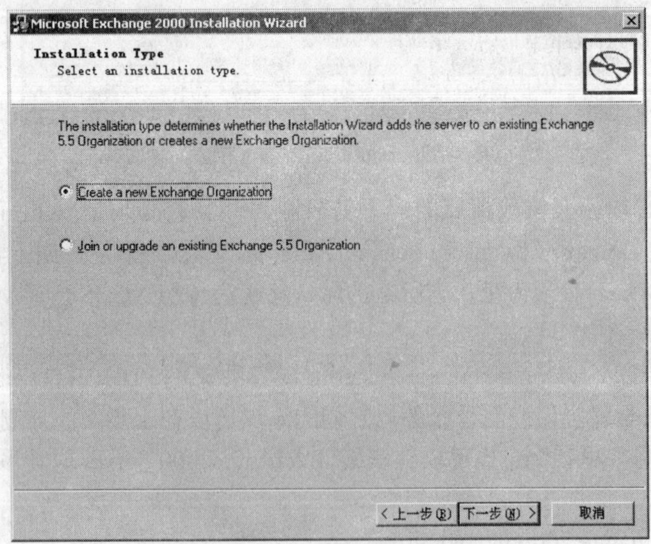

图 4.24 选择安装类型对话框

5）在文本框中填写 Organization Name（组织名称），比如此处输入公司名称 wantong，单击“下一步”按钮继续，如图 4.25 所示。

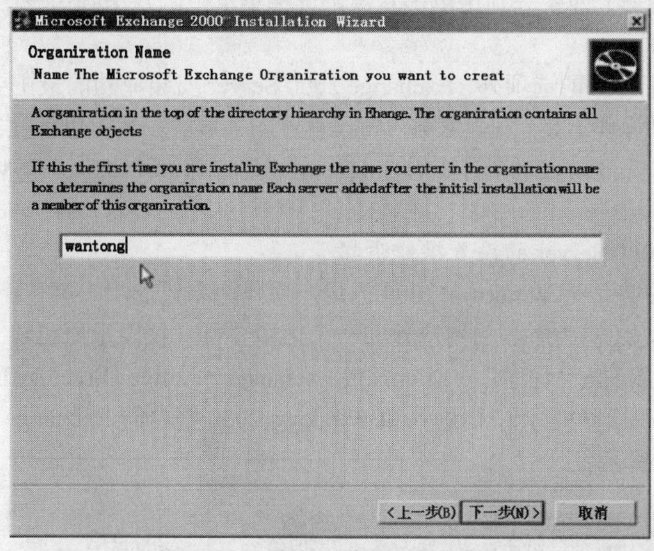

图 4.25 输入组织名称对话框

6)当系统询问关于 Licensing Agreement（协议许可）方面的问题时，选择其中的 I agree that:I have read and agree to be bound by the license agreements for this product（我已经阅读并且同意接受相关协议）项以继续安装工作。

7）在 Component Summary（组件摘要）中，显示的是方才已选择好的安装组件，确认无误后单击“下一步”按钮接受。

8）以下的 Component Progress（组件进度）中显示的是正在进行安装的组件及其安装进度，除去可能出现某个提示外（必须选“确定”），并不需要作其他任何选择或输入，如图 4.26 所示。它的整个过程将会用去将近 2 个小时的时间，直到出现结束 Exchange 2000 安装向导的提示。

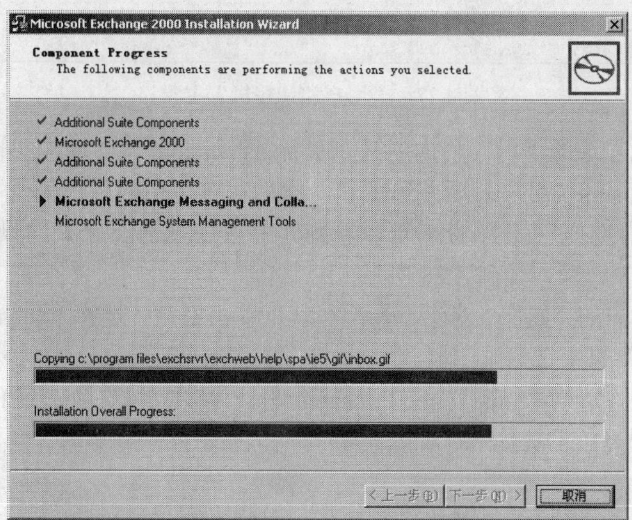

图 4.26 组件进度对话框

9）打开“开始”→“程序”，里面多出 Microsoft Exchange 项。为了以后操作方便起见，请将常用的 Active Directory Users and Computers（活动目录的用户和计算机）和 System Manager（系统管理器）两条分别用单击右键，选择菜单中“发送到”→“桌面快捷方式”的方法发到桌面上去。

10）除了开始菜单中的选项外，Exchange 2000 Server 安装成功的最主要的标志是，在“开始”→“程序”→“管理工具”→“服务”中已有了相关服务，其中包括在安装 Exchange 2000 Server 前所装上的 Windows 2000 自带的 Simple Mail Transport Protocol（SMTP）服务，并且处于“已启动”状态。

2. Exchange 2000 Server 的设置操作步骤

（1）Exchange 将使用 Windows 2000 的用户库作为自己的用户库，不过并非所有用户都自动拥有相应信箱，还需为所需的用户建立一个信箱才行（仅限于原已建立好的用户）。

（2）打开“开始”→“程序”→Microsoft Exchange→Active Directory Users and Computers（活动目录的用户和计算机）项，则进入和 Windows 2000 整合的 Exchange 的“用户和计算机”主窗口，如图 4.27 所示。

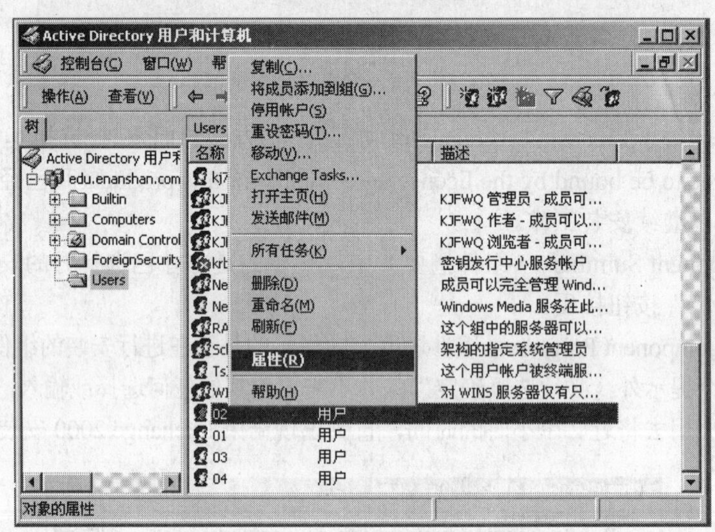

图 4.27 “用户和计算机”主窗口

（3）在主窗口左边的“树”栏中展开 edu.enanshan.com（此为本机的 Active Directory 域名），单击其下的 Users（用户）项并选中它，然后在右边栏的用户列表中选中要建立电子信箱的用户，单击右键，选择“属性”。此时可以看到其中与 Exchange 有关的只有 Exchange Features（Exchange 的特性）一项，如图 4.28 所示。

（4）关闭此用户的“属性”对话框，再在其上单击右键，选择 Exchange Tasks（Exchange 任务）项以开始邮件的建立工作。

（5）首先出现的是 Welcome to the Exchange Task Wizard（欢迎来到 Exchange 任务向导），建议选中 Do not show this Welcome page again（不再显示此欢迎屏幕）再单击“下一步”按钮继续。

（6）在 Availabel Tasks（可供选择的任务）中单击 Create Mailbox（建立邮箱）项以选中

它，然后再单击“下一步”按钮即可，如图 4.29 所示。

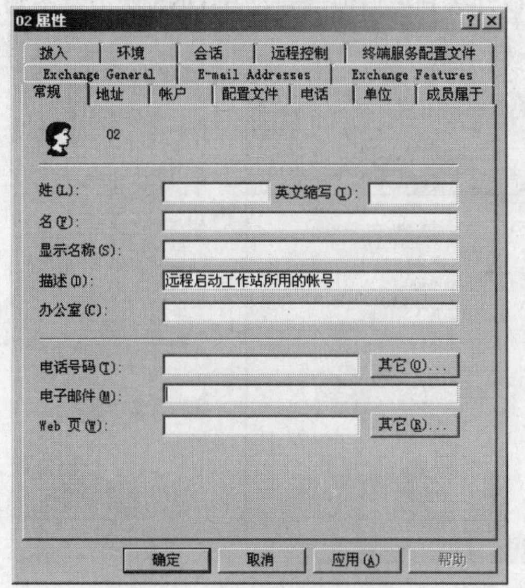

图 4.28　“常规”选项卡

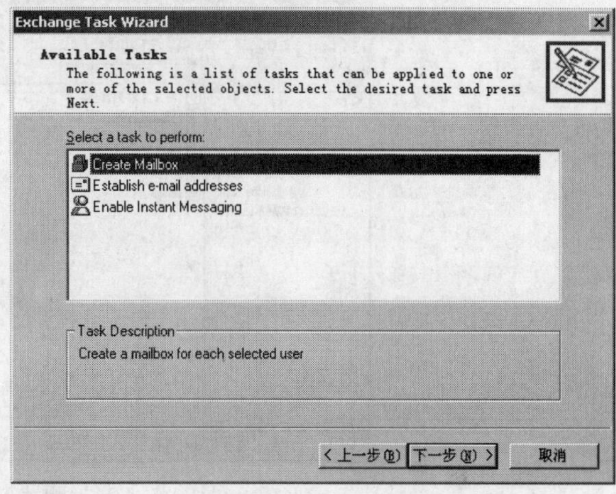

图 4.29　可用的任务

（7）在 Alias（别名）中输入邮箱的别名，此名可以保持和用户名一样（默认），也可另取，只要不是中文字符的名字均可；在 Server（服务器）后的文本框中系统会自动填上服务器的名字；Mailbox Store（邮箱存储）项也不作任何改动，如图 4.30 所示。

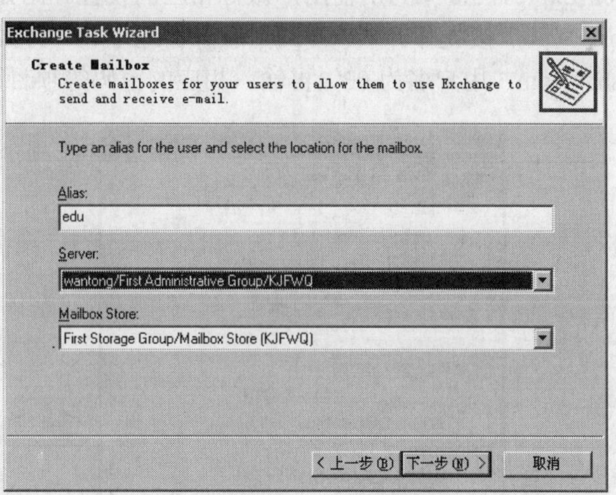

图 4.30　创建邮箱

（8）当邮箱最终建立成功之后将进入 Completing the Exchange Task Wizard（结束 Exchange 任务向导），并在 Task summary（任务摘要）下有邮箱的相关信息。最后单击“完成”按钮即可完成此次的邮箱建立操作。

（9）这时在此用户名上单击右键，选择“属性”，则会看到选项卡与原来相比又多出了 Exchange General（Exchange 常规）和 E-mail Addresses（E-mail 地址）两项。

（10）假设用户名为“01”，而 Active Directory 域名为 edu.enanshan.com，则此用户信箱

建立好之后，它将拥有了一个名为 01@edu.enanshan.com 的 E-mail 地址。而它的 SMTP 服务器和 POP 服务器地址均为 edu.enanshan.com，它们在升级到域后便已自动在 DNS 服务器中建立好了，可直接使用，不需要建立 DNS 映射记录，如图 4.31 所示。

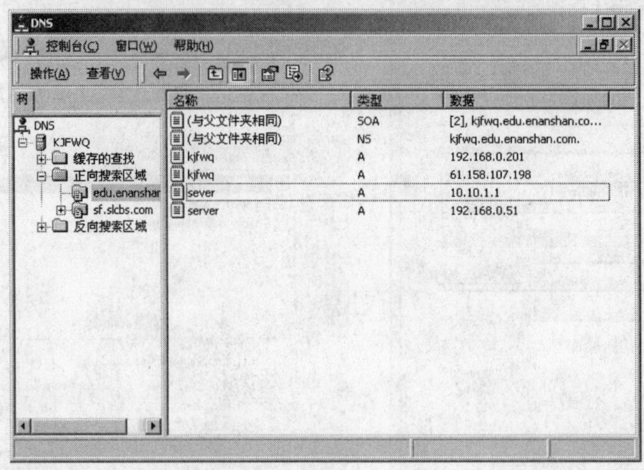

图 4.31 配置 DNS 服务

3. 用 Outlook Express 收发邮件的操作步骤

（1）由于 Exchange 2000 Server 安装成功，它所需的 SMTP 服务和 POP 服务均已开启，所以当为用户建立好相应信箱之后，就可以直接用 E-mail 客户端软件收发邮件。

（2）先在 Outlook Express 5.0 中为所需用户做好相应的设置。比如用户的 E-mail 地址为 01@edu.enanshan.com，则其“接收邮件（POP3）”服务器地址和“外发邮件（SMTP）”服务器地址均为 edu.enanshan.com，用户名为 02，再输入相应的密码等项目即可，如图 4.32 所示。

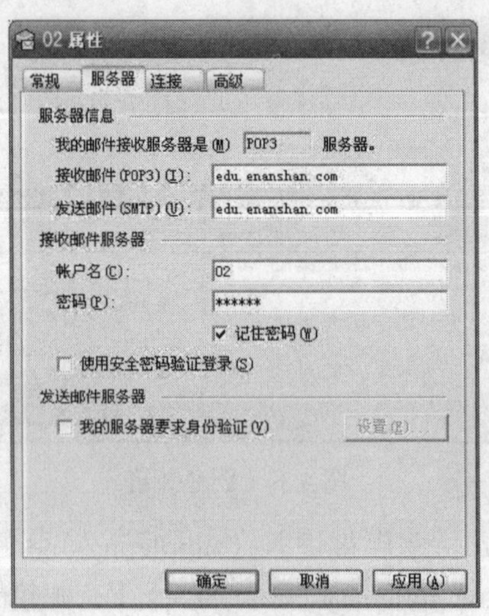

图 4.32 服务器信息设置

（3）此时应该可以正常接收邮件，不过发送邮件有可能会出现问题，在其他设置都正常的情况下，此错误提示应该是“由于服务器拒绝接受发件人的电子邮件地址，这封邮件无法发送”等话语，如图 4.33 所示。

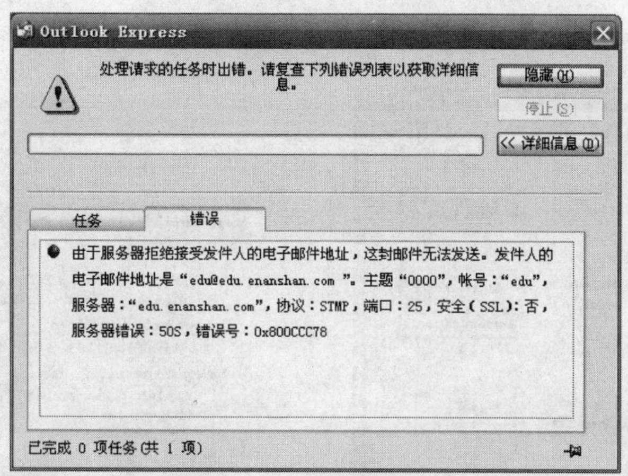

图 4.33　邮件收发对话框

（4）对于上述问题的解决方法，需打开"开始"→"程序"→Microsoft Exchange 中的 System Manager（系统管理器）以打开 Exchange 的系统管理器。然后在左边的"树"栏中依次选择 Servers→SERVER→SMTP（其中，SERVER 为服务器名），再在右边的栏目列表中选中 Default SMTP Virtual Server（默认的 SMTP 虚拟服务器），在其上单击右键，选择"属性"项，如图 4.34 所示。

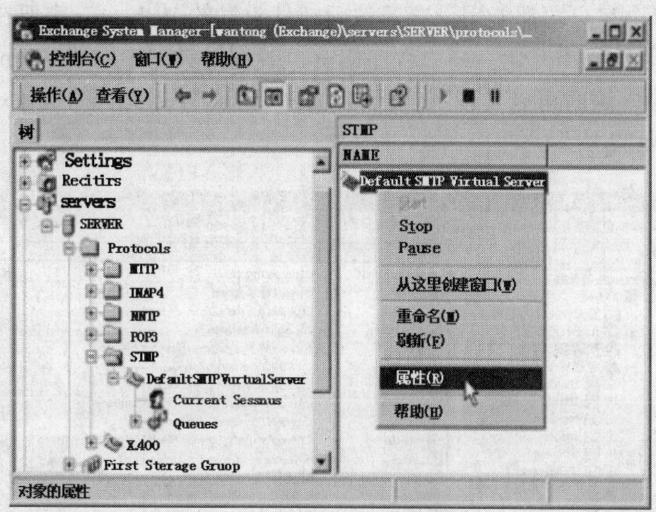

图 4.34　Exchange 系统管理器

（5）在 SMTP 虚拟服务器的属性窗口中选择 Access（存取）项，然后单击 Access Control（存取控制）中的 Authentication（鉴别）按钮进行存取属性设置，如图 4.35 所示。

（6）最后选中 Anonymous access（匿名存取）复选框以设置成使用 SMTP 服务器时不需要输入用户名和密码进行验证，如图 4.36 所示。

现在可以正常在 Outlook Express 中进行的邮件接收和发送了。

4. 用 IE 浏览器收发邮件的操作步骤

（1）Exchange Server 从 5.5 版起就支持 Exchange Outlook Web Access（Outlook 的 Web 方式的存取）功能了。它允许用户通过 IE（3.02 版本或更高）或 Netscape 等支持 Java 及 Frame

（框架）的浏览器，利用和 Outlook 类似的 Web 界面进行邮件的收发等操作。

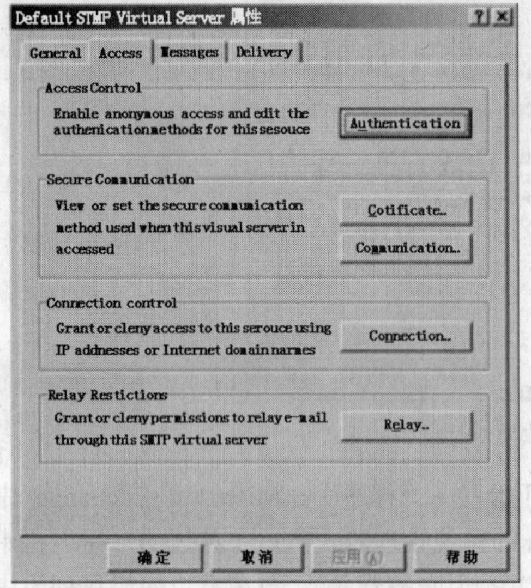
图 4.35 SMTP 服务器的属性

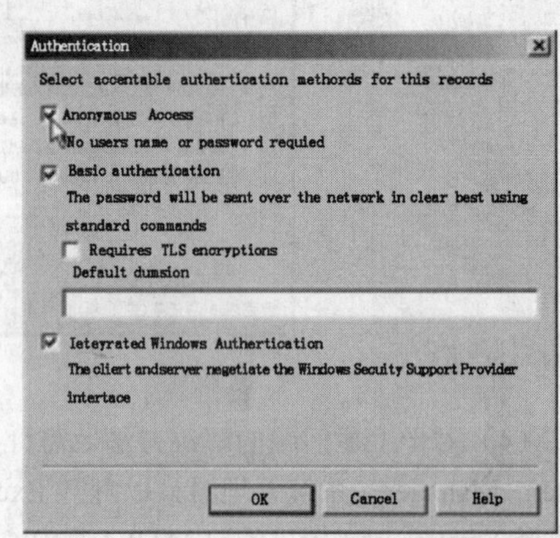
图 4.36 匿名存取

（2）服务器要支持 Web 方式存取则需首先确保至少已添加了 IIS 5.0 之的 WWW 服务。

（3）要保证每个客户端都能用浏览器访问邮件收发的 Web 页，需要在服务器的 IIS 管理器中作好相应设置。选择“开始”→“程序”→“管理工具”中的“Internet 服务管理器”便可进入 IIS 管理器中，这时可以发现系统已自动在“默认 Web 站点”为 Exchange 建立好相关的虚拟目录，如图 4.37 所示。

图 4.37 Internet 信息服务

（4）在“默认 Web 站点”上单击右键，选择“属性”，再在“Web 站点”选项卡中将“IP 地址”一栏选为本机的 IP 地址，最后单击“确定”按钮保存退出，如图 4.38 所示。

（5）打开 IE 浏览器，在地址栏输入如 http://192.168.0.51/exchange 格式的内容，便出现密码提示框。在“用户名”和“密码”及“域”处输入相应内容，单击“确定”按钮登录。

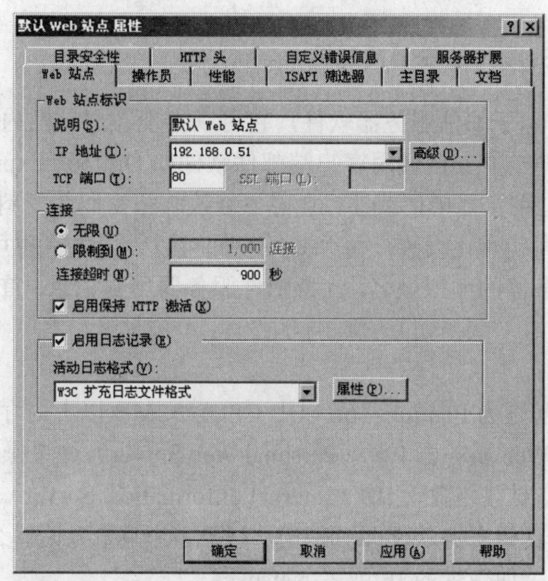

图 4.38　默认 Web 站点属性

（6）登录成功，即可进入此用户专用的 Web 界面。它的界面及各个项目均和 Outlook 极为相似，因为得到的就是 Outlook 的基于 Web 的客户端。

（7）在这个 Web 界面中，右边框架最上面一行的各图标作用依次为：New、Reply、Reply to all、Forword、“检查新邮件”、“复制或者移动邮件”、“垃圾箱”等。直接单击 New 可以写一封新的邮件；单击 New 右侧的小箭头，可以选择写新邮件（Messages）、写约会（Appointment）、往地址簿中增加新联系人（Contact）及建立一个用于提醒自己的张贴（Post）等；选择 Reply 则可以回复当前邮件；选择 Reply to all 可以回复给原发送目标中所包含的所有邮件对象；而 Forword 则可以转发当前邮件；再右边两个信封的图标是用来检查新邮件的；之后的一张纸指向一个文件夹的那个图标用于复制或者移动当前邮件；垃圾箱的一个是用来清空已删除邮件文件夹中的内容；再往右的图标按下去之后，就可以在右边框架下显示出一个用于预览邮件内容的框架；它右边稍小的那个框架型的图标按下去之后，就可以隐藏左边框架和它里面的快捷文件夹；一本展开的书的那个图标，是管理地址簿，如图 4.39 所示。

图 4.39　发送邮件的界面

4.4.4 学习 CMailServer 的安装及配置

CMailServer 是一个电子邮件服务器软件，它可以实现在局域网内提供电子邮件收发的功能，其特点是安装设置简单，支持通用客户端邮件软件如 Outlook Express、Foxmail 等收发邮件，在客户端还可以通过浏览器申请或注销邮箱，修改邮箱密码等资料，服务端可以管理用户邮箱的申请，密码修改和初始化设置，每个邮箱空间可以无限大，也可以由管理员限定大小，同时还可以设置邮件服务器的虚拟域名，支持邮件服务器历史记录。首先来了解一下它的安装和设置。

1. 安装邮件服务器

服务器的硬件最低配置为 Pentium 166 以上 CPU，32MB 以上内存。如果系统是 Windows 98/ME 则需要预装微软 Web 服务器 PWS（Personal Web Server），如果操作平台为 Windows NT，要求版本为 4.0 以上，需要预装微软 IIS（Internet Information Server）。对于 Windows 2000，因其自带 IIS，无须安装其他支持软件即可使用。对于客户端，无论什么操作系统都是可以的，但需要安装 Web 浏览器，如微软的 IE 或者 Netspace。

如果在 Windows 2000/NT+IIS 环境下安装 CMailServer，会自动设置一个虚拟工作目录，CMailServer 安装以后的工作目录即为邮件服务器的工作目录，运行时会在系统托盘区出现一个图标，只要双击该图表即可打开邮件服务器，如图 4.40 所示。需要注意的是，如果系统安装的是 Win98/ME+PWS 的话，就需要手工设置虚拟目录了，假设 CMailServer 被安装到 C:\CMailServer 子目录中，可以在资源管理器中用鼠标右键单击该目录，在快捷菜单中执行“共享”命令，打开“共享”对话框，选择“Web 共享”选项卡，然后设置虚拟目录为 mail，同时设置好“读取”和“执行”权限。

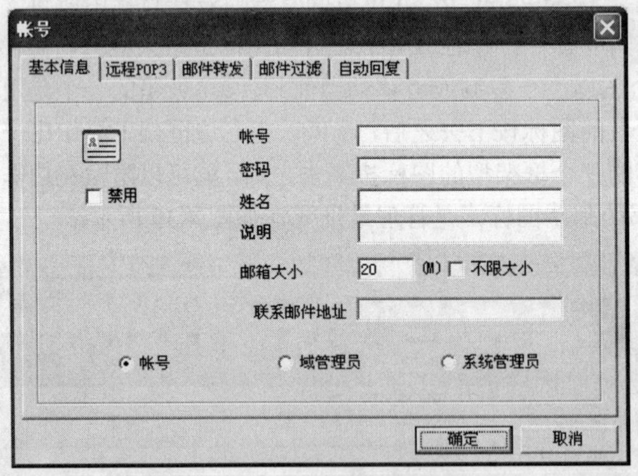

图 4.40 邮件服务器窗口

2. 设置“服务器域名”

在开始使用邮件服务器之前，需要先来设置服务器域名，这个域名可以和机器名或 Web 服务器域名不同。首先在主界面上单击“设置”按钮，如图 4.41 所示，即可打开“参数设置”对话框，此时在“服务器域名设置”文本框中输入拟定好的域名，比如 NO1.com，这个域名是可以任意设定的，同时还可以设置好 POP3 端口、SMTP 端口及邮箱大小，在这里，邮箱的默认容量为 20MB，然后在“Internet 邮件服务器设置”中输入所需的域名，比如 mail.com 形式，其他的参数可以保持默认值不变。

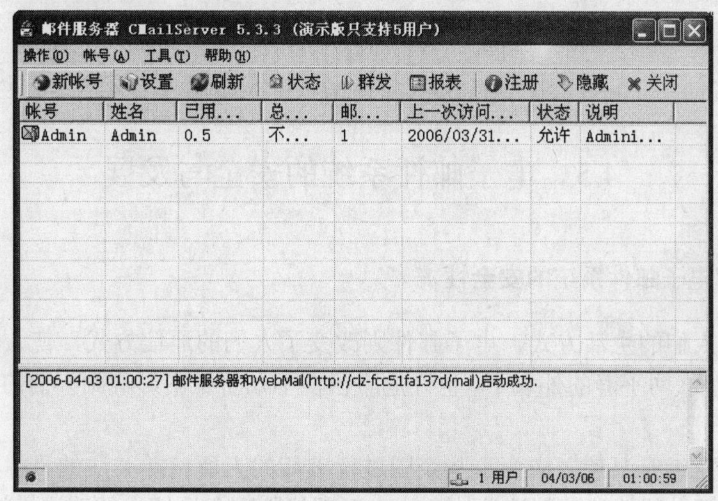

图 4.41　邮件服务器主界面

3．增加新用户

下面就可以为邮件服务器添加新用户了，首先在服务器主界面上单击“新账号”按钮，打开“新建账号”对话框，在这里填写好用户名及密码，然后单击“确定”按钮即创建了一个新的用户和邮箱，其信箱名为“账号名@邮件服务器域名”。

4．客户端如何访问

如果局域网中已经提供 Web 服务，那么可以在网内有关页面上设置一个链接，用户就可以通过 Web 浏览器来申请信箱。访问地址的格式是：http://服务器名/mail 或者 http://服务器 ip 地址/mail，即进入 Webmail 页面。这里配置邮件服务器的名称为 no1，IP 地址为 192.168.0.1，那么在客户端直接在浏览器地址栏中输入 http://no1/mail，或者输入 http://192.168.0.1/mail 即可出现一个申请信箱的页面。

5．客户端设置

如果一个用户已经申请了一个账号为 no2 的信箱，并且邮件服务器域名为 no1.com，那么用户将拥有一个 no2@no1.com 的信箱，此时在客户端，用户就可以使用 Outlook Express 或者 Foxmail 等邮件客户端邮件软件收发电子邮件。这里以 Foxmail 的设置为例，介绍一下如何配置客户端程序。

在 Foxmail 中执行新建账号，然后在向导对话框中输入用户名为 no2，单击“下一步”按钮并输入发送者姓名和邮件地址，单击下一步进入“指定服务器”对话框，这里需要填写接收邮件服务器 POP3 和发送邮件服务器 SMTP。

说明：如果 CMailServer 安装在 Win2000/NT+IIS 环境下，同时服务器中配置了 Web 服务器和 DNS 服务器，那么就可以在“POP3 服务器”和“SMTP 服务器”中填写域名或者服务器的 IP 地址，如果安装在 Win98/ME+PWS 环境下，由于没有域名解析功能，所以 POP3 服务器和 SMTP 服务器地址需要填写服务器的 IP 地址，最后单击“下一步”按钮并单击“完成”按钮即可配置好局域网内的电子邮箱了。

到这里已经通过 CMailServer 建立了一个自己的电子邮件服务器，以同样的方法添加几个用户和信箱以后，就可以通过这个电子邮局传送电子信件了。

实训：

练习 MS Exchange Server 和 CMailServer 这两个邮件服务器软件的安装及配置。

4.5 电子邮件系统的安全与发展

4.5.1 了解电子邮件系统的安全性

网络改变了人们的生活方式，电子邮件则改变了人们的通信方式，使人们的生活更加有滋有味。但是在互联网平静的外表下，也许危险已在不知不觉中影响到人们的隐私安全和计算机安全。

电子邮件的持续升温使之成为那些企图进行破坏的人所日益关注的目标。如今，黑客和病毒撰写者不断开发新的和有创造性的方法，以期战胜安全系统中的改进措施。

1. 出自邮件系统的漏洞

在不断公布的漏洞通报中，邮件系统的漏洞该算最普遍的一项。黑客常常利用电子邮件系统的漏洞，结合简单的工具就能达到攻击目的。电子邮件究竟有哪些潜在的风险？黑客在邮件上到底都做了哪些手脚？

典型的互联网通信协议——TCP 和 UDP，其开放性常常引来黑客的攻击。而 IP 地址的脆弱性，也给黑客的伪造提供了可能，从而泄露远程服务器的资源信息。很多电子邮件网关，如果电子邮件地址不存在，系统则回复发件人，并通知他们这些电子邮件地址无效。黑客利用电子邮件系统的这种内在“礼貌性”来访问有效地址，并添加到其合法地址数据库中。

防火墙只控制基于网络的连接，通常不对通过标准电子邮件端口的通信进行详细审查。

（1）黑客发动攻击的方式。黑客利用这些安全漏洞进行攻击的常见方式有 IMAP 和 POP 漏洞、拒绝服务（DDoS）死亡之 Ping、同步攻击等。

（2）系统配置漏洞。

- 默认配置——大多数系统在交付给客户时都设置了易于使用的默认配置，被黑客盗用变得轻松。
- 空的/默认根密码——许多机器都配置了空的或默认的根/管理员密码，并且其数量多得惊人。
- 漏洞创建——乎所有程序都可以配置为在不安全模式下运行，这会在系统上留下不必要的漏洞。

（3）利用软件问题。在服务器守护程序、客户端应用程序、操作系统和网络堆栈中存在很多的软件错误，分为以下几类：

- 缓冲区溢出——程序员会留出一定数目的字符空间来容纳登录用户名，黑客则会通过发送比指定字符串长的字符串，其中包括服务器要执行的代码，使之发生数据溢出，造成系统入侵。
- 意外组合——程序通常是用很多层代码构造而成的，入侵者可能会经常发送一些对于某一层毫无意义，但经过适当构造后对其他层有意义的输入。

- 未处理的输入——大多数程序员都不考虑输入不符合规范的信息时会发生什么。

（4）利用人为因素。黑客使用高级手段使用户打开电子邮件附件的例子包括双扩展名、密码保护的 Zip 文件、文本欺骗等。

2. 病毒的破坏

2003 年一种被称作 Sobig.F 的蠕虫病毒又在全球肆虐，使电子邮件网络崩溃。当时美国在线称，它阻止了 2320 万个 Sobig.F 病毒变种，MessageLabs 也称，每 17 封电子邮件中就有 1 封电子邮件受到该病毒感染。MessageLabs 另一项在 2003 年上半年开展的研究显示，每 208 封电子邮件就有 1 封电子邮件带有病毒，而 2002 年上半年的数字是每 392 封电子邮件中只有 1 封电子邮件带有病毒。

2004 年上半年电子邮件最大的安全威胁就是计算机病毒作者与垃圾邮件传播者之间更加紧密的合作。由于计算机病毒作者被认为已与垃圾邮件传播者之间加强了合作，因此通过电子邮件传播的计算机病毒正在变得越来越智能化。据调查显示："简单地发布病毒程序很少或者没有任何经济利益，但是当把病毒的性能与可以从垃圾邮件中获取的经济利益结合起来的时候，就会得到更加客观的结论。"

如何彻底解决病毒邮件问题，已实实在在地摆在了各计算机安全公司和软件公司的桌面上。不能解决好这一问题，势必对电子邮件未来的发展产生严重的阻碍。

4.5.2　初探电子邮件系统未来的发展

随着互联网的飞速发展，电子邮件也以其使用简易、投递迅速、收费低廉、易于保存、全球畅通无阻等诸多特点被广泛地应用。它不仅使人们的交流方式得到了极大的改变，而且也已成为许多商家和组织机构的生命血脉。

作为互联网上最为便捷的通信方式之一，电子邮件系统以非常低廉的价格和快速的方式进行通邮，而且电子邮件可以是文字、图像、声音等各种方式。同时，电子邮件用户可以得到大量免费的新闻、专题邮件，并实现轻松的信息搜索。这是任何传统的方式也无法相比的。正是由于电子邮件的使用简易、投递迅速、收费低廉、易于保存、全球畅通无阻，使得电子邮件得到广泛应用，它使人们的交流方式得到了极大的改变。因此，电子邮件在推出后便在短短的时间内迅速征服了全球的网络用户。

电子邮件有诸多优点，它可以减少会议和电话的数量，能留下决策的书面记录，还能让处于不同时区的人更加方便地联系。现在人们大量地使用电子邮件，因为它发送起来十分容易。

但调查同时表明，仍然将有 18%的受调查企业在考虑放弃电子邮件，它们很可能就是遭遇了垃圾邮件、存储和安全方面的难题。

面对垃圾邮件的日益猖獗，全美联机、大地网络、微软、雅虎等著名网络服务商都纷纷加入反垃圾邮件大战，以保护其客户不受或者少受垃圾邮件骚扰，但这种犹如捉迷藏式的游戏，不但没完没了，而且仿佛永远也没有止境。

为了防止受到垃圾邮件侵袭，网络专家建议消费者尽量使用电子邮件供应商提供的过滤服务，不要使用主要的电子邮件地址在网络上填表，给别人地址时要聪明。此外，使用独特的邮箱地址，不接受陌生人的邮件，在网络聊天时使用另外一个名称并封闭该地址邮件，不要点击垃圾邮件中有关取消接收提示也能减少垃圾邮件的骚扰。但这种消极的抵御方式毕竟治标不治本，无法从根本上解决好垃圾邮件问题。

尽管如此，垃圾邮件的泛滥暴露出了电子邮件存在的许多问题，但问题还没有严重到大批用户会放弃电子邮件的地步。

随着即时通信交流方式在用户之间的普及，即时通信工具 IM 已经继电子邮箱成为又一种捕获并吸引大量用户的极其有效的手段。即时通信和无线上网技术的广泛应用造就了无线网络，使人们在不需要光缆的情况下高速与互联网连接。这样的网络得到人们的普遍欢迎，因为人们可以更加轻松地交流，公司员工的工作效率显著提高。电子邮件一直是被广泛应用的，但有人认为它落后于时代了，管理问题、低效率和人们通过电子邮件通信的方式使得它对企业的重要性已经大不如从前。人们越来越认识到即时通信能够提高工作效率。

实训：

练习瑞星防火墙和瑞星杀毒软件的安装与设置。

本章小结

本章首先简要介绍了电子邮件的作用、编码和格式等基础知识，然后详细讲解了 E-mail 的协议，常见的几种电子邮件客户端软件和邮件服务器软件的安装配置及使用，以及电子邮件系统的安全与展望。通过本章的学习，读者可以掌握如何申请电子邮箱、如何使用 Outlook Express 发送电子邮件以及常用服务器软件的用法。

练习与提高四

一、填空题

1. 电子邮件又被称为_______，它是 Internet 上应用最广泛的服务之一。通过电子邮件系统，用户可以快速而方便地将信息发送到世界上任何一个角落的网络用户。

2. 电子邮件发送的信件内容除普通文字外，还可以是_______、_______，甚至是_______、_______、_______或各类多媒体信息。

3. 除了使用网站提供的电子邮箱外，用户还可以通过邮件管理软件来发送电子邮件。目前国内较常用的有_______、_______等。

4. 在 Internet 中，电子邮件的发送与接收依靠专门的电子邮件协议，它是整个网络应用协议的一部分。目前最常用的是_______、_______和_______协议。

5. 如同真实生活中人们使用信件一样，电子邮件也有收信人姓名和收信人地址等。其结构是：_______@_______。

二、选择题

1. 电子邮箱地址是由用户名和主机域名两部分组成，中间用（ ）符号连接起来。

   A. #　　B. $　　C. &　　D. @

2. 在 TCP/IP 协议集中，简单的邮件传输协议，即（ ），是一组用于源地址到目的地址传送邮件的规则，邮件服务器通过它来控制信件的中转方式。

A．POP3　　B．POPO　　C．SMTP　　D．SMIP

3．在网络协议中，（　）协议是规定如何将个人计算机连接到 Internet 的邮件服务器，同时下载电子邮件的电子协议。

A．POP3　　B．POPO　　C．SMTP　　D．SMIP

4．在使用电子邮箱的过程中，用户可以通过粘贴（　）来发送文件信息。

A．选项　　B.项目　　C．附件　　D．辅助

5．Outlook 中，用户可以使用（　）来管理朋友的电子邮件地址。

A．控制　　B．附件　　C．通讯簿　　D．选项

6．如果电子邮件到达时，收信人的计算机没有开启，电子邮件将会（　）。

A．永远不再发送　　B．需要对方再次发送

C．保存在邮件服务器上　　D．退回发信人

7．阅读收件箱中的邮件时，若邮件左边带有一个回形针形状的图标，表示该邮件（　）。

A．尚未阅读　　B．已经被阅读过

C．附带有其他文件　　D．是由别人转发过来的

8．用 Outlook Express 发送电子邮件时，其附件（　）。

A．只能是文本文件　　B．只能是二进制文件

C．可以是各种类型的文件　　D．只能是可执行文件

三、简答题

1．在 Internet 上最流行的 3 种电子邮件协议是什么？它们的功能是什么？

2．要想正确收发邮件，必须正确设置哪几项？

3．如何阅读和保存邮件中的附件文件？

4．如何在 Outlook Express 通讯簿中添加联系人？

5．常见的客户端软件的种类有哪些?

四、实践题

1．访问搜狐或 163 网站，为自己申请一个免费的电子邮箱。

2．使用自己的免费电子邮箱，以 Web Mail 方式给朋友发送电子邮件。

3．在 Outlook Express 中添加自己的邮件账户，并使用该账户发送邮件。

4．使用通讯簿将自己的联系人进行分组管理。

第 5 章　网上信息浏览——WWW 服务

本章的主要任务是了解 Internet 上应用最广泛的 WWW 服务，掌握 WWW 服务的基本概念和基础理论以及 WWW 服务器的配置方法。

本章学习目标：

- WWW 服务的基本概念
- Internet 信息检索技术
- 网页开发技术与 HTML 语言的基础知识
- Windows 2000 中 WWW 服务器的配置
- 虚拟服务器技术

5.1　WWW 服务的基本概念

5.1.1　认识 WWW

WWW（World Wide Web，万维网）是由位于日内瓦的欧洲原子核研究委员会 CERN（该组织的法文缩写）于 1989 年提出的，其最初目的是使分散在不同国家的物理学家能方便地进行交换研究报告、图形、图片、资料等协同工作。1991 年 WWW 首次在 Internet 上出现即引起人们的强烈反响，并迅速获得推广应用。WWW 以其独特的“超文本链接”方式，将大量的文本、图片、视频、声音等多媒体信息有效地组织起来，使人们在通过轻松的鼠标单击，徜徉于遍布全世界的网站之间，充分领略 Internet 的无穷魅力。WWW 已经成为 Internet 上最受欢迎的应用之一，同时，它的出现也极大地推动了 Internet 的推广。

1. WWW 的特点

Web 是 WWW 的简称，它是基于客户机/服务器模式（C/S 模式）的发展和超文本（Hyper Text）技术综合的产物。WWW 浏览器为用户提供了基于超文本传输协议 HTTP（Hyper Text Transfer Protocol）的通用用户界面，把各种形式的信息，如文本、图像、声音、视频等无缝地集成在一起，用户提出自己的查询要求，由 WWW 完成在相应的地方、以相应的方式取回信息，不需要用户干预，用户也无须关心信息存放在 Internet 上的具体位置。

Web 的特点可以归纳为：

（1）Web 是以超文本和多媒体形式存在的网络信息空间。

（2）Web 与平台无关。

（3）Web 提供图形化的和易于导航的图形界面。

（4）Web 是分布式的。

（5）Web 是动态的、交互的。

Web 的本质是一个建立在 Internet 基础上的超文本信息传输系统。Web 服务器、Web 浏览器、服务器与浏览器之间的通信协议 HTTP、Web 文档语言 HTML 以及用来标识 Web 资源的 URL 这五大要素构成了 Web 的体系结构。

2. 超级链接和超文本

Web 上的基本编程语言是超文本标记语言 HTML。所谓超文本是文本与检索项共存的一种文件表示，即在超文本中已实现了相关信息链接。超文本在形式上仍然是 ASCII 文件，可以用一般的文字处理软件进行编辑、处理。超文本具有的链接能力可层层连接相关文件，所以把这种具有超级链接能力的操作称为超级链接（Hyperlink）。所谓超级链接就是一个多媒体文档中存在着指向相关文档的指针，通常是一些特殊的文字或图片、图形等，用鼠标单击这些文字和图形时，会从一个文本跳到另一个文本。超级链接除了可链接文本外，也可链接各种媒体，如声音、图像、动画等，通过它们，人们可以享受丰富多彩的多媒体世界。这种具有超链接功能的多媒体文档称为"超媒体"。用 HTML 可以编写超文本页面，用户可以用浏览器通过超文本传输协议 HTTP 访问并显示超文本页面。

5.1.2　了解 Web 服务器与浏览器

1. Web 服务器

Web 服务器是指驻留于 Internet 上的某种类型的计算机程序。当 Web 浏览器（客户端）连到服务器上并请求浏览文件时，服务器将处理该请求并将文件发送到该浏览器上，附加的信息会告诉浏览器文件类型。

Web 服务器不仅能够存储信息，还能在用户通过 Web 浏览器提供的信息的基础上运行脚本和程序。用于执行这些功能的程序或脚本称为网关脚本/程序，或称为 CGI（通用网关界面）脚本。Web 上的大多数表单和搜索引擎都使用了该技术。

Web 服务器可驻留于各种类型的计算机，从常见的 PC 到巨型的 UNIX 服务器，以及其他各种类型的计算机，它们通常经过一条高速线路与因特网连接。比较典型的 Web 服务器有 Microsoft IIS、IBM WebSphere、Oracle IAS、Apache、Tomcat、iPlanet 等产品。

2. 浏览器

WWW 浏览器（Browser）是访问 Web 的客户端软件，它是一个交互程序，允许用户从 WWW 上查看信息。浏览器把在互联网上找到的文本文档（和其他类型的文件）翻译成网页。浏览器是 Internet 用户与 Web 服务器进行通信的软件，也是展示 Internet 丰富多彩的内容的窗口。WWW 的迅速发展在很大程度上是因为 Web 浏览器功能强大、图文并茂、使用方便的特点，借助于浏览器，人们不需要具备许多计算机与网络知识、不需要记忆许多复杂的指令，就可以进行大多数的 Internet 活动。比较典型的浏览器软件有 Netscape 的 Navigator、NCSA 的 Mosaic、Microsoft 的 Explorer 等。

3. B/S 模式

B/S（Browser/Server）模式是一种特殊的 C/S 结构，它简化了客户机的管理和使用，方便了用户。以浏览器为客户端，客户端不再需要编程，将系统的业务逻辑完全封装在服务器上，大大减轻了软件的开发及维护费用，减少了由于系统升级而带来的客户端更新代价，解决了 C/S 模式发展的一大障碍。

Web 服务器的任务是等待客户机的连接，听取客户机的请求并为这些请求提供服务。Web 浏览器将请求发送到 Web 服务器，服务器响应这种请求，将其所请求的页面或文档通过 HTTP

协议传送给 Web 浏览器，浏览器获得 Web 页面，这就是所谓的下载过程。Web 浏览就是一个从服务器下载页面的过程。图 5.1 描述了 Web 浏览器从 Web 服务器获得 Web 文档的过程。

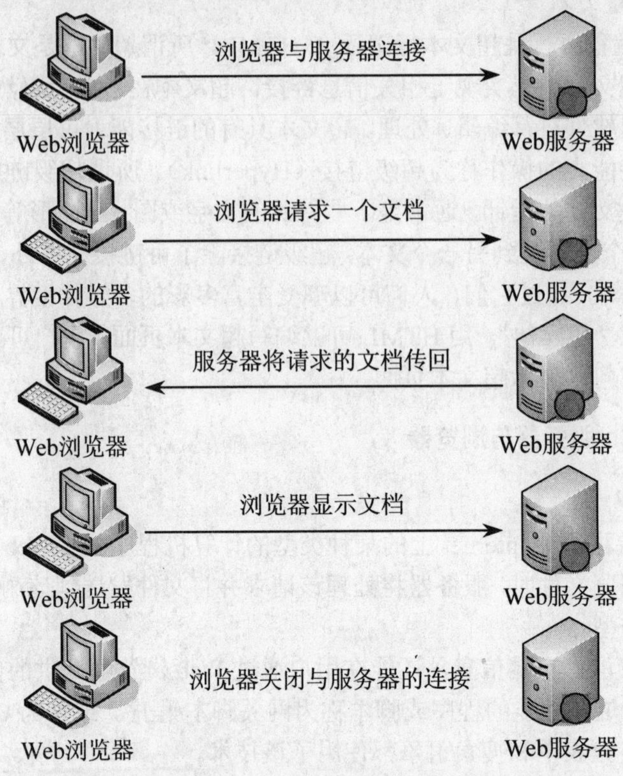

图 5.1 浏览器从 Web 服务器获得 Web 文档

5.1.3 统一资源定位符的认识

URL（Uniform Resource Locator，统一资源定位器）是 Web 的基本工具之一，是 HTML 文件地址命名方法。URL 是 WWW 页的地址，Web 上每个文档都有一个惟一的 URL。URL 指出的可以是超文本链接目的地址或是完成客户与服务器交互的 CGI 程序名，还可以指定 FTP 文件传输、寻找新闻信息、定义用户的 E-mail 等。

浏览 WWW 时，只需在浏览器的地址栏输入 URL 地址，就可以找到相应的网页。

URL 地址的格式为：

协议：//服务器主机名（可以是域名，也可以是 IP 地址）[：端口号]/ 目录名 / … /html 文件名

它从左到右由下述部分组成：

（1）Internet 信息资源协议：URL 地址以信息资源协议名开头。常见的信息资源协议有：

- http：WWW 服务。
- file：本地文件服务。
- ftp：FTP 服务器文件。
- news：电子新闻组。

- telnet：远程登录服务。
- mailto：电子邮件服务。

（2）服务器地址（host）：指出 WWW 页所在的服务器域名或 IP 地址。

（3）端口（port）：对某些资源的访问来说，需给出相应的服务器提供的端口号。对于采用默认端口提供服务的服务器来说，端口号可省略；对于采用非默认端口提供服务的服务器来说，需要用户在 URL 中显式给出地址端口号。

（4）路径（path）：指明服务器上某资源的位置（其格式与 DOS 系统中的格式一样，通常由目录/子目录/文件名这样的结构组成）。与端口一样，路径并非总是需要的。

使用中，常以下列方式输入 URL 地址：

（1）标准的地址：域名＋目录＋文件名称。以标准的地址格式书写，例如输入 http://www.eop.com/test/index.htm。

（2）只有“域名＋目录”的地址。如果浏览器要查询的是目录，则 Web 服务器会判断这个目录是否含有默认文件，如果有，会将默认文件传给浏览器，没有则把目录的文件列表传给浏览器。例如 http:// www.eop.com/test 和 http:// www.eop.com/uploads，test 的子目录下放置有默认文件 index.html，uploads 目录下未放置默认文件。在浏览器地址框里输入第一个网址，一旦连接成功，服务器便把默认文件传回到浏览器端，最后解释执行该文件（如图 5.2 所示）；输入第二个网址，返回的则是该目录下的文件列表（如图 5.3 所示）。如果服务器端不允许浏览器访问文件目录，浏览器端将会显示提示信息“不允许访问文件列表”，表明服务器端的一些设置要求必须明确指定要下载的具体文件名，如果浏览器没有找到要找的文件，则不允许下载其他文件或子目录。

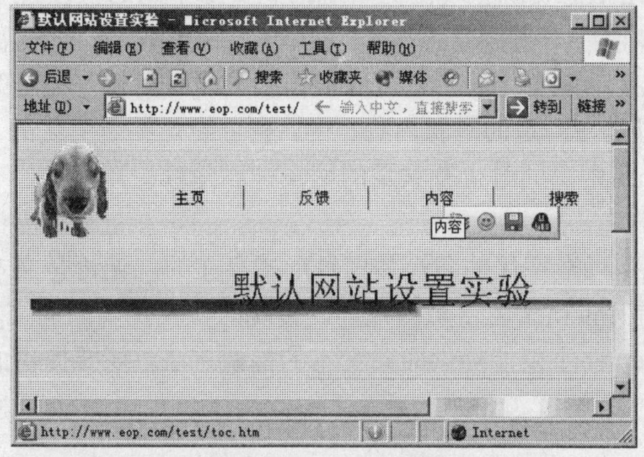

图 5.2　test 子目录下放置有默认文件

（3）只有域名的地址。有时用户输入如 http://www.eop.com 这样的地址信息，它等于 http://www.eop.com/，表示 http://www.eop.com＋目录“/”。服务器将服务器根目录下的默认下载文件传回到浏览器端。

（4）含有程序的地址。如果浏览器要下载的是扩展名为 ASP 或 CGI 的脚本程序，Web 服务器会自动启动解释程序，然后把程序执行的结果传回给浏览器。例如 http://www.eop.com/test.asp 先在服务器上解释运行，如果程序中带有参数，例如http://www.eop.com/test.asp?NAME=GTS＆AGE=21（NAME 和 AGE 为参数），则在执行过程用到这两个参数，然后服务器将运行结果传回给浏览器。如果在结果中遇到 html 标记，浏览器就启动解释程序，然后按 html 标记的要求把网页的内容显示在用户面前。

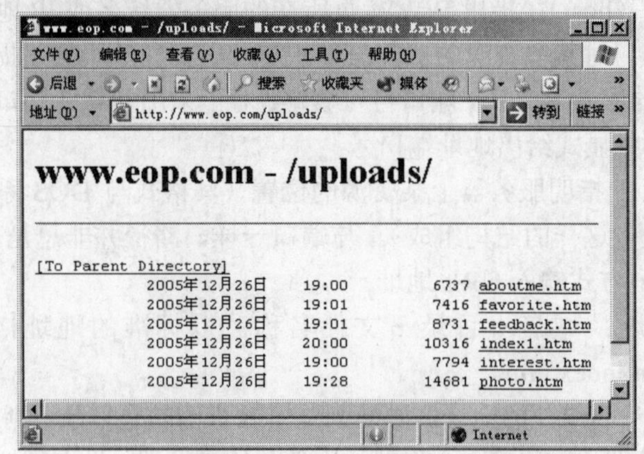

图 5.3 uploads 目录下未放置默认文件

5.2 网络信息检索

5.2.1 网络信息的特点

随着网络技术、信息技术以及数据库技术的发展，Internet 上的信息呈爆炸式发展。由于 Internet 的开放性，网络信息资源呈现出与传统信息资源不同的特性。

1. 动态性

Internet 上的信息是动态变化的，它可以根据要求即时更新，信息的增加、删除、修改非常方便，网络信息可以是在一定的时间内稳定的，也可能是不断变化的。每时每刻都有数以万计的网页增加到 Internet 中，同时也有大量的网页被删除或更新。

2. 数字化

Internet 上的信息是以数字化的多媒体信息形式存在的。无论是文本还是数字化的图形、图像、音频、视频都是 Internet 上信息的载体，传统的检索主要面向文本信息，而 Internet 上信息的多样性要求 Internet 不仅能提供面向文本的检索方法，还要提供面向多媒体信息的检索工具。

3. 无限性

Internet 是一种松散管理的网络体系，它的开放性使边界变得无限。随着 IPv6 技术的成熟与发展，限制 Internet 发展的 IP 瓶颈问题已经解决，Internet 的发展空间变得无限，从而使网络信息的空间与容量也变得无限。

4. 无序性

Internet 上信息的惟一标识是 URL，而 URL 是描述信息位置的字符串，不同的 URL 之间没有顺序关系。在同一网页上的超级链接提供了网络用户访问的自主权，用户访问的顺序没有统一的规则，信息的获取具有无序性。

5. 自主性

Internet 没有统一的管理机构，没有法律、国家和地域的概念。网络信息也是由用户自主维护的（需要遵守相关的法律、法规），这种信息的自主性与多样性带来了网络信息冗余度大、网络信息权威性低等问题。

综上所述，网络信息资源的快速发展，一方面极大地丰富和拓展了人类交流与获取信息的空间和渠道，另一方面也对网络信息资源的有效利用、网络信息资源的组织与管理提出了新的要求与挑战。网络信息资源的无限、无序、缺乏控制与用户所需的有序、有效、有针对性地利用信息之间的矛盾，已成为当今信息资源组织、管理与利用领域的主要矛盾。网络信息资源区别于传统信息资源的动态性、多维性及数字化特性，使其与以往相比，在对信息资源的检索方式上存在很大差异，从而对传统的信息检索方式提出新的挑战。正是为了解决这个问题，从 20 世纪 80 年代起人们就开发了各种网络信息检索工具。

5.2.2　了解搜索引擎

根据检索工具检索网络资源类型的不同，可以将其分为万维网检索工具和非万维网检索工具。万维网检索工具主要检索万维网站点上的资源，它们常被称为搜索引擎，而且由于万维网资源常以网页的形式存在，它们的检索结果常常被称为网页。非万维网检索工具主要检索特殊类型的信息资源，如 Archie——检索 FTP 文件；Veronica——搜索 Gopher 服务器；WAIS——全文信息检索工具；Deja News——检索新闻组等。不过越来越多的万维网搜索引擎具备了检索非万维网资源的功能，使它们成为检索多类网络信息资源的集成化工具。

搜索引擎（search engines）是对互联网上的信息资源进行搜集整理，然后供用户查询的系统。它是 Internet 上专门提供查询服务的一类网站，这些网站通过网络搜索软件（又称为网络搜索机器人）或网站登录等方式，将 Internet 上大量网站的页面收集到本地，经过加工处理而建库，从而能够对用户提出的各种查询做出响应，提供用户所需的信息。它包括信息搜集、信息整理和用户查询三部分。用户的查询途径主要包括自由词全文检索、主题词检索、分类检索及其他特殊信息的检索（企业、人名、电话黄页等）。

网络信息检索一般要通过信息的收集、整理、分类、索引，从而产生数据库以供检索。搜索引擎具有对网络资源进行采集、标引并提供检索的功能。

搜索引擎的基本结构如图 5.4 所示。

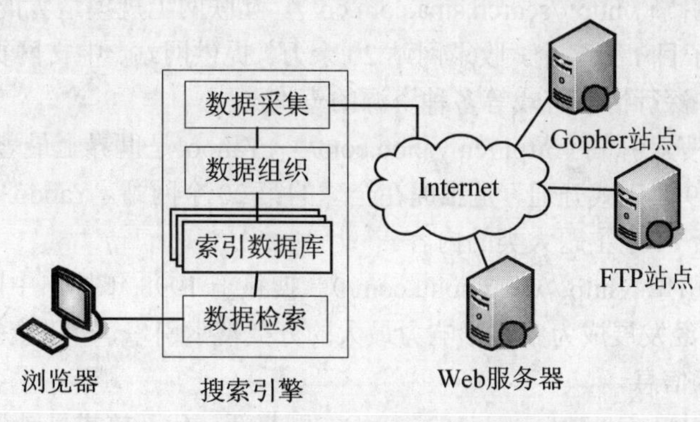

图 5.4　搜索引擎的基本结构

相关知识链接

搜索引擎的原理，可以看作三步：从互联网上抓取网页→建立索引数据库→在索引数据库中搜索排序。

（1）从互联网上抓取网页。利用能够从互联网上自动收集网页的 Spider 系统程序，自动访问互联网，并沿着任何网页中的所有 URL 爬到其他网页，重复这一过程，并把爬过的所有网页收集回来。

（2）建立索引数据库。由分析索引系统程序对收集回来的网页进行分析，提取相关网页信息（包括网页所在 URL、编码类型、页面内容包含的关键词、关键词位置、生成时间、大小、与其他网页的链接关系等），根据一定的相关度算法进行大量复杂计算，得到每一个网页针对页面内容及超链接中每一个关键词的相关度（或重要性），然后用这些相关信息建立网页索引数据库。

（3）在索引数据库中搜索排序。当用户输入关键词搜索后，由搜索系统程序从网页索引数据库中找到符合该关键词的所有相关网页。因为所有相关网页针对该关键词的相关度早已算好，所以只需按照现成的相关度数值排序，相关度越高，排名越靠前。最后，由页面生成系统将搜索结果的链接地址和页面内容摘要等内容组织起来返回给用户。

1. 常见的中文搜索引擎

与国外的西文搜索引擎相比较，早期的中文搜索引擎普遍存在质量较低、查询方法简单、功能不全等问题，但经过几年的发展，其功能正在不断完善，出现了一些较高质量的中文搜索引擎，其中比较有代表性的中文搜索引擎有：

（1）Google 搜索引擎（http://www.gogle.com/）。目前最优秀的支持多语种的搜索引擎之一。提供网站、图像、新闻组等多种资源的查询。包括中文简体、繁体、英语等 35 个国家和地区的语言的资源。

（2）百度中文搜索引擎（http://www.baidu.com/）。全球最大中文搜索引擎。提供网页快照、网页预览/预览全部网页、相关搜索词、错别字纠正提示、新闻搜索、Flash 搜索、信息快递搜索、百度搜霸、搜索援助中心。

（3）北大天网中英文搜索引擎（http://e.pku.edu.cn/）。由北京大学开发，有简体中文、繁体中文和英文三个版本。提供全文检索、新闻组检索、FTP 检索（北京大学、中科院等 FTP 站点）。支持简体中文、繁体中文、英文关键词搜索，不支持数字关键词和 URL 名检索。

（4）新浪搜索引擎（http://search.sina.com.cn/）。互联网上规模最大的中文搜索引擎之一。设大类目录 18 个，子目 1 万多个，收录网站 20 余万。提供网站、中文网页、英文网页、新闻、汉英辞典、软件、沪深行情、游戏等多种资源的查询。

（5）雅虎中国搜索引擎（http://cn.yahoo.com/）。Yahoo!是世界上最著名的目录搜索引擎。雅虎中国于 1999 年 9 月正式开通，是雅虎在全球的第 20 个网站。Yahoo！目录是一个 Web 资源的导航指南，包括 14 个主题大类的内容。

（6）搜狐搜索引擎（http://www.sohu.com/）。搜狐于 1998 年推出中国首家大型分类查询搜索引擎，到现在已经发展成为中国影响力最大的分类搜索引擎，可以查找网站、网页、新闻、网址、软件、黄页等信息。

（7）网易搜索引擎（http://search.163.com/）。网易新一代开放式目录管理系统（ODP）。拥有近万名义务目录管理员。为广大网民创建了一个拥有超过 1 万个类目，超过 25 万条活跃站点信息，日增加新站点信息 500～1000 条，日访问量超过 500 万次的专业权威的目录查询体系。

（8）3721 网络实名/智能搜索（http://www.3721.com/）。3721 公司提供的中文上网服务——3721“网络实名”，使用户无须记忆复杂的网址，直接输入中文名称，即可直达网站。3721 智能搜索系统不仅含有精确的网络实名搜索结果，同时集成多家搜索引擎。

2. 搜索引擎的使用方法

下面以最具代表性的 Google 搜索引擎为例，详细介绍搜索引擎的使用方法。其他的中英文搜索引擎的使用方法与之类似。

Google（www.Google.com）搜索引擎由两个斯坦福大学博士生 LarryPage 与 SergeyBrin 于 1998 年 9 月发明，GoogleInc 于 1999 年创立。Google 富于创新的搜索技术和典雅的用户界面设计使 Google 从当今的第一代搜索引擎中脱颖而出。Google 并非只使用关键词或代理搜索技术，它将自身建立在高级的 PageRank（网页级别）技术基础之上。这项技术可确保始终将最重要的搜索结果首先呈现给用户。Google 复杂的自动搜索方法可以避免任何人为感情因素。与其他搜索引擎不同，Google 的结构设计确保了它绝对诚实公正，任何人都无法用钱换取较高的排名。Google 可以诚实、客观并且方便地帮助用户在网上找到有价值的资料。

（1）基本使用方法。启动 IE 浏览器，在地址框中输入 Google 网址 www.google.com，按下回车键后，出现 Google 搜索引擎的主页，如图 5.5 所示。

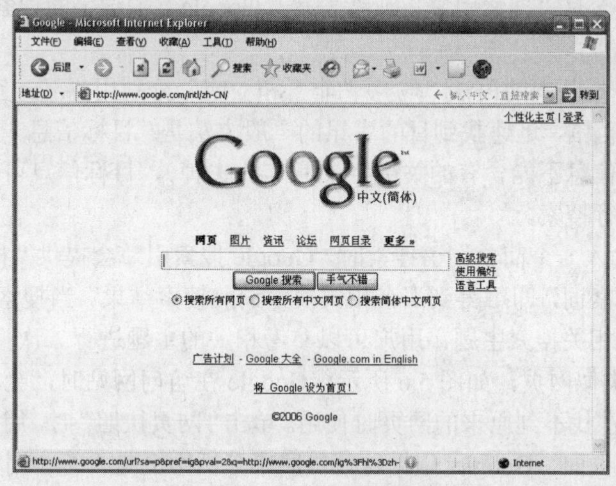

图 5.5　Google 搜索引擎主页

在弹出的界面中有一组超级链接选项，包括“网页”、“图片”、“资讯”、“论坛”、“网页目录”、“更多”等六个超级链接，分别指定搜索的类别，一般默认的设置是“网页”选项。当用户选定搜索类别后，则需在搜索框中输入待查找的关键词。单击“Google 搜索”按钮，Google 就会自动找出相关的网站和资料。Google 会在搜索出的所有符合查询条件的资料中把相关的网站或资料排在最前列。单击“手气不错”按钮将自动进入 Google 查询到的第一个网页，用户将完全看不到其他的搜索结果。

Google 搜索的关键词可以是中文、英文、数字以及它们的混合体。Google 搜索引擎允许输入多个词作为关键词。

（2）Google 搜索技巧。

1）基本语法。Google 对通配符支持有限。它目前只可以用“*”来替代单个字符，而且包含“*”时必须用""引起来。比如，“"神舟*号"”，表示搜索第一、二个字为“神舟”，最后一个字为“号”的四字短语，中间的“*”可以为任何字符。

Google 对英文字符大小写不敏感，NEWS 和 news 的搜索结果是一样的。

Google 的关键字可以是单词（中间没有空格），也可以是短语（中间有空格）。但是，用短语做关键字，必须加英文引号，否则空格会被当作“与”操作符。例如，搜索关于第一次世界大战的英文信息的搜索关键字为“"world war I"”。

2）搜索结果不包含某些特定信息。Google 用减号“-”表示逻辑“非”操作。“A－B”表示搜索包含 A 但没有 B 的网页。搜索“搜索引擎-西文”表示搜索所有包含“搜索引擎”但不含“西文”的中文网页。

相关知识链接

这里的“-”号，是英文字符，而不是中文字符的“＋”和“－”。此外，操作符与作用的关键字之间不能有空格。比如“搜索引擎 -西文”，搜索引擎将视为关键字为“搜索引擎”和“西文”的逻辑“与”操作，中间的“-”被忽略。

3）搜索结果至少包含多个关键字中的任意一个。Google 用大写的 OR 表示逻辑“或”操作。搜索“A OR B”表示搜索的网页中，要么有 A，要么有 B，要么同时有 A 和 B。

例如，要求搜索含有“搜索引擎”或者含有“Google”关键字的搜索字符串为：“搜索引擎 OR Google”。

Google 搜索引擎最基本的语法“与”、“非”和“或”分别用“ ”（空格）、“-”和“OR”表示。用户缩小搜索范围，迅速找到目的资讯的一般方法是：目标信息一定含有的关键字（用“ ”连起来），目标信息不能含有的关键字（用“-”去掉），目标信息可能含有的关键字（用“OR”连起来），并行搜索。

4）相关检索。输入一个简单词语搜索时，Google 搜索引擎会提供“相关搜索”作为参考。单击任何一个相关搜索词，即可得到那个相关搜索词的搜索结果。当搜索“搜索引擎”时，搜索页面下方列出多个相关搜索主题，用户可以参考相关的主题进行二次搜索。

5）网页快照和类似网页。如图 5.6 所示，Google 在访问网站时，会将访问过的网页复制一份网页快照，以备在找不到原来的网页时使用。单击“网页快照”时，用户将看到 Google 将该网页编入索引时的页面。Google 依据这些快照来分析网页是否符合用户的需求。

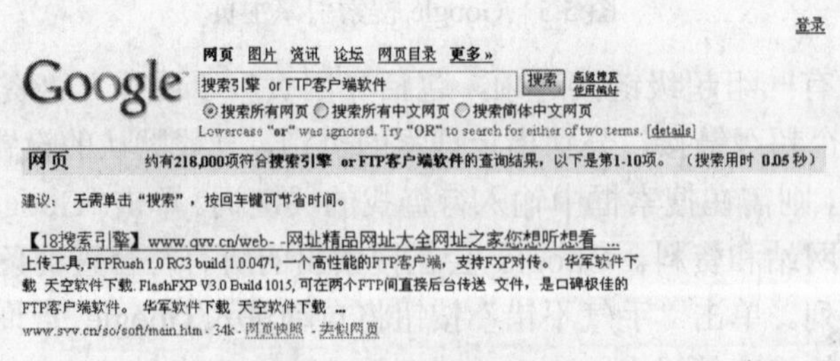

图 5.6 网页快照和类似网页

6）对搜索的网站进行限制。site 表示搜索结果局限于某个具体网站或者网站频道，如 www.sina.com.cn、edu.sina.com.cn，或者是某个域名，如 com.cn、com 等。如果是要排除某网站或者域名范围内的页面，只需用“-网站/域名”。如搜索中文教育科研网站（edu.cn）上关于搜索引擎技巧的页面所输入的关键字为“搜索引擎 site:edu.cn”。搜索搜狐新闻频道中关于神舟 6 号的信息，输入的关键字为:“神舟 6 号 site:news.sohu.com”。

相关知识链接

site 后的冒号为英文字符，而且冒号后不能有空格，否则“site:”将被作为一个搜索的关键字。此外，网站域名不能有“http://”前缀，也不能有任何“/”的目录后缀；网站频道则只局限于“频道名.域名”方式，而不能是“域名/频道名”方式。

7）在某一类文件中查找信息。“filetype:”是 Google 开发的非常强大实用的一个搜索语法。也就是说，Google 不仅能搜索一般的文字页面，还能对某些二进制文档进行检索。目前，Google 已经能检索微软的 Office 文档，如.xls、.ppt、.doc、.rtf，WordPerfect 文档，Lotus1-2-3 文档，Adobe 的.pdf 文档，ShockWave 的.swf 文档（Flash 动画）等。如搜索与实验报告相关的 Word 文档，输入的关键字为：“实验报告 filetype:doc”。

说明：下载的 Office 文件可能含有宏病毒，需要谨慎操作。

8）搜索的关键字包含在网页标题中。网页设计的一个原则就是要把主页的关键内容用简洁的语言表示在网页标题中。因此，有时查询标题栏也可以找到高相关率的专题页面。如搜索与 Google 相关的网页，输入的关键字为“intitle: Google”。

9）图片搜索。在 Google 首页单击“图片”链接就进入 Google 的图片搜索界面 images.Google.com。用户可以在关键字栏内输入描述图像内容的关键字，可搜索到大量与关键字相关的图片。Google 给出的搜索结果具有一个直观的缩略图，以及对该缩略图的简单描述，如图像文件名称和大小等。单击缩略图，页面分成两帧，上帧是图像的缩略图，以及页面链接，下帧是该图像所处的页面。屏幕右上角有一个 Remove Frame 按钮，可以把框架页面迅速切换到单帧的结果页面，非常方便。

Google 图像搜索目前支持的语法包括基本的搜索语法，如“ ”、“-”、“OR”、“site”和“filetype:”。其中“filetype:”的后缀只能是几种限定的图片类似，如 JPG、GIF 等。

3. 常见的西文搜索引擎

（1）AltaVista（http://www.altavista.digital.com）。AltaVista 是由 DEC 公司开发的因特网上一个较早也曾经是最著名的一个搜索引擎，它以巨大的库容量和极快的响应速度为用户提供强有力的网络检索服务。

（2）Excite（http://www.excite.com）。Excite 是一个基于概念性的搜索引擎。Excite 首先将输入的检索式字词按字义进行自动扩展或加以限定，然后根据处理过的检索式再到库中进行检索。它提供了相似检索（More Like This）的扩展功能，使用户能根据反馈的检索结果做进一步的查询。搜索结果数量多，精确度较高。有高级检索功能，支持逻辑条件限制查询。

（3）Infoseek（http://www.infoseek.com或 http://infoseek.go.com/）。Infoseek 使用一种新式的技术，它比从前的搜索引擎更大、更快、更准确。它提供全文检索功能，并有较细致的分类目录，还可搜索图像。查询时能够识别大小写和成语，且支持逻辑条件限制查询（AND、OR、NOT 等）。高级检索功能较强，另有字典、事件查询、黄页、股票报价等多种服务。

（4）Yahoo（http://www.yahoo.com）。Yahoo 是重要的 Web 资源，自身并非纯粹意义上的搜索引擎。有英、中、日、韩、法、德、意、西班牙、丹麦等 10 余种语言版本，各版本的内容互不相同。提供类目、网站及全文检索功能。它按照主题层次性来进行索引工作，允许用户从一般网页深入到特定网页。Yahoo 有组织网页和将网页编目的功能。它的目录分类比较合理，层次深，类目设置好，网站提要严格清楚，但部分网站无提要。网站收录丰富，检索结果精确度较高，有相关网页和新闻的查询链接。全文检索由 Inktomi 支持。有高级检索方式，支持逻辑查询，可限时间查询。

（5）AOL（http://search.aol.com/）。AOL 提供类目检索、网站检索、白页（人名）查询、黄页查询、工作查询等多种功能。目录分类细致，网站收录丰富，搜索结果有网站提要，按照精确度排序，方便用户得到所需结果。支持布尔操作符，包括 AND、OR、AND NOT、ADJ 以及 NEAR 等。有高级检索功能，有一些选项，可针对用户要求在相应范围内进行检索。

（6）Lycos。Lycos 是一个强大、无所不包的搜索引擎，但 Lycos 逐渐变得像 Yahoo 那样成为主题索引，在搜索图像和声音文件上的能力强。

（7）HotBot（http://www.hotbot.com）。HotBot 也是一个非常优秀的搜索引擎，提供有详细类目的分类索引，网站收录丰富，搜索速度较快。HotBot 的最大特点在于它的界面组织和丰富的检索功能，在页面上提供直观的图形化检索菜单功能，用户可以通过简单的下拉菜单创建复杂的布尔查询，或者按日期、地理区域和媒体类型进行限制性搜索。它除了能够检索 Web 页面之外，还提供域名检索、新闻搜索、新闻讨论组等检索服务。

4. 常见的 FTP 搜索引擎

FTP 搜索引擎的功能是搜集匿名 FTP 服务器提供的目录列表以及向用户提供文件信息的查询服务。由于 FTP 搜索引擎专门针对各种文件，因而相对于 WWW 搜索引擎，寻找软件、图像、电影和音乐等文件时，使用 FTP 搜索引擎更加便捷。常见的 FTP 搜索引擎有：

http://www.philes.com/	号称全球最大的 FTP 搜索引擎
http://www.filesearching.com/	见图 5.7
http://bingle.pku.edu.cn/	北大天网中英文 FTP 搜索引擎（见图 5.8）
http://bbs.njust.edu.cn/parker	南京理工“一网打尽”搜索引擎
http://sesa.nju.edu.cn/cgi-bin/parker/search	南京理工“轻松搜之” 搜索引擎
http://clilac.fmmu.edu.cn/	百合谷搜索
http://search.zixia.net/Parker	清华 ZIXIA 搜索
http://parker.5470.net.cn/	幻想 FTP 搜索
http://search.xjtu.edu.cn/	西安交大思源搜索

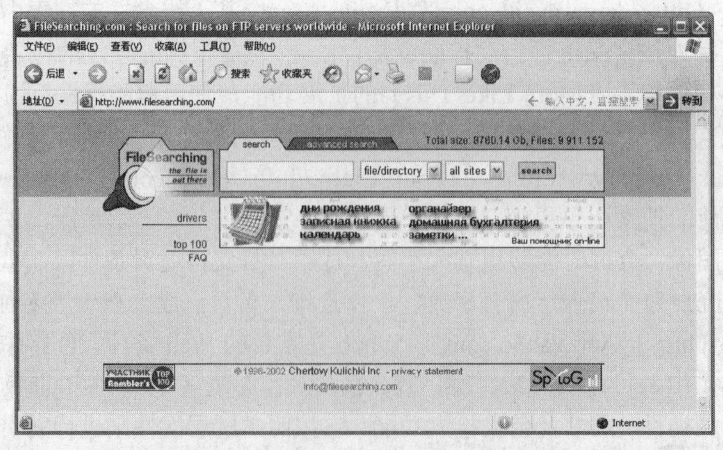

图 5.7 FileSearching FTP 搜索引擎

图 5.8　北大天网中英文 FTP 搜索引擎

5.2.3　多元搜索引擎

1. 多元搜索引擎的概念

为了获得最全面的检索结果，用户有时不得不将同一个检索课题在多个搜索引擎上一次次地进行检索，因此要面对不同的检索界面，重复输入检索提问式，还要对反馈的结果进行筛选，去掉重复结果等，非常烦琐。为了克服这些困难，多元搜索引擎应运而生。

多元搜索引擎，也叫元搜索引擎或集合式搜索引擎。它是将多个搜索引擎集成在一起，并提供一个统一的检索界面。多元搜索引警可分为两种类型：

（1）搜索引擎目录。也是检索工具的检索工具。它将主要的搜索引擎集中起来，并按类型或按检索问题等编排组织成目录，帮助用户根据检索需求来选择适用的搜索引擎。它的作用是帮助用户选择适用的搜索引擎，并将用户引导到相应的搜索引擎中去检索，检索的还是某一个搜索引擎的数据库，与独立搜索引擎的检索是一样的。

（2）多元搜索引擎。将多个搜索引擎集成在一起，提供一个统一的检索界面，并将一个检索提问同时发送给多个搜索引擎，同时检索多个数据库，再经过聚合、去重复之后输出检索结果。这是一种集中检索的方式，是并行的搜索引擎，即用户输入检索词后，该搜索引擎自动利用多种独立搜索引擎同时检索，使得检索者能够在不同专业的多个数据库中同时检索，非常适用于跨学科领域的信息检索。

多元搜索引擎具有多方面的优点：

- 最大的特点就是省时。不需要就同一提问一次次地访问所选定的搜索引擎，避免重复输入检索词等。
- 检索的是多个数据库，检索的综合性、全面性较好，查询效率高。
- 检索具有可扩展性。

2. 常用多元搜索引擎介绍

（1）搜索引擎目录 All-in-one（http:// www.allonesearch.com），如图 5.9 所示。

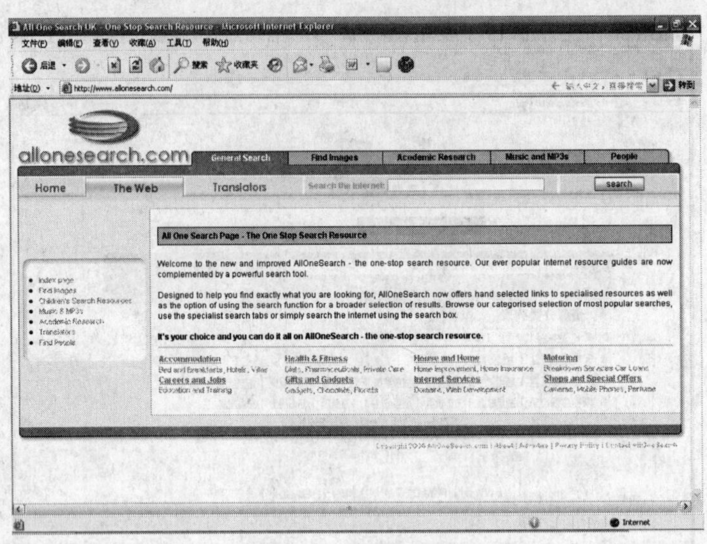

图 5.9 All-in-one 搜索引擎

收录范围：All-in-one 将 500 多个因特网上最佳搜索引擎、数据库、索引和目录检索工具集中在一个站点，类似于检索工具大全。它将专业搜索引擎分为 40 个大类，每类提供数十个搜索引擎。

优点：All-in-one 体现了“所有引擎在一起”的检索特点，省却用户记忆众多搜索引擎地址的麻烦。

缺点：每次只能选择一个检索工具，同一检索词需要进行多次反复检索；统一的检索界面，丧失了许多搜索引擎的特色检索功能。

（2）多元搜索引擎。

1）DOGPILE（http:// www.DOGPILE.com）。DOGPILE 是最受欢迎的多元搜索引擎之一，如图 5.10 所示。它支持因特网上 25 个比较有名的检索工具。其特点是：支持布尔逻辑检索 AND、OR、NOT，默认值是 AND，支持+（包含），-（排除）。

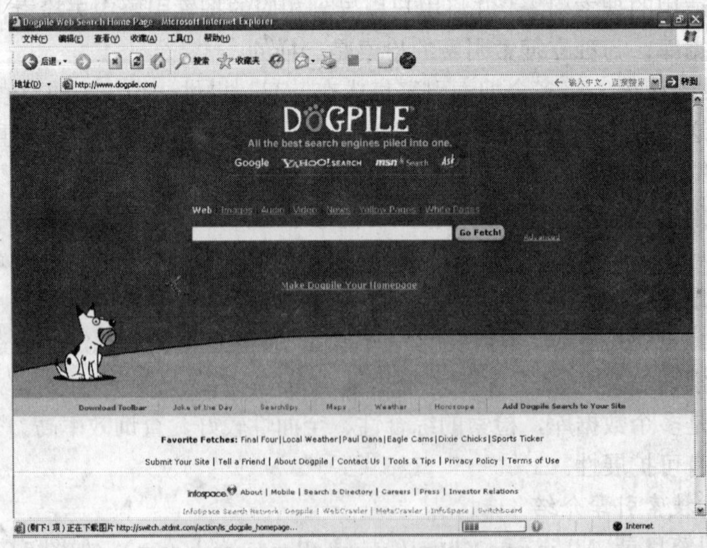

图 5.10 DOGPILE 多元搜索引擎

2）MetaCrawler（http:// www.metacrawler.com 或 http:// www.go2net.com/search.html）。MetaCrawler 是最早的多元引擎之一，最初由华盛顿大学创建，如图 5.11 所示。MetaCrawler 允许检索者进行多项设置，使用前可以进行个性化设置。

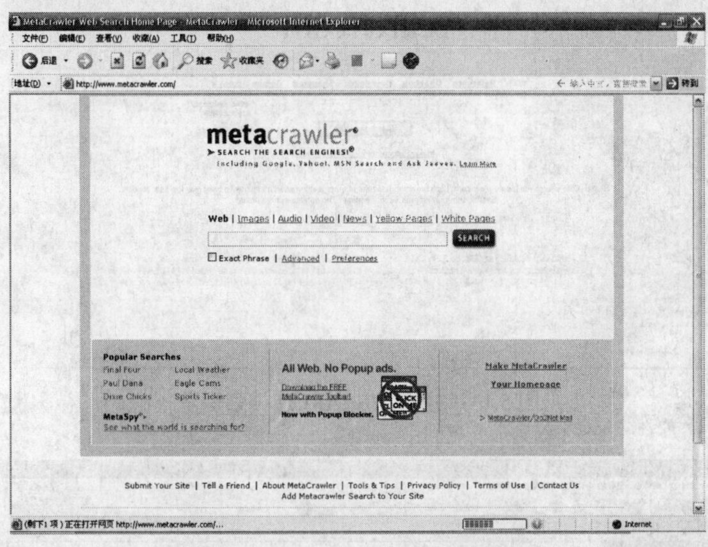

图 5.11　MetaCrawler 多元搜索引擎

3）MAMMA（http:// www.mamma.com），如图 5.12 所示，号称“搜索引擎之母”。同时检索 7 个搜索引擎，将检索式转换成适合每个搜索引擎的语法进行检索。检索者可以选择引擎进行查询。

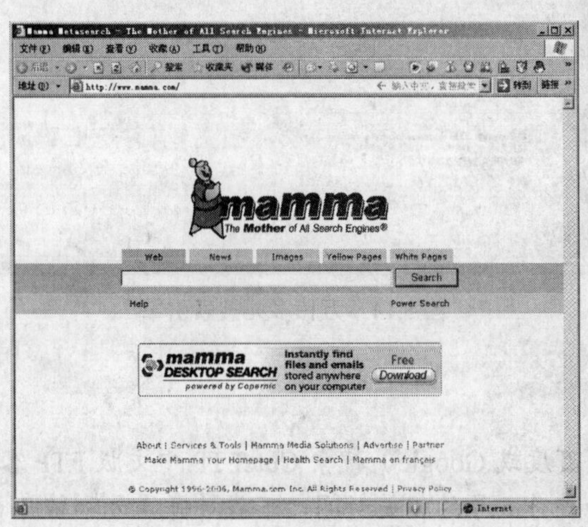

图 5.12　MAMMA 多元搜索引擎

4）SAVVYSEARCH（http:// www.savvysearch.com）。有 11 个主要搜索引擎，多个网络目录、新闻和用户组检索工具，如图 5.13 所示。

5）万伟（http:// www.widewaysearch.com）。中文多元搜索引擎，如图 5.14 所示。

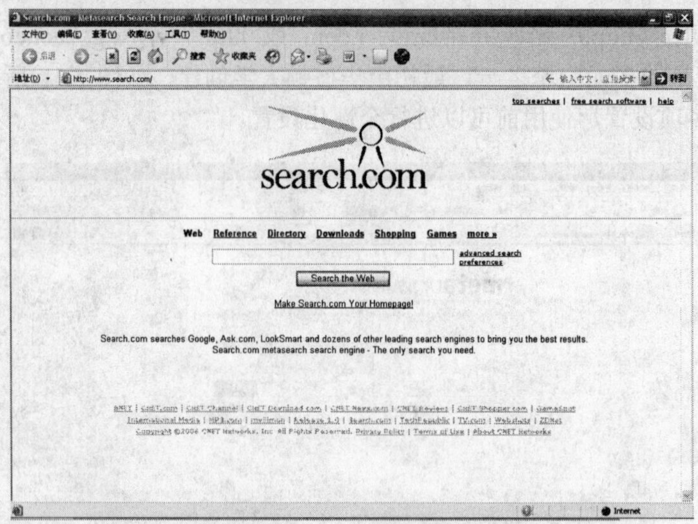

图 5.13 SAVVYSEARCH 搜索引擎

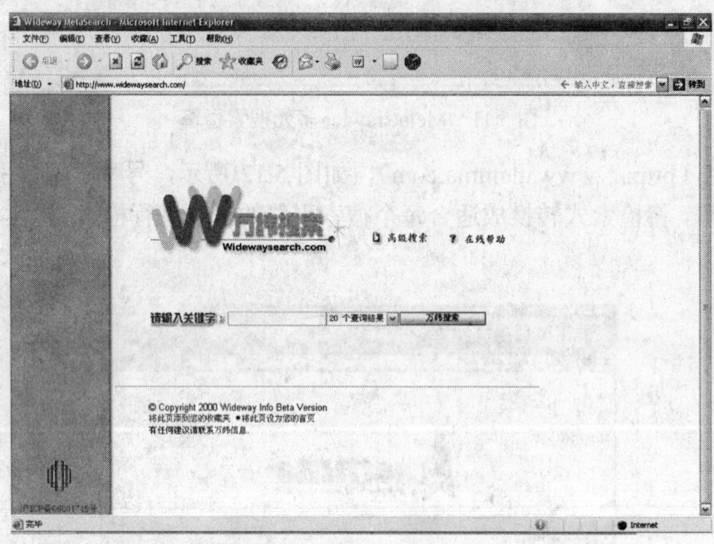

图 5.14 万伟多元搜索引擎

实训：

1. 通过搜索引擎（百度或 Google）搜索 CuteFTP 中文版 FTP 客户端软件和使用教程。
2. 搜索神舟 5 号和神舟 6 号的相关新闻，下载神舟 5 号和神舟 6 号的图片。

5.3 网页与超文本标记语言 HTML

5.3.1 网页及开发简介

网页，英文名称为 Web Page，实际是一个文件，它存放在 Internet 上的某个服务器中，网页经由网址（URL）来识别与存取，当用户在浏览器输入网址后，经过一段复杂而又快速的程序，网页文件会被传送到用户的计算机上，然后通过浏览器解释网页的内容，再展示到用户的眼前。网页一般由文字、图像、动画、影片等元素组成，给人们以生动的多媒体信息。

网页包括静态网页和动态网页两大类。

1．静态网页

静态网页是指对所有访问该网页的用户来说，使用相同的 URL 访问网络资源时，其客户端浏览器显示的内容都是相同的，HTML 格式的网页通常称为“静态网页”。早期的网站一般都是由静态网页制作的。静态网页的网址形式通常如“www.sohu.com/news/news200604050013.htm”所示，就是以.htm、.html、.shtml、.xml 等为后缀的网页。在 HTML 格式的网页上，也可以出现各种动态的效果，如.GIF 格式的动画、Flash、滚动字母等，这些“动态效果”只是视觉上的，与动态网页是不同的概念。运行于客户端的程序、网页、插件、组件也属于静态网页，如 html 页、Flash、JavaScript、VBScript 等。

静态网页具有如下五个特点：

（1）每个静态网页都有一个固定的 URL，且网页 URL 以.htm、.html、.shtml 等常见形式为后缀，而不含有“？”。

（2）网页内容一经发布到网站服务器上，无论是否有用户访问，每个静态网页的内容都是保存在网站服务器上的，也就是说，静态网页是实实在在保存在服务器上的文件，每个网页都是一个独立的文件。

（3）静态网页的内容相对稳定，因此容易被搜索引擎检索。

（4）静态网页没有数据库的支持，在网站制作和维护方面工作量较大，因此当网站信息量很大时完全依靠静态网页制作方式比较困难。

（5）静态网页的交互性较差，在功能方面有较大的限制。

静态网页一般是采用 FrontPage、Dreamweaver 等网页设计工具来开发。静态网页缺乏网络应用所需要的交互性，不支持对数据库的访问操作，只能用来制作一些内容固定的页面。

2．动态网页

Web 应用的最重要的一个扩展是动态内容的引入。例如，Web 服务器可以根据用户输入的请求，直接或间接地创建 Web 网页，然后返回给 Web 浏览器。Web 服务器的作用最终体现在对内容，特别是动态内容的提供上，Web 服务器主要负责同 Web 浏览器交互时提供动态产生的 HTML 文档。

在服务器端运行的程序、网页、组件，属于动态网页，它们会随不同客户、不同时间，返回不同的网页，例如 CGI、ASP、PHP、JSP、ASP.NET 等。

动态网页技术的原理是：使用不同技术编写的动态页面保存在 Web 服务器内，当客户端用户向 Web 服务器发出访问动态页面的请求时，Web 服务器将根据用户所访问页面的后缀名确定该页面所使用的网络编程技术，然后把该页面提交给相应的解释引擎；解释引擎扫描整个页面找到特定的定界符，并执行位于定界符内的脚本代码以实现不同的功能，如访问数据库、发送电子邮件、执行算术或逻辑运算等，最后把执行结果返回 Web 服务器；最终，Web 服务器把解释引擎的执行结果连同页面上的 HTML 内容以及各种客户端脚本一同传送到客户端。虽然，客户端用户所接收到的页面与传统页面并没有任何区别，但是实际上页面内容已经经过了服务端处理，完成了动态的个性化设置。

目前实现动态网页主要有以下 5 种技术。

（1）CGI 技术。CGI（Common Gateway Interface，公用网关接口）可以称之为一种机制。因此可以使用不同的程序编写适合的 CGI 程序，如 Visual Basic、Delphi 或 C/C++等，将已经写好的程序放在 Web 服务器的计算机上运行，再将其运行结果通过 Web 服务器传输到客户端的浏览器上。通过 CGI 建立 Web 页面与脚本程序之间的联系，并且可以利用脚本程序来处理访问者输入的信息并据此做出响应。

最常用于编写 CGI 技术的语言是 Perl（Practical Extraction and Report Language，文字分析报告语言），它具有强大的字符串处理能力，特别适用于分割处理客户端 Form 提交的数据串；用它来编写的程序后缀为.pl。

（2）ASP。ASP（Active Server Pages）是微软开发的一种类似 HTML（Hypertext Markup Language，超文本标识语言）、Script（脚本）与 CGI 的结合体，它允许用户使用包括 VBScript、JavaScript 等在内的许多已有的脚本语言编写 ASP 的应用程序。ASP 的程序编制比 HTML 更方便且更加灵活。ASP 可以包含 HTML 标签，也可以直接存取数据库及使用无限扩充的 ActiveX 控件。它是在 Web 服务器端运行，运行后再将运行结果以 HTML 格式传送至客户端的浏览器。因此 ASP 与一般的脚本语言相比，要安全得多。

ASP 吸收了当今许多流行的技术，如 IIS、ActiveX、VBScript、ODBC 等，是一种发展较为成熟的网络应用程序开发技术；其核心技术是对组件和对象技术的充分支持。ASP 的主要工作环境是微软的 IIS 应用程序结构，又因 ActiveX 对象具有平台特性，所以 ASP 技术不能很容易地实现在跨平台的 Web 服务器的工作。

（3）JSP。JSP（Java Server Pages）是由 Sun Microsystems 公司倡导、许多公司参与一起建立的一种动态网页技术标准。JSP 技术是用 Java 语言作为脚本语言的，JSP 网页为整个服务器端的 Java 库单元提供了一个接口来服务于 HTTP 的应用程序。

在传统的网页 HTML 文件（*.htm，*.html）中加入 Java 程序片段（Scriptlet）和 JSP 标记（tag），就构成了 JSP 网页（*.jsp）。Web 服务器在遇到访问 JSP 网页的请求时，首先执行其中的程序片段，然后将执行结果以 HTML 格式返回给客户。程序片段可以操作数据库、重新定向网页以及发送 E-mail 等，这就是建立动态网站所需要的功能。所有程序操作都在服务器端执行，网络上传送给客户端的仅是得到的结果，对客户浏览器的要求最低。

因为 Java 字节码是标准的、与平台无关的，所以当从一个平台移植到另外一个平台时，JSP 和 JavaBean 甚至不用重新编译即可投入运行。

（4）PHP（Hypertext Preprocessor，超文本预处理器）。PHP 是嵌入 HTML 文件的一种脚本语言。其语法大部分从 C、Java、Perl 语言中借来，并形成了自己的独有风格，目标是让 Web 程序员快速开发出动态网页。PHP 是完全免费的，可以不受限制地获得源码，甚至可以从中加进用户自己需要的特色。PHP 在大多数 UNIX 平台、GUN/Linux 和微软 Windows 平台上均可以运行。PHP 的官方网站是：http://www.php.net。

PHP 也可以结合 HTML 语言共同使用。它与 HTML 语言具有非常好的兼容性，使用者可以直接在脚本代码中加入 HTML 标签，或者在 HTML 标签中加入脚本代码从而更好地实现页面控制，提供更加丰富的功能。PHP 安装方便，学习过程简单；数据库连接方便，兼容性强；扩展性强；可以进行面向对象编程。PHP 提供了标准的数据库接口，几乎可以连接所有的数据库。

（5）ASP.NET。.NET 作为新一代互联网应用软件和服务战略，将使微软现有的软件在网络时代不仅适用于传统的个人计算机，而且能够满足各种新设备的需要。.NET 代表一个集合，一个环境，一个可以作为平台支持下一代 Internet 的可编程架构。

ASP.NET 提供了更易于编写、结构更清晰的代码，这些代码很容易进行再利用和共享；ASP.NET 使用编译后的语言，从而提升性能和伸缩性；ASP.NET 使用 Web 表单使开发更直观，利用面向对象技术促进组件的再利用。ASP.NET 具有面向对象、类型安全、兼容、灵活等特点，用来编写脚本、创建商业逻辑做服务器端编程、编写 Web 应用程序和控制台程序。通过与 ASP.NET、ADO.NET 和 Web Service 技术协同使用，也可以进一步将程序发布到网上、创建可重用的 Web 组件等。

3. 网页设计与开发工具

（1）Dreamweaver MX 2004。Dreamweaver MX 2004 是一款专业的 HTML 编辑器，用于对 Web 站点、Web 页和 Web 应用程序进行设计、编码和开发。使用者可以直接编写 HTML 代码，也可以在可视化编辑环境中快速地创建页面而无须编写任何代码进行设计工作。Dreamweaver 还具备许多与编码相关的工具和功能。借助服务器语言，例如 ASP、ASP.NET、ColdFusion 标记语言（CFML）、JSP 和 PHP，可以生成支持动态数据库的 Web 应用程序。

使用 Dreamweaver 创建 Web 站点最常见的方法是在本地磁盘上创建并编辑网页，然后将这些网页的副本上传到一个远程 Web 服务器使网络用户可以访问它们。

创建 Web 站点的流程，一般包括以下操作：

1）计划和准备，设置 Dreamweaver 站点。

2）创建网页，调整网页布局，添加网页内容。

3）根据需要编辑代码。

4）将网页链接在一起。

5）预览和发布站点。

6）添加显示来自数据库的信息的动态网页。

（2）FrontPage 2000/2003。FrontPage 是 Microsoft 公司的网页设计工具，其显示界面和操作方法与 Microsoft Office 系列其他软件具有统一的风格，因其简捷、方便而得到用户的喜爱。FrontPage 是一种简便易用、功能强大的 Web 站点开发与维护工具。

FrontPage 2003 提供了强大的模板功能，用户可以通过模板快速生成具有专业风格的网站。

FrontPage 提供 6 种不同的视图模式，单击视图栏上的按钮即可进行切换。

1）文件夹视图。该视图用于查看站点的文件和文件夹列表，即站点内容。用户可以从快捷菜单中选择执行新建空白网页、文本文件、文件夹、子网站等操作，具有较强的文件、目录管理能力。

2）远程网站视图。远程网站视图支持远程网站发布与维护。通常采用的方法是将网站建立在远程 FTP 服务器上的特定目录下，在工作站上进行维护，并通过 FTP 进行远程网站更新和维护。

3）报表视图。该视图以报表形式显示当前站点的各项统计数据，包括站点的所有文件、图片以及已链接或未链接的文件等。单击某一项可查看该项的详细内容。

4）导航视图。在该视图方式下，网页以组织结构图形式显示。它描述网页之间的层次关系，相当于一个导航图。如果某个网页图标下面有“+”号或“-”号，表明它有下一级网页，单击“+”或“-”符号可以显示或隐藏下一级网页，用鼠标拖动网页图标可以改变网页的结构关系，通过导航视图可以快速建立网站的各网页之间的层次关系。

5）超链接视图。显示各网页文件之间的链接关系。单击分支点图标上的“+”或“-”符号，可以显示或隐藏与其相关的链接关系。通过超链接视图可以完整而清晰地了解网页之间的链接关系。

6）任务视图。该视图方式显示当前网站的任务项及任务状态、名称、分配对象、优先级和关联项目等内容。当由多人协同设计大型网站时，采用这种视图将有助于项目管理。

FrontPage 网页视图提供了四种查看方式：设计视图、拆分视图、代码视图和预览视图。

FrontPage 是一种功能强大的开发工具，而且与 Office 风格统一，易学易用，与 IIS 紧密结合，是 Windows 平台下一种非常优秀的网站开发软件。

5.3.2 了解 HTML 语言

HTML 的正式名称是超文本标记语言，是一种用于编写超文本/超媒体文档的标记语言。超文本文件是一种含有特殊标记的文本文件，用户通过浏览器浏览 WWW 服务器发来的 HTML 文件时，浏览器首先对其中的标记进行解释，然后以特定的方式在用户屏幕上显示出来。HTML 对 Web 页的内容、格式及 Web 页中的超级链接进行描述，而 Web 浏览器的作用就在于读取 Web 网页上的 HTML 文档，再根据此类文档中的描述组织，显示相应的 Web 页面。

HTML 文档本身是文本格式的，用任何一种文本编辑器都可以对它进行编辑，例如 Windows 中的“记事本”。一些专门的用于编辑 HTML 文件的软件（如 FrontPage、Dreamweaver、InterDev 等），既可以对 HTML 的源文件进行编辑，也可以用“所见即所得”的方式，一边浏览页面，一边直接对页面进行编辑。HTML 语言有一套相当复杂的语法，专门提供给专业人员用来创建 Web 文档，一般用户并不需要掌握它。在 UNIX 系统中，HTML 文档的后缀为.html，而在 DOS/Windows 系统中则为.htm。

1. HTML 文件的基本结构

超文本文件中的标记均用<>括起来，<>内的内容称为标记元素。标记一般成对出现，如<标记>和</标记>，分别称为起始标记和结束标记。起始标记和结束标记之间的内容是该标记作用的对象。大部分标记可以嵌套。

HTML 文件的基本结构如下：

```
<html>
<head>
<title>HTML 文件标题</title>
</head>
<body>
HTML 文件内容
</body>
</html>
```

HTML 文件以<html>开头，以</html>结束。主要包括两个部分：头部和主体。

头部以<head>和</head>标记，包括文档的头部信息，定义适用于这个文件的属性。例如在头部用<title>和</title>定义的网页标题。若不需头部信息则可省略此标记。

主体以<body>和</body>标记，定义显示在浏览器窗口中的页面内容。<body>标记一般不省略，表示正文内容的开始。

2. 常用的 HTML 标记

（1）段落标记<p>和</p>。为了排列的整齐、清晰，文字段落之间常用<p></p>做标记。文件段落的开始由<p>标记，段落的结束由</p>标记，</p>有时也被省略，下一个</p>的开始就意味着上一个<p>的结束。<p>标签还有一个属性 align，它用来指明字符显示时的对齐方式，一般值有 center、left、right 三种。

（2）字体标记<font>和</font>。<font>和</font>标记用于对字体进行设置，font 有一个属性 size，通过指定 size 属性就能设置字号大小，size 属性的有效值范围为 1～7，默认值为 3。可以在 size 属性值之前加上"＋"、"－"字符，来指定相对于字号初始值的增量或减量。还有 face 属性用于定义文字的字体与样式，如<font face="楷体_gb2312">欢迎光临</font>，以及 color 属性用于定义文字的颜色，如<font color=#00ffff>色彩斑斓的世界</font>等。

（3）列表和编号。无序号列表使用的一对标签是<UL></UL>，每一个列表项前使用<LI>。其结构如下所示：

```
<UL>
        <LI>第一项
        <LI>第二项
        <LI>第三项
</UL>
```

编号列表和无序号列表的使用方法基本相同，它使用标签<OL></OL>，每一个列表项前使用<LI>。每个项目都有前后顺序之分，多数用数字表示。其结构为：

```
<OL>
     <LI>第一项
     <LI>第二项
     <LI>第三项
</OL>
```

（4）表格标记<table>...</table>。

表格的基本结构为：

```
<table>...</table>   定义表格
<caption>...</caption>  定义标题
<tr>   定义表行
<th>   定义表头</th>
<td>   定义表元（表格的具体数据） </td>
```

在表格标记中，表格标题的位置可由 align 属性设置。其位置可分别设置为表格上方和表格下方。例如设置标题位于表格上方：<caption align=top> ... </caption>，或设置标题位于表格下方：<caption align=bottom> ... </caption>。

一般情况下，表格的总长度和总宽度是根据各行和各列的总和自动调整的，如果要直接固定表格的大小，可以使用下面的方式对表格的大小进行设定：<table width=n1 height=n2>，其中 width 和 height 属性分别指定表格一个固定的宽度和长度，n1 和 n2 可以用像素表示，也可以用百分比（与整个屏幕相比的大小比例）表示。例如，一个长为 200 像素，宽为 100 像素的表格可以用<table width="200" height="100">设置，一个长为屏幕的 20%，宽为屏幕的 10%

的表格则用<table width=20% height=10%>设置。在表格标记中，还有其他多个属性可以对表格的各方面具体形态进行设置，使表格的使用更加灵活。

（5）超级链接<a href>和</a>。超文本中的链接是其最重要的特性之一，使用者从一个页面直接跳转到其他页面、图像或者服务器就得益于链接的使用。一个链接的基本格式如下：

```
<a href="资源地址">链接文字</a>
```

其中标签<a>表示一个链接的开始，</a>表示链接的结束；属性 href 定义了这个链接所指的地方；通过单击“链接文字”可以到达指定的文件。例如<a href="http://www.sohu.com">搜狐网站</a>。在各种链接的各个要素中，资源地址指明链接的资源所在的地址，它的正确与否非常重要，一旦路径上出现差错，该资源就无法从用户端取得。

链接分为本地链接、URL 链接和目录链接。

对同一台计算机上不同文件进行的连接称为本地链接，它使用 UNIX 或 DOS 系统中文件路径的表示方法，采用绝对路径或相对路径来指示一个文件。

以绝对路径表示：

```
<a href="/c:\study\html 文件\link01.htm">文件的链接</a>
```

以相对路径表示：

```
<a href="link01.htm">文件的链接</a>
```

通常情况下，使用更多的是相对路径的写法，这样可以避免当网站整个目录在服务器上的位置发生变化时重新修改文件资源路径的麻烦。

如果链接的文件在其他服务器上，就要使用 URL 地址了，通过它可以以多种通信协议与外界沟通来存取信息。

URL 链接的形式是：

协议名：//主机.域名 / 路径 / 文件名

例如，可以这样来表达一个 URL 地址：

http://www.sohu.com/

ftp://ftp.sohu.com

telnet://bbs.sohu.com

在 html 文件中，链接其他主机上的文件时，格式如下：

```
<a href="http://www. sohu.com/default.htm">搜狐网站</a>
<a href="telnet://bbs. sohu.com ">搜狐论坛</a>
```

（6）图像、声音和视频。WWW 之所以在很短的时间内如此广泛地受到人们的青睐，很重要的一个原因是它支持多媒体的特性，如图像、声音、动画等，使得网页内容丰富多彩。

超文本支持的图像格式一般有 X Bitmap（XBM）、GIF、JPEG 等几种，插入图像的标签是<IMG>，其格式为：

```
<img src="图形文件地址">
```

src 属性指明所要链接的图像文件地址，这个图形文件可以是本地机器上的图形，也可以是位于远端主机上的图形。地址的表示方法与文件的链接中 URL 地址的表示方法相同，如：<img src="images/ball.gif">。img 还有两个属性是 height 和 width，分别表示图形的高和宽。通过这两个属性，可以改变图形的大小，如果没有设置，图形按其原始大小显示。还可以使用 img 中的 align 属性来设置图文的对齐方式，align 属性的取值可以有以下几种：

top、middle、buttom、textop、baseline、left、right 等。

HTML 除了可以插入图形之外，还可以播放音乐和视频等。用浏览器可以播放 MIDI 音乐、WAV 音乐、AU 格式以及 MP3 格式音乐。只需将音乐做成一个链接，当鼠标在链接上面单击，就可以听到指定的音乐了，例如播放一段 MIDI 音乐可使用语句：<a href="midi.mid">midi 音乐</a>。可供浏览器播放的视频格式有 MOV 格式、AVI 格式等。将视频文件做成一个链接格式为：<a href="视频地址">视频名称</a>，例如：<a href="welcome.avi">windowsXP</a>，则可以打开一个视频文件并播放它。

实训：

使用网页设计软件设计如图 5.15 所示的网页，并为相应的文字或图片设置超级链接。

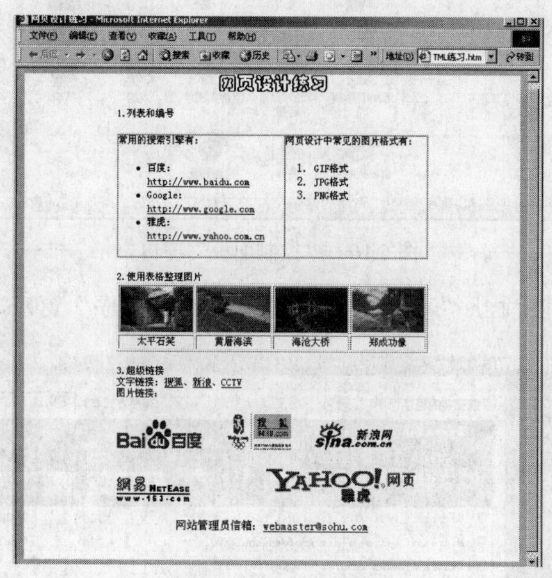

图 5.15　网页设计练习

5.4　Web 服务器及其配置

IIS 是 Microsoft 内置在 Windows 2000/2003 操作系统与 Windows NT 操作系统中的网络文件和应用服务器，IIS 5.0 捆绑在 Windows 2000 操作系统中。IIS 支持标准的信息协议，集成了安装向导、集成的安全性和身份验证实验程序、Web 发布工具和对其他基于 Web 的应用程序的支持等附加特性，为 Internet、Intranet 和 Extranet 站点提供服务器解决方案。IIS 是基于 TCP/IP 的 Web 应用系统，IIS 与 Windows 是完全集成的，可以充分利用 Windows 中 NTFS 文件系统内置的安全性来保护 IIS。IIS 完全支持 Microsoft Visual Basic 编程系统、VBScript、Microsoft JScript 开发软件和 Java 组件，也支持基于 Web 程序中的 CGI 应用程序、ISAPI 扩展和过滤器。IIS 能够提供 Web、FTP、SMTP 服务，可以为用户构建功能强大的 Web 服务器。

5.4.1 Web 服务器的安装方法

（1）单击“开始”→“设置”→“控制面板”，打开“控制面板”窗口，如图 5.16 所示。

图 5.16 “控制面板”窗口

（2）双击“添加/删除程序”图标，打开“添加/删除程序”窗口，如图 5.17 所示。

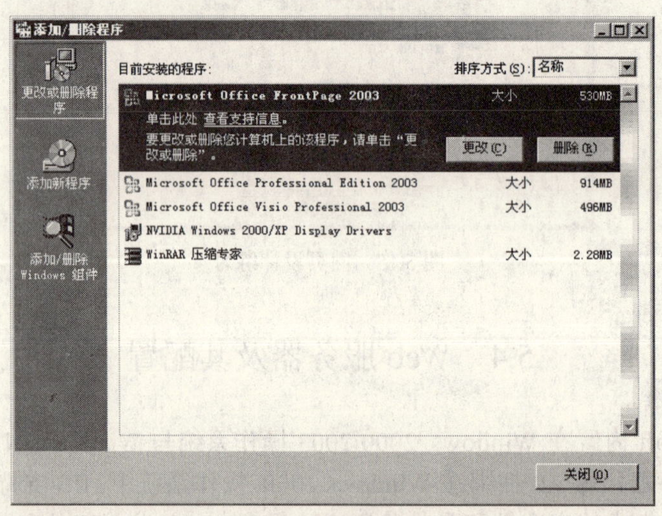

图 5.17 “添加/删除程序”窗口

（3）单击“添加/删除 Windows 组件”按钮，在出现的如图 5.18 所示的组件安装向导中，选中“Internet 信息服务（IIS）”复选框，单击“详细信息”按钮，选择需要安装的 IIS 的子组件，确认“World Wide Web 服务器”和“FTP 服务器”子组件已被选中，如图 5.19 所示，单击“确定”按钮返回上级对话框后单击“下一步”按钮开始安装，安装过程如图 5.20 所示。

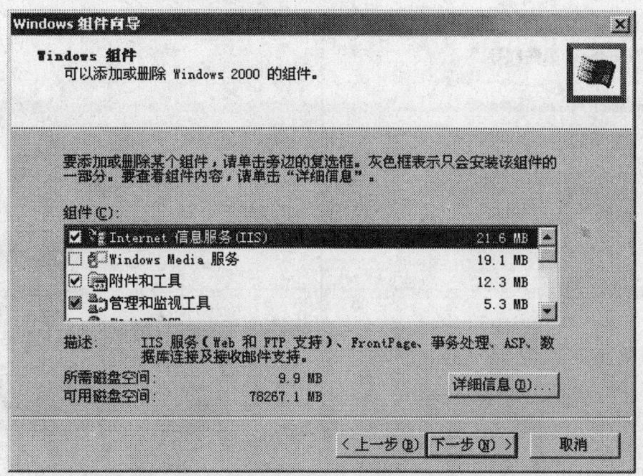

图 5.18　“Windows 组件向导”对话框

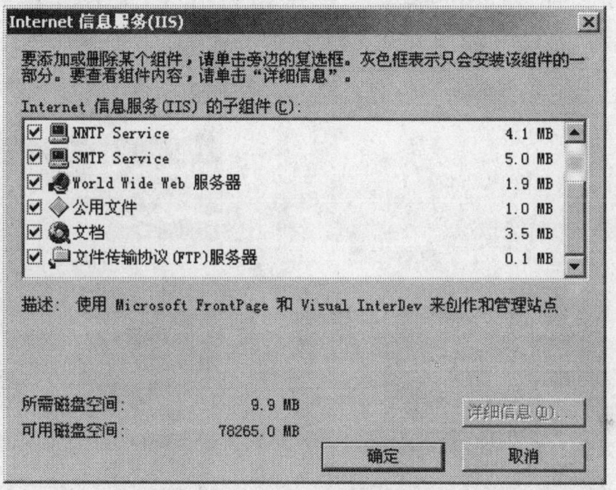

图 5.19　IIS 子组件选择对话框

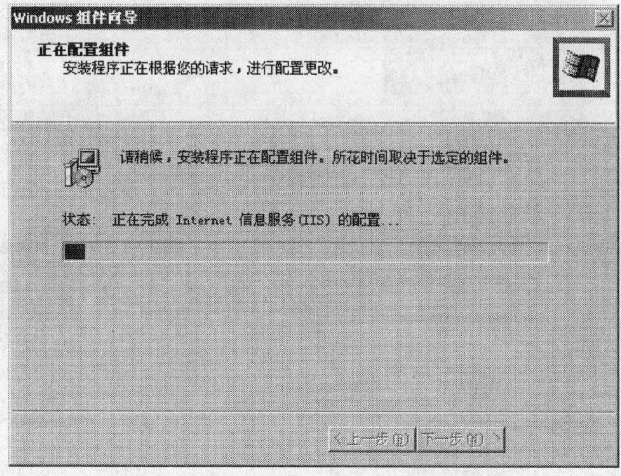

图 5.20　Windows 组件安装对话框

（4）安装过程完成后，显示完成向导对话框，如图 5.21 所示，单击“完成”按钮，弹出如图 5.22 所示的对话框，单击“是”按钮，重新启动计算机。

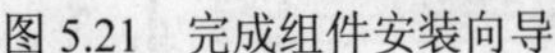

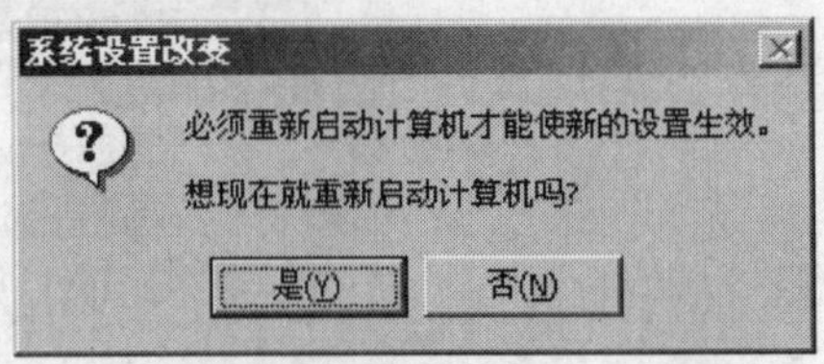

图 5.21 完成组件安装向导　　图 5.22 系统设置改变对话框

（5）系统重新启动后，在系统的“开始”→“程序”→“管理工具”程序组中会添加一项“Internet 服务管理器”，如图 5.23 所示，单击可打开“Internet 信息服务”管理器窗口，如图 5.24 所示。

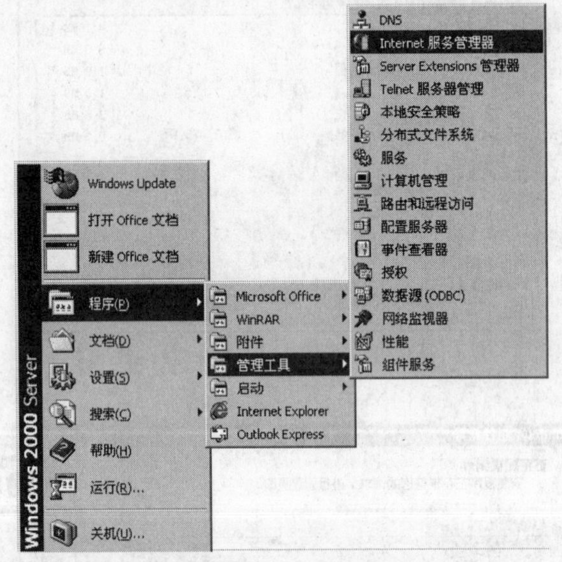

图 5.23 运行 Internet 服务管理器

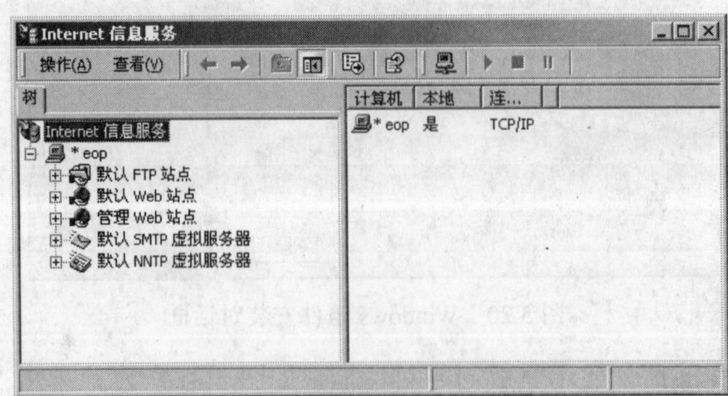

图 5.24 “Internet 信息服务”管理器窗口

说明：IIS 安装好之后，系统会自动创建一个默认的 Web 站点和一个默认的 FTP 站点，供用户快速发布内容，此时服务器的 WWW、FTP 等服务会自动启动。用户也可以自己创建 Web 站点和 FTP 站点，以扩大和丰富自己的 Web 服务器和 FTP 服务器上的信息。对于 Web 服务器来说，还可利用服务器扩展功能来增强 Web 站点的功能。

5.4.2　Web 服务器的管理

1. 配置默认 Web 站点属性

配置默认 Web 站点属性的操作方法如下：

（1）运行"Internet 信息服务"，查看默认 Web 站点属性，如图 5.25 所示。其中，"浏览"命令可启动 IE，通过浏览器访问选择的 Web 站点。"启动"、"停止"和"暂停"命令用于站点的运行控制。当在同一服务器以相同的 IP 地址、相同的端口号和相同的主机头设置另一个站点时，可通过"停止"命令停止当前默认站点的运行，当调试完毕，需要重新运行该站点时，可通过"启动"命令使当前站点重新运行。

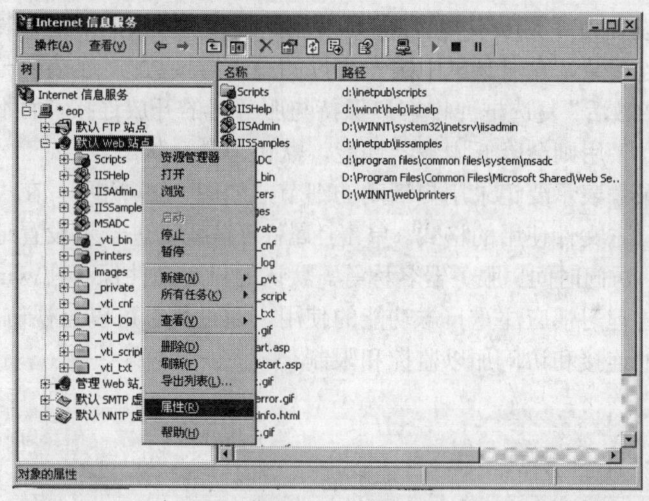

图 5.25　默认 Web 站点

（2）默认 Web 站点属性设置。与全局站点属性设置类似，但在全局属性设置中部分属性值不可设置，在此处可以设置具体的属性值。以下仅说明与全局属性设置不同的属性设置方法。

（3）设置"Web 站点"。在如图 5.26 所示的"Web 站点"选项卡中，"说明"为当前默认 Web 站点的描述信息，应当将该站点的功能和特征做简要的描述，以方便日后的维护。"IP 地址"用于设置 Web 网站使用的 IP 地址，这里设置的地址必须是计算机网卡中设置的 IP 地址。如果使用"全部未分配"，使用尚未指派给其他网站的所有 IP 地址，如图 5.27 所示。对于给定的端口号，只能将一个网站设置为使用未分配的 IP 地址。如果构架此站点的计算机中设置了多个 IP 地址，可以选择与网站对应的 IP 地址。若站点要使用多个 IP 地址或与其他站点共用一个 IP 地址，则可以通过高级按钮设置，如图 5.28 所示。此处选择"全部未分配"。"TCP 端口"确定正在运行的服务的端口。默认情况下公认的 WWW 连接端口为 80。如果设置了其他端口，例如：8080，则用户在浏览该站点时，必须输入这个端口号，如：http://www.eop.com:8080。

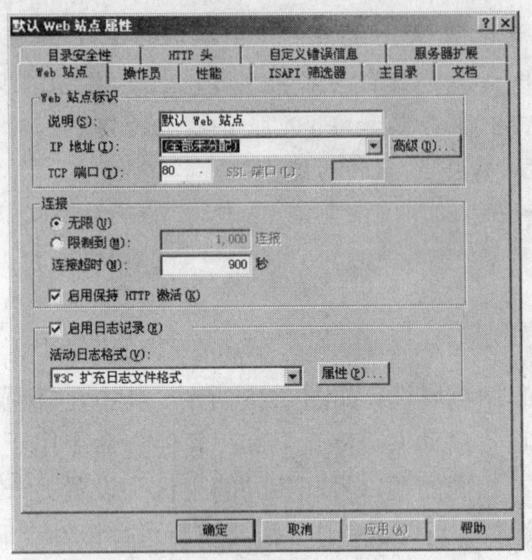

图 5.26　Web 站点设置

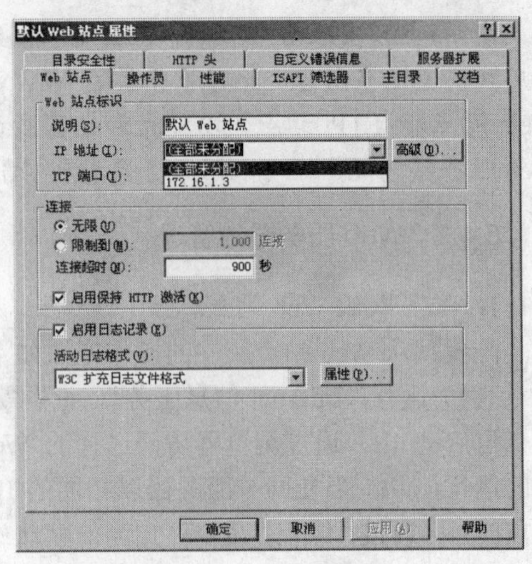

图 5.27　IP 地址设置

“连接”属性设置为“无限”，允许同时发生的连接数不受限制；“限制到”表示限制同时连接到该站点的连接数，在对话框中键入允许的最大连接数；“连接超时”设置为 900；选中“启用保持 HTTP 激活”复选框允许客户保持与服务器的开放连接，而不是使用新请求逐个重新打开客户连接，禁用则会降低服务器性能，默认为激活状态。

“启用日志记录”表示要记录用户活动的细节，如图 5.29 所示。在“活动日志格式”下拉列表框中可选择日志文件使用的格式。单击“属性”按钮可进一步设置记录用户信息所包含的内容，如用户 IP、访问时间、服务器名称等。默认的日志文件保存在\winnt\system32\logfiles子目录下。良好的管理习惯应注重日志功能的使用，通过日志可以监视访问本服务器的用户、内容等，对不正常的连接和访问加以监控和限制。

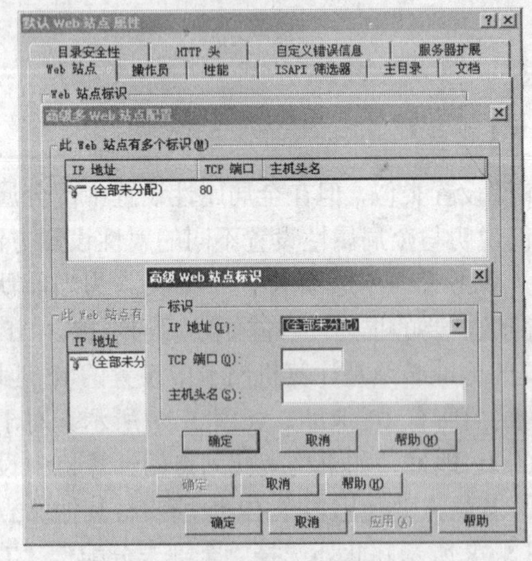

图 5.28　高级多 Web 站点配置

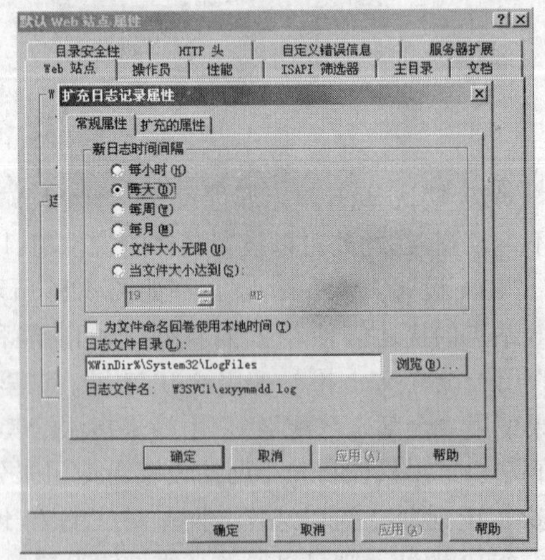

图 5.29　扩充日志记录属性设置

（4）“操作员”选项卡中可以设置哪些用户账号拥有管理此站点的权力，如图 5.30 所示。默认只有 Administrators 组成员才能管理 Web 站点，而且无法利用“删除”按钮解除该组的管理权利。如果你是该组的成员，可以在每个站点的这个选项中利用“添加”及“删除”按钮来个别设置操作员。虽然操作员具有管理站点的权力，但其权限与服务器管理员仍有差别。

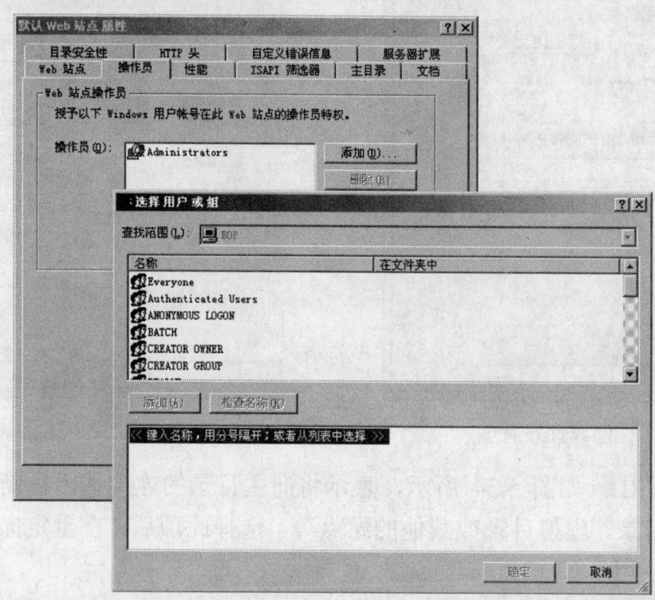

图 5.30　设置 Web 站点操作员

（5）“性能”选项卡用于设置 Web 站点的性能参数，如图 5.31 所示。其中：

1）性能调整：Web 站连接的数目越大时，占有的系统资源越多。在这里预先设置的 Web 站点每天的连接数，将会影响到计算机预留给 Web 服务器使用的系统资源。合理设置连接数可以提高 Web 服务器的性能。

2）启用带宽限制：如果计算机上设置了多个 Web 站点，或是还提供其他的 Internet 服务，如文件传输、电子邮件等，就有必要根据各个站点的实际需要来限制每个站点可以使用的带宽。要限制 Web 站点所使用的带宽，只要选择“启用带宽限制”选项，在“最大网络使用”文本框中输入设置数值即可，本例中设置为 1024KB/s。

3）启用进程限制：选择该选项以限制该 Web 站点使用 CPU 处理时间的百分比。如果选择了该复选框但未选择“强制性限制”复选框，结果将是在超过指定限制时间时把事件写入事件记录中。

（6）“主目录”选项卡用于设置该默认 Web 站点的访问目录和相应权限，如图 5.32 所示，可以设置 Web 站点所提供的内容来自何处、内容的访问权限以及应用程序在此站点的执行许可。

Web 站点的内容包含各种给用户浏览的文件，如 HTML 文件、ASP 程序文件等，这些数据必须指定一个目录来存放，主目录所在的位置有 3 种选择。

1）此计算机上的目录：表示站点内容来自本地计算机，单击“浏览”按钮可更改此目录。在实际应用中，管理员要通过更改主目录的方式将网站主目录设置为网站所在的实际路径。

2）另一计算机上的共享位置：站点主目录的数据也可以不在本地计算机上，而在局域网上其他计算机中的共享位置，这时需要在网络目录文本框中输入其路径（格式为“\\{服务器}\{共享名}”），如图 5.33 所示。单击“连接为”按钮设置有权访问此资源的 Windows 账号和密码。

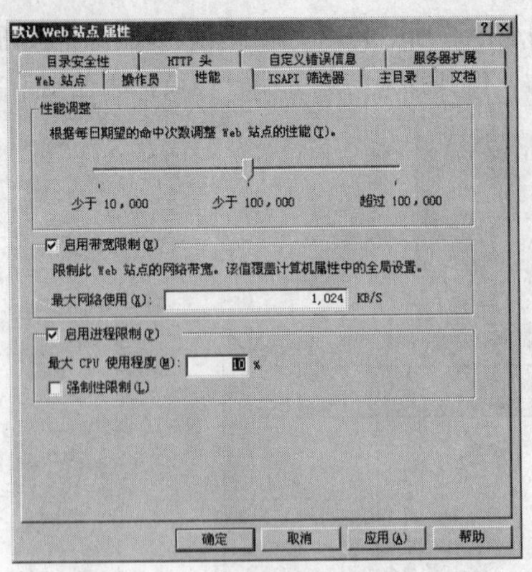

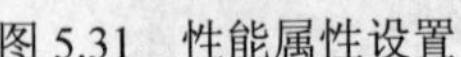

图 5.31 性能属性设置

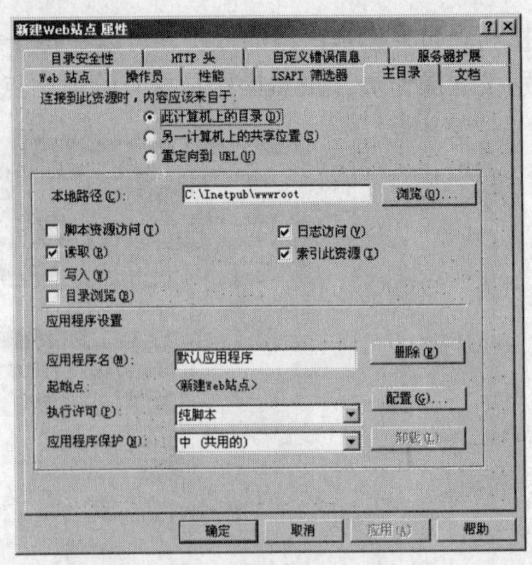

图 5.32 主目录属性设置

3）重定向到 URL：如图 5.34 所示，表示将向主目录的连接请求重新定向到别的网络资源，如某个文件、目录、虚拟目录或其他的站点等。选择此项后，在重定向到文本框中输入上述网络资源的 URL 地址。

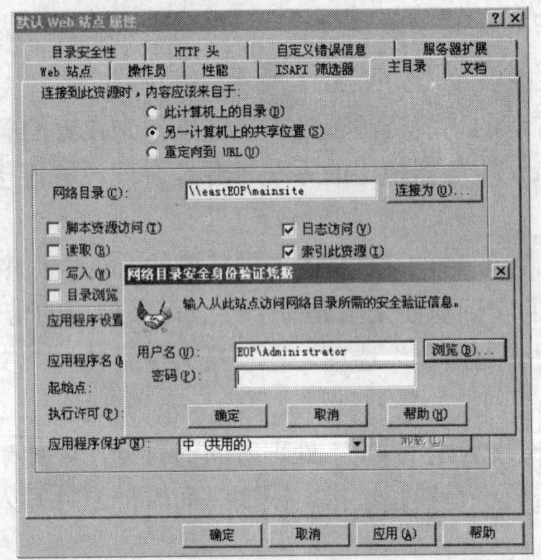

图 5.33 内容来自另一计算机共享位置设置

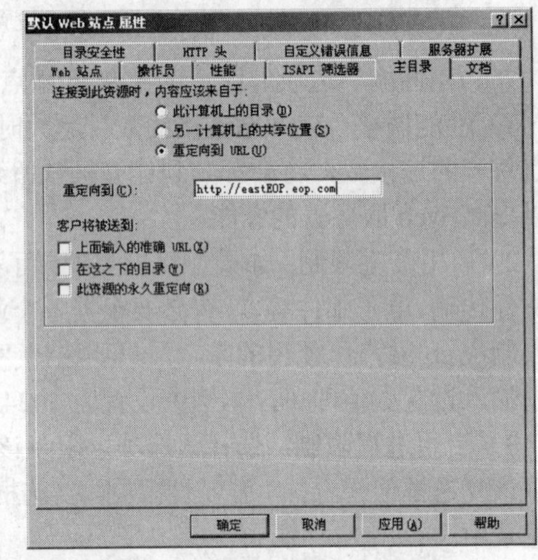

图 5.34 内容重定向到 URL 设置

“上面输入的准确的 URL”：表示将客户需求重新定向到某个网站或目录。

“在这之下的目录”：表示将父目录重定向到子目录，格式为“/子目录名”。

“此资源的永久重定向”：表示将消息“301 永久重定向”发送到客户，作为信号来永久更改 URL。

4）设置主目录的访问权限。当 Web 站点内容的位置选择“此计算机上的目录”和“另一计算机上的共享位置”时，可以设置相应的访问权限和应用程序。

“脚本资源访问”：如果允许用户访问已经设置了“读取”或“写入”权限的资源代码，应该选中此项，资源代码包括 ASP 应用程序中的脚本。

“读取”：允许用户读取或下载文件（目录）及相关属性。

“写入”：允许用户将文件及相关属性上载到服务器上已启用的目录或更改可写文件的内容。“写入”操作只能在支持 HTTP1.1 协议标准的 PUT 功能的浏览器中进行。

“目录浏览”：允许用户查看网站中文件和目录的超文本列表，但虚拟目录不会显示在列表中。

“日志访问”：将对该目录的访问记录在日志文件中。

“索引资源”：允许 Microsoft 索引服务器将该目录包含在 Web 网站的全文索引中。

5）“执行许可”：此项权限可以决定对该站点或虚拟目录资源进行何种级别的程序执行。“无”表示只允许访问静态文件，如 HTML 或图像文件；“纯文本”表示只允许运行脚本，如 ASP 脚本；“脚本和可执行程序”表示可以访问或执行各种文件类型，如服务器端存储的 CGI 程序。

6）“应用程序保护”：选择运行应用程序的保护方式。可以是与 Web 服务在同一进程中运行（低），与其他应用程序在独立的共用进程中运行（中），或者在与其他进程不同的独立进程中运行（高）。

（7）“文档”选项卡用于设置启动默认文档，默认文档可以是 HTML 文件或 ASP 文件，当用户通过浏览器连接至 Web 站点时，若未指定要浏览哪一个文件，则 Web 服务器会自动传送该站点的默认文档供用户浏览，例如，通常将 Web 站点主页 default.htm、default.asp 和 index.htm 设为默认文档，当浏览 Web 站点时会自动连接到主页上。如果不启用默认文档，则会将整个站点内容以列表形式显示出来供用户自己选择。此处添加一默认文档 index.htm，并设置为第一位，如图 5.35 所示。

（8）“HTTP 头”选项卡中可以设置 “启动内容失效”选项，可进一步设置此站点内容过期的时间，当用户浏览此站点时，浏览器会对比当前日期和过期日期，来决定显示硬盘中的网页暂存文件，或是向服务器要求更新网页，如图 5.36 所示。

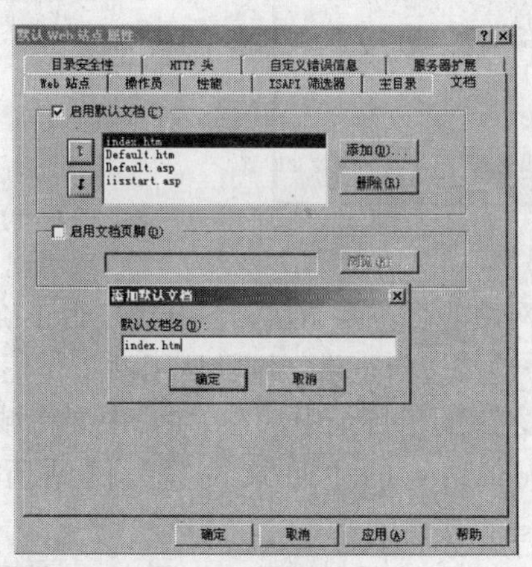

图 5.35　默认文档属性设置

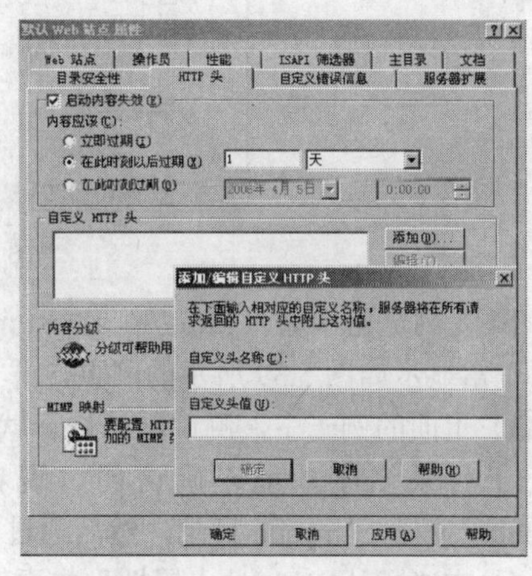

图 5.36　HTTP 头属性设置

“自定义 HTTP 头”用于设置自定义 HTTP 头信息，自定义头可用来将当前 HTTP 规范中尚不支持的指令从 Web 服务器发送到客户端。

（9）创建测试 Web 网站，测试默认 Web 站点。

1）使用 FrontPage 2003 的网站模板创建一个测试网站。在网站模板中选择“个人网站”，系统默认设置的位置是 http://计算机名/mysite，如图 5.37 所示。网站的主目录 mysite 位于默认网站的主目录 Inetpub\wwwroot\下，如图 5.38 所示。其访问 URL 为 http://localhost/mysite/（localhost 指代本地计算机）。

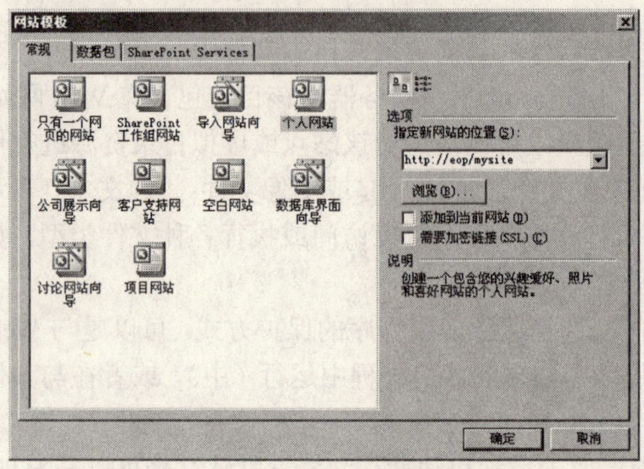

图 5.37　使用网站模板创建网站

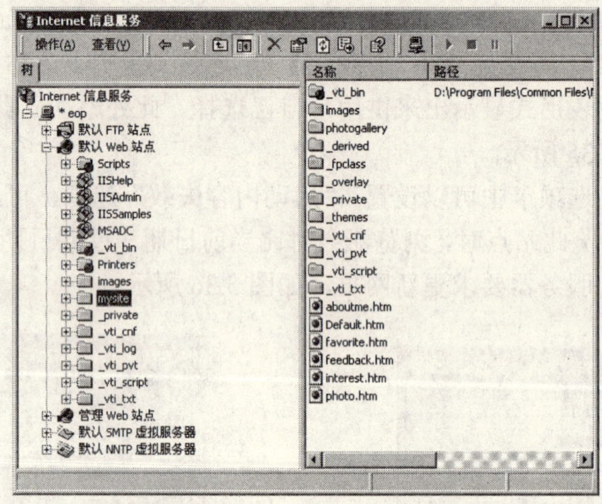

图 5.38　网站主目录

2）在浏览器中输入 http://localhost/mysite/，查看网站能否正常访问，各链接是否正确。如果可正常显示如图 5.39 所示的网页，并且其中的各个链接访问正常，则默认网站工作正常。

3）上面的例子中，测试网站位于默认 Web 站点之下的子目录中，在 URL 中要在域名后加上子目录名字才能正确访问。现在将默认 Web 站点的主目录设置为网站所在的 Inetpub\wwwroot\mysite 目录，然后通过 http://localhost 直接访问。

4）在“默认 Web 站点属性”中更改“本地路径”为网站所在目录，如图 5.40 所示，然后进行测试。

- 在本地通过 http://localhost 或 http://127.0.0.1 进行测试。
- 局域网中的其他用户通过 Web 服务器的 IP 地址或域名进行测试（本例中服务器 IP 地址为 172.16.1.3，域名为 www.eop.com）。其测试 URL 为 http://172.16.1.3 或 http://

www.eop.com。

- 如果在浏览器中可以正常访问所设置的网站，并且其中各链接正常，则证明默认 Web 站点设置正确。

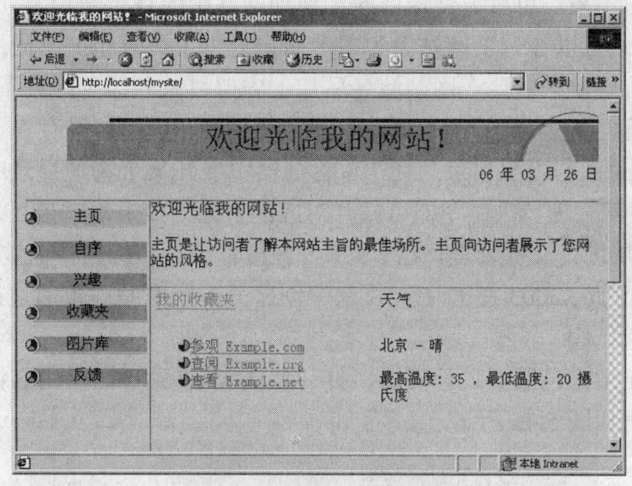

图 5.39　访问测试网站

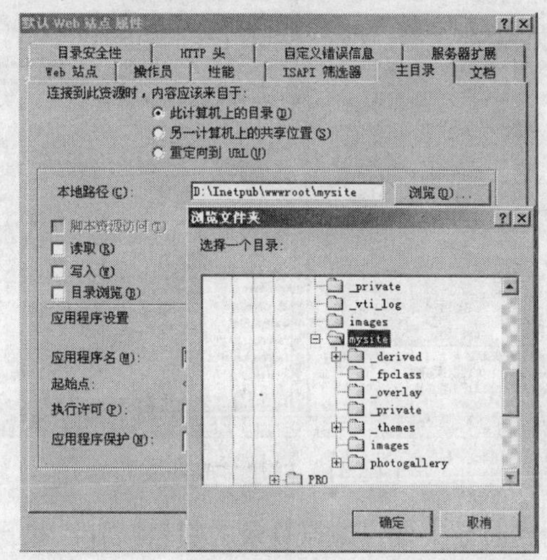

图 5.40　更改默认 Web 站点主目录为网站所在目录

2. 设置虚拟目录

设置虚拟目录的操作方法如下：

（1）了解网站目录管理与虚拟目录。

1）在规模较小的 Web 网站上，Web 内容通常包含在一个目录结构下，而较大的 Web 网站通常将 HTML 内容文件、Web 应用程序及数据库存储在同一服务器的不同目录中，或者网络中多个计算机的多个目录中，目录管理比较复杂。为使其他目录中的内容和信息也能在同一个 Web 网站中发布，可以通过创建虚拟目录的方式将其他目录中的内容发布在默认网站中，也可以在主目录或虚拟目录的物理目录下直接创建目录来管理发布的信息。

2）网站要发布的信息存在于以网站主目录为根的目录结构中，如果要发布的信息存在于主目录之外，就必须创建虚拟目录来发布信息。虚拟目录并不包含在网站主目录中，通过虚拟目录的别名，用户可以在浏览器中像访问主目录中的信息一样访问虚拟目录中的信息。别名并不是真正存储信息的实际目录名，这可以防止用户非法访问其中的内容，而且通过更改别名与实际目录的位置映射关系，可以方便地修改和移动网站中的目录结构。

3）利用虚拟目录可以在一个网站上为多个用户提供主页发布。不同用户建立各自的虚拟目录，共享同一网站，用户只需要在网站域名后加上虚拟目录名即可区分不同用户的发布内容。

4）在 Internet 服务管理器的 Web 站点中，物理目录和虚拟目录存在于同一位置，可以在 IIS 中直接管理物理目录与虚拟目录。在 IIS 管理器中展开某个物理目录或虚拟目录时，单击鼠标右键，选择“资源管理器”命令即可打开对应的目录（如果是虚拟目录，则打开实际的物理目录），用户可直接进行文件管理。在 IIS 中，虚拟目录的图标为🌐，物理目录的图标为▭。

（2）通过 FrontPage 2003 在 D:\test 目录中创建另一个网站（可通过模板快速生成）。

（3）创建虚拟目录。

1）运行“Internet 信息服务”管理器，打开默认 Web 站点，单击右键，选择“新建”→“虚拟目录”命令，如图 5.41 所示。

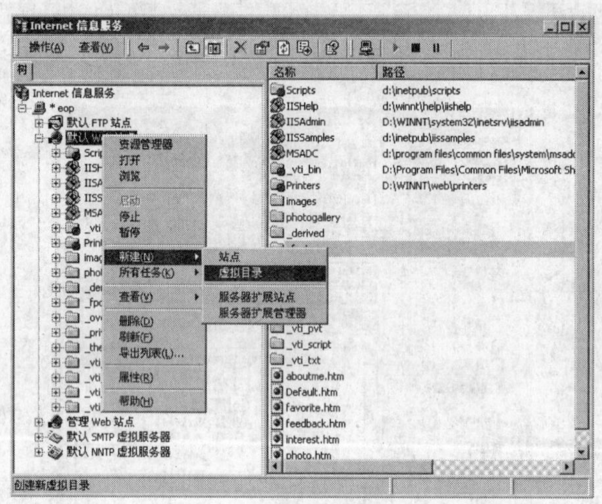

图 5.41　创建虚拟目录

2）首先在虚拟目录创建向导中设置虚拟目录的别名，别名用于访问网站时加在网站 URL 之后，可与实际物理目录名不同，设置如图 5.42 所示，别名为 customerwebsite。

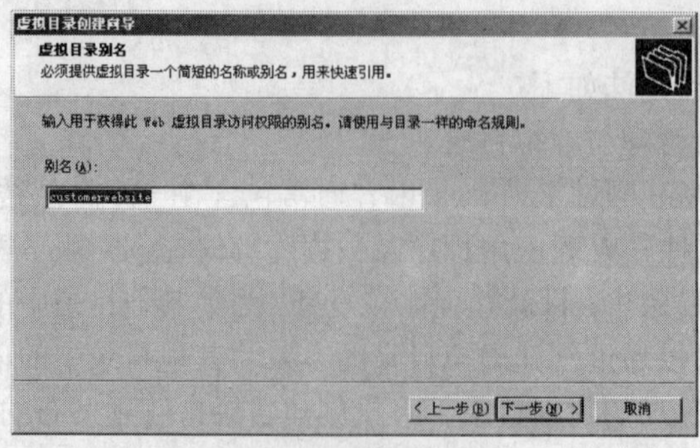

图 5.42　设置虚拟目录别名

3）选择虚拟目录对应的物理目录。如图 5.43 所示，通过打开“浏览文件夹”对话框，选择要发布的网站所在的物理目录 D:\test。

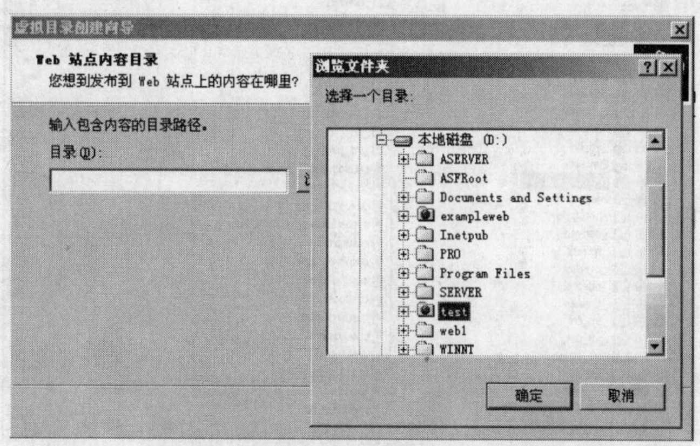

图 5.43　设置虚拟目录对应的实际目录

4）设置虚拟目录的访问权限。如图 5.44 所示，默认的访问权限为读取和运行脚本，如果网站允许用户上载文件或查看网站中文件和目录的超文本列表，则应选择“写入”和“浏览”权限。

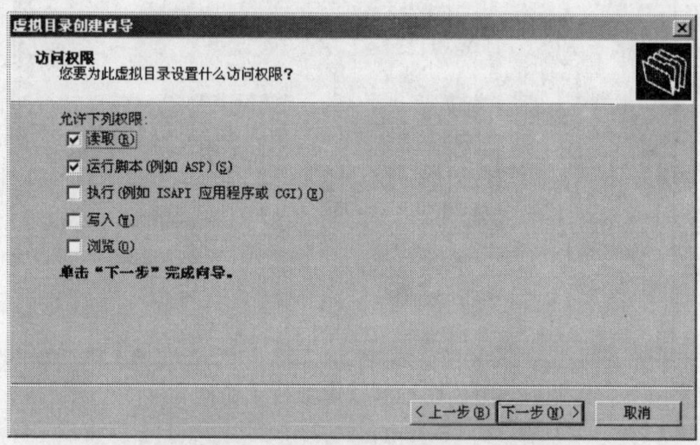

图 5.44　设置虚拟目录的访问权限

5）虚拟目录设置完毕后，在“默认 Web 站点”目录中产生了一个名为 customerwebsite 的虚拟目录，如图 5.45 所示，打开此虚拟目录显示的是 D:\test 中的内容。对于 IIS 管理员来说，管理主目录下的目录与管理在其他目录下的虚拟目录中的内容没有什么区别。

6）测试虚拟目录是否正常。在浏览器中输入 http://www.eop.com/customerwebsite（www.eop.com 为该 Web 服务器的域名，用户以自己的服务器域名或 IP 地址来代替）。如果可以显示如图 5.46 所示的网页，则虚拟目录可正常工作（如果在虚拟目录中将主页文件名加入启动默认文档列表，则可在 URL 中省略文件名，否则需要在 URL 中加上要访问的网页文件的名字）。

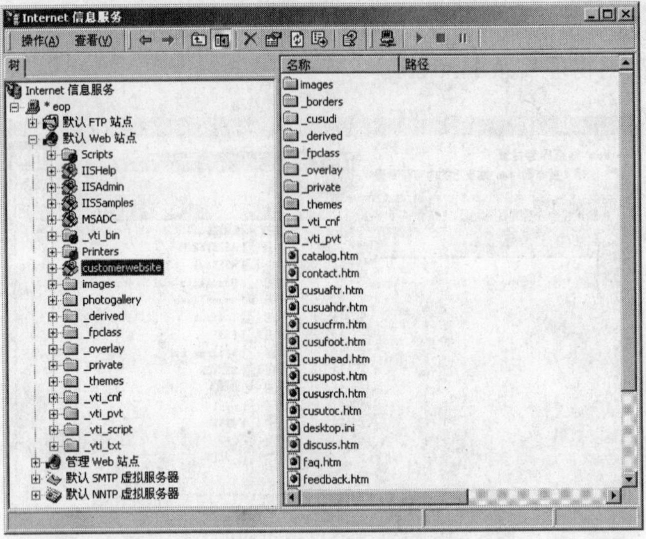

图 5.45 管理虚拟目录

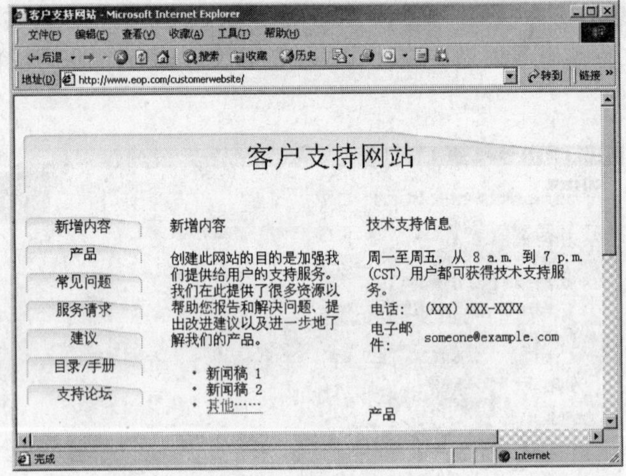

图 5.46 测试虚拟目录访问

相关知识链接

如果在同一台 Web 服务器上运行多个网站，一种简便的方法是建立多个虚拟目录，把每个网站的实际目录映射到相应的网站虚拟目录中，这样就可以像访问网站中的子目录一样访问多个存在于网站主目录之外的其他网站。

例如，一个公司存在东南西北四个销售区域，四个独立的网站存在于服务器的不同目录中，分别由不同部门人员负责维护。公司总部的管理员可以在公司网站的主目录中分别设置 east、west、south、north 四个虚拟目录，分别对应映射四个区域的网站，这样，用户可以使用如下的 URL 访问这四个区域网站：

http://www.eop.com/east

http://www.eop.com/west

http://www.eop.com/south

http://www.eop.com/north

3. 建立虚拟主机

建立虚拟主机的操作方法如下：

（1）了解虚拟主机技术。虚拟主机是使用特殊的软件技术，将一台运行在 Internet（或 Intranet）上的服务器主机划分成若干台“虚拟”的主机，每一台虚拟主机都具有独立的域名（有的还具有独立的 IP 地址），具有完整的 Internet 服务器功能，虚拟主机之间完全独立，并可由用户自行管理，在外界看来，每一台虚拟主机和一台独立的主机完全一样。

IIS 通过分配 TCP 端口号、IP 地址和主机头名来运行多个网站。每个 Web 网站都具有惟一的、由端口号（TCP Port）、IP 地址和主机头名（Host Header）三个部分组成的网站标识，用来接收和响应来自客户端的请求。通过更改其中的任何一个标识，就可以在一台计算机上维护多个网站，也就是说，虚拟主机的关键就是为 Web 网站分配不同的标识信息。

（2）在同一个网站服务器上建立多个 Web 服务器主要采用以下三种方法：

1）附加端口号：只需一个 IP 地址，通过为不同的网站设置不同的附加端口号实现多 Web 服务器访问。如图 5.47 所示，用户访问时需要在域名或 IP 地址后面输入非标准的端口号。

2）多 IP 地址：为每个网站设置一个惟一的 IP 地址，也可为每个 IP 申请一个域名，如图 5.48 所示。由于 WWW 服务器要为每个由惟一 IP 地址标识的网站分配非页面缓冲池内存，所以会降低服务器的性能。

3）不同的主机头名：为每个网站设置不同的主机头，并通过主机头访问网站，如图 5.49 所示。此种方案实现代价低，性能影响小，但当使用 SSL/TLS 服务时不能使用主机头。

在服务器的三个目录 D:\test1、D:\test2、D:\test3 中存在东部地区、西部地区、南部地区三个销售网站，要求通过不同的虚拟主机技术实现在一个服务器上建立多个网站。

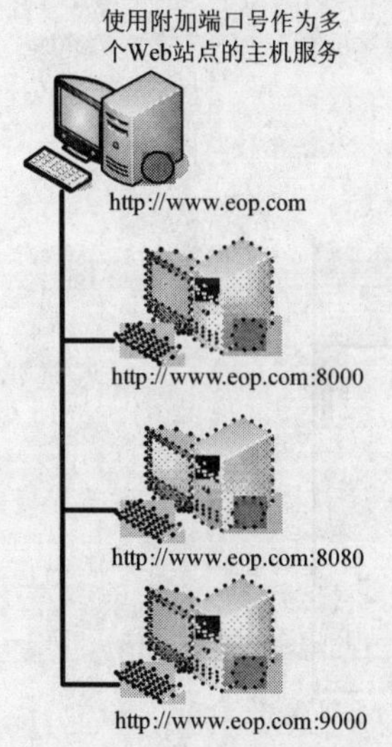

图 5.47　使用附加端口号

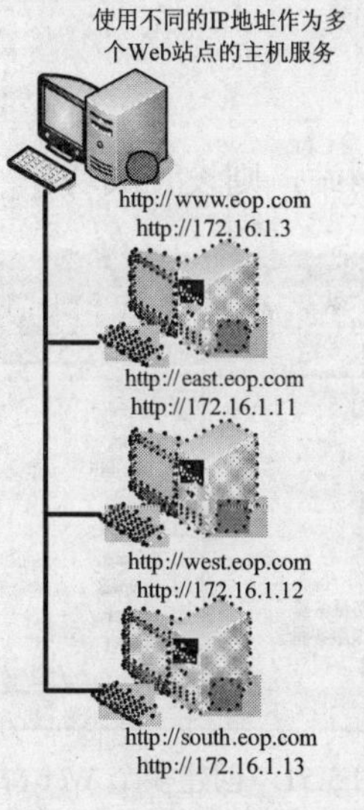

图 5.48　使用不同的 IP 地址

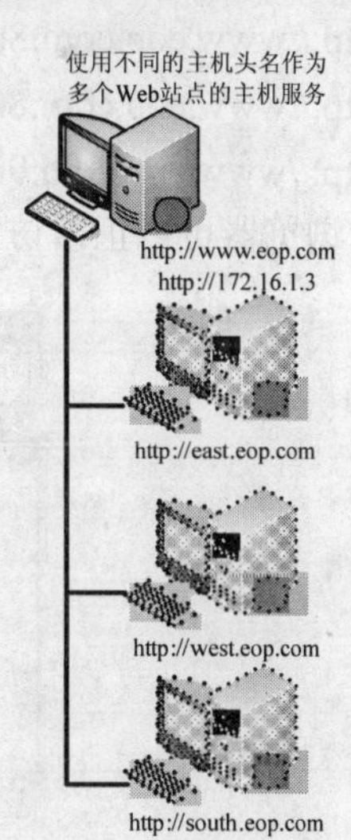

图 5.49　使用不同的主机头名

（3）使用附加端口号设置多个 Web 站点。

1）通过 Web 站点创建向导创建三个网站，分别设置三个网站的端口号为 8000、8080、9000，如图 5.50 所示。

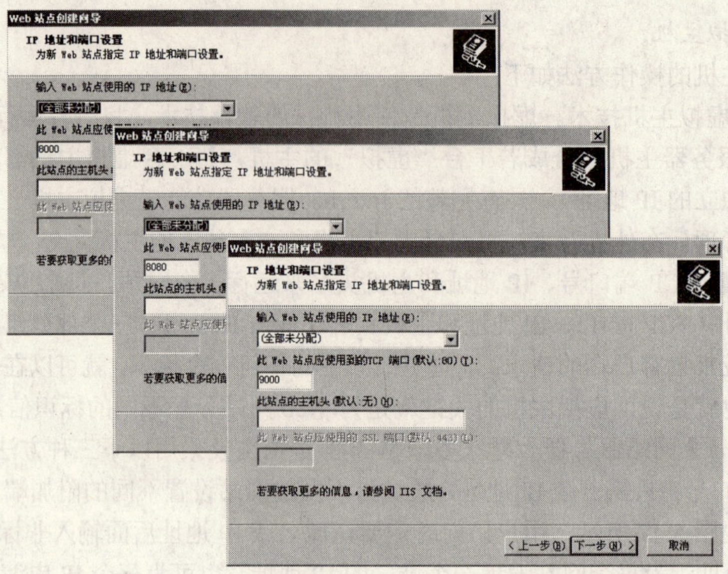

图 5.50 使用不同的端口号创建 Web 站点

2）创建站点后的 Internet 信息服务管理器如图 5.51 所示，三个区域站点和一个默认站点均处于运行状态。

3）测试多个 Web 站点是否同时运行正常。分别打开四个浏览器窗口，分别输入下列四个 URL 地址：

http://www.eop.com

http://www.eop.com:8000

http://www.eop.com:8080

http://www.eop.com:9000

若浏览器可以正常访问相应的网站，则设置成功。

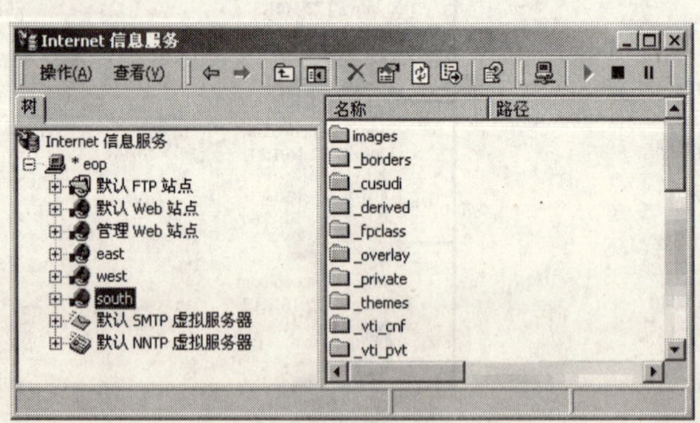

图 5.51 创建多个 Web 站点

（4）使用多个 IP 地址设置多个 Web 站点。

1）选择“本地连接”→“TCP/IP 属性”→“高级”→“IP 设置”→“添加”，添加三个区域网站使用的 IP 地址：172.16.1.11、172.16.1.12、172.16.1.13，如图 5.52 所示。

2）修改前面所创建的三个站点 east、west、south，将 IP 地址分别设置为 172.16.1.11、172.16.1.12、172.16.1.13，端口号统一设置为 80，如图 5.53 所示。

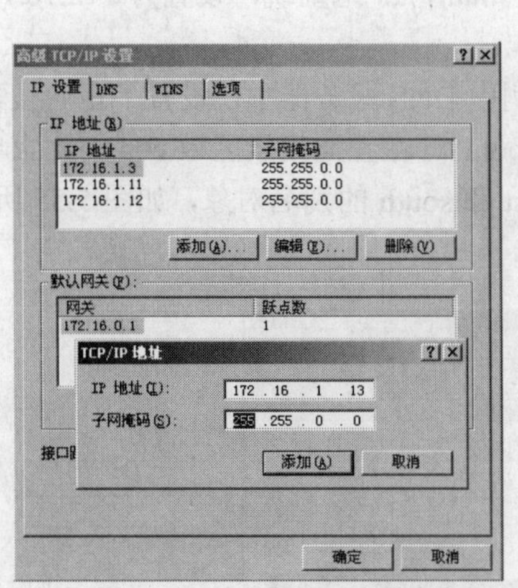

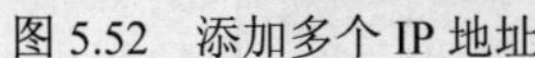

图 5.52　添加多个 IP 地址

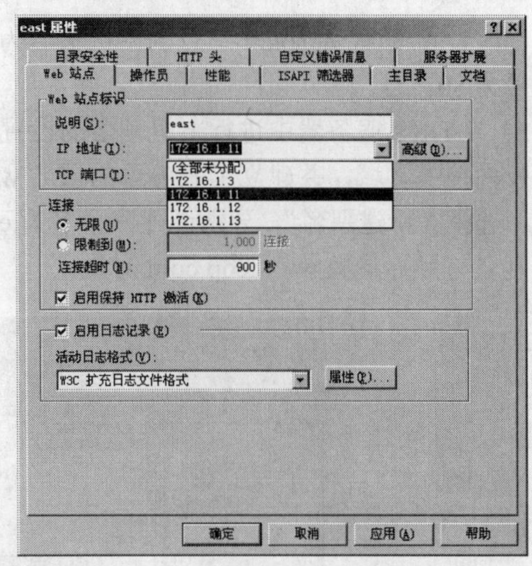

图 5.53　更改网站 IP 地址与端口号

3）测试多个 Web 站点是否同时运行正常。分别打开四个浏览器窗口，分别输入下列四个 URL 地址：

http:// 172.16.1.3

http:// 172.16.1.11

http:// 172.16.1.12

http:// 172.16.1.13

若浏览器可以正常访问相应的网站，则设置成功。

（5）使用主机头设置多个 Web 站点。

1）在 IIS 管理器中选择 east 站点，选择“属性”，在“Web 站点”选项卡中单击“高级”按钮，在“高级多 Web 站点配置”对话框中单击“添加”按钮，在“高级 Web 站点标识”对话框中选择 IP 地址为 172.16.1.3，端口号为 80，主机头名为 east，如图 5.54 所示。

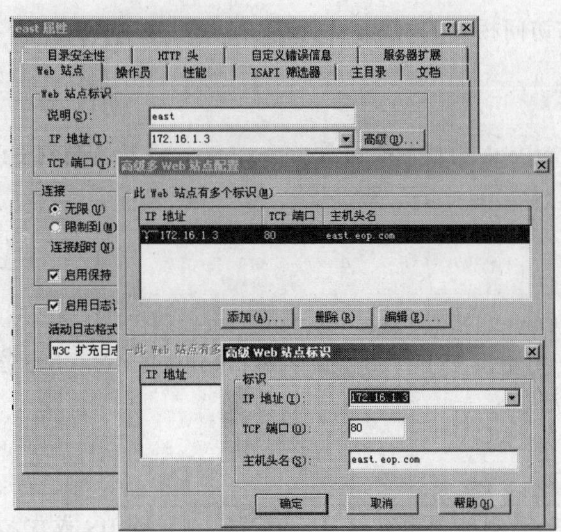

图 5.54　设置 Web 站点主机头标识

同时设置 west 和 south 站点的主机头名为 west 和 south，IP 地址统一设置为 172.16.1.3，端口号为 80。

2）在 DNS 服务器中进行主机别名的设置（在此例中 DNS 服务器中已设置了正向搜索区域与反向搜索区域，并建立了服务器的域名 www.eop.com）。在正向搜索区域 eop.com 上单击右键，选择“新建别名”，分别创建三个名为 east、west 和 south 的别名对象，如图 5.55 所示，每个别名与目标主机 www.eop.com 对应。

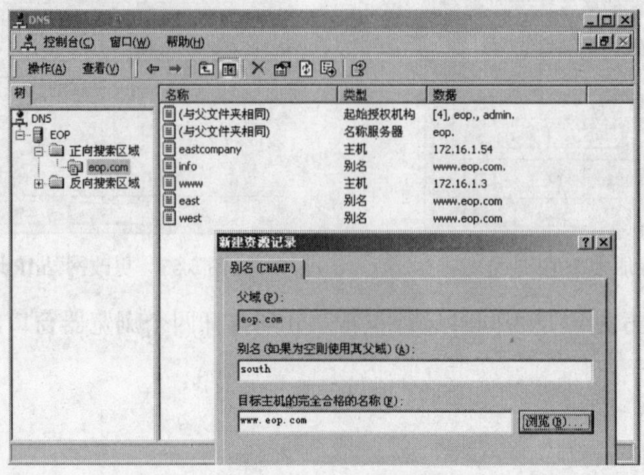

图 5.55 在 DNS 中创建别名

3）测试多个 Web 站点是否同时运行正常。打开四个浏览器窗口，分别输入下列四个 URL 地址：

http://www.eop.com
http://east.eop.com
http://west.eop.com
http://south.eop.com

若浏览器可以正常访问相应的网站，则设置成功。

实训：

1. 用记事本或 FrontPage 创建网页文件 index.htm，将其复制到 C:\Inetpub\wwwroot 和 D:\examplepages 目录下。

```
<html>
<head>
<meta http-equiv="Content-Language" content="zh-cn">
<meta http-equiv="Content-Type" content="text/html; charset=gb2312">
<title>IIS 测试页</title>
</head>
<body>
<p align="center">如果浏览器中可以显示此页，则说明 IIS 或虚拟目录设置正确.</p>
<p align="center">恭喜你!</p>
```

</body>

</html>

启动 IIS 服务，设置默认 Web 站点的相关属性，并将文件名 index.htm 加入启动文档列表。设置虚拟目录 example，并使其映射到 D:\examplepages 目录，同样将文件名 index.htm 加入此虚拟目录的启动文档列表。在浏览器中分别输入 http://localhost/和 http://localhost/example/测试网页，如果可以正确显示网页，则说明 IIS 与虚拟目录配置正确。

2. 使用 FrontPage 2000/2003 在 D:\website 目录下创建一个站点，通过模板生成一个个人站点；在 IIS 中创建一个新的 Web 站点，端口设为 8000，试验通过http://localhost 和 http://localhost:8000访问当前默认站点与新设置的站点。

使用 FrontPage 2000/2003 在 D:\website1 目录下创建一个站点，通过模板生成另一个个人站点。要求通过虚拟主机技术使此站点可与其他站点同时访问。

本章小结

本章首先简要介绍了 WWW 服务和相关概念及原理，网络信息检索的常用工具，HTML 语言的特点和基本语法。着重介绍了 IIS 的用途、安装方法、使用、维护、配置方法和访问 Web 站点的技能，特别是在同一台 Web 服务器上配置多个 Web 站点的技能，希望读者能够掌握 Windows 2000 的 Internet 信息服务的使用方法和技巧。

练习与提高五

一、填空题

1．在 Web 应用环境下有两种角色，一种角色是 Web 客户机，另一种角色是________。

2．在 IIS 5.0 中，默认的日志文件的格式为________。

3．IIS 可以通过分配________、________和主机头名来运行多个网站。

二、简答题

1．举例说明如何创建 Web 站点。

2．举例说明如何在一个站点中创建虚拟目录。

3．举例说明如何通过为不同的站点设置不同的主机头来实现两个具有相同 IP 地址和相同端口号的网站的配置。

三、实践题

1．通过实验掌握 IIS 的安装。

2．通过实验掌握网站的配置方法。

3．通过实验掌握网站的创建、发布与访问方法。

4．通过实验掌握在同一台 Web 服务器上配置多个 Web 站点，发布多个网站的方法。

第 6 章　文件传输

本章的主要任务是了解 Internet 上广泛应用的 FTP 文件传输服务，掌握 FTP 文件传输的基本概念和原理，掌握 FTP 客户端软件的使用和 FTP 服务器的配置方法。

本章学习目标：

- FTP 文件传输服务的基本概念和原理
- FTP 客户端软件的使用
- FTP 服务器的安装与配置

6.1　文件传输协议 FTP

6.1.1　FTP 简介

FTP 文件传输协议（File Transfer Protocol，简称 FTP）是 Internet 上的一种高效、快速传输大量信息的方式。它可以将大量的文件从一台计算机（FTP Server）传送到用户的本地计算机上并存储起来。FTP 的数据传输是 Internet 上网络流量的主要组成部分，通常是以 MB 为单位来计算数据流量的，FTP 数据传输的通信流量比其他任何应用程序的通信流量都要大。FTP 软件容量小，但工作效率很高，传输速度快，很容易被用户掌握并使用。而且 Internet 上很多网站都提供了匿名 FTP 服务，可以为用户提供免费的文件下载。

FTP 除用于下载文件外，还广泛用于文件上传，让用户将文件从客户计算机复制到服务器计算机，特别是一些允许用户上传文件的 Internet 或 Intranet 站点都提供 FTP 服务，比如个人网页、公司网站的内容往往通过 FTP 上传至 Internet 服务器，并且这些用户所申请的虚拟主机也是通过 FTP 来管理的。FTP 的另一突出优点是它可以在不同类型的计算机之间传送文件。无论是 PC 机、服务器、大型机，还是 DOS 平台、Windows 平台、UNIX 平台，只要双方都支持 FTP，支持 TCP/IP 协议，就可以方便地交换文件。不管接入 Internet 的两台计算机相距多远，使用 FTP 服务可以在顷刻之间将一台计算机上的文件传送到另一台计算机中，如同在本地计算机磁盘间复制文件一样简单方便。

通过 FTP 传输的文件可以是任意格式，例如文档文件、多媒体文件或应用程序文件。如果远程用户正使用 IE，用户就可以指定复制文件或启动关联应用程序立即显示或运行文件。FTP 将文件分为两种格式：文本文件和二进制文件。文本文件包含一系列的字符，在传送时被当作字符集处理。绝大多数的文本文件都采用 ASCII 编码。非文本文件都是二进制文件。FTP 在传输文件之前指明文件类型是非常必要的。FTP 默认是以文本方式传送文件的。为保险起见，用户在无法确定远程计算机上的文件类型时，选择二进制传送方式比较好。

6.1.2　简介 FTP 的工作原理及主要功能

1．FTP 的工作原理

FTP 是 TCP/IP 的一种具体应用，它工作在 OSI 模型的第七层，TCP 模型的第四层上，即应用层。FTP 使用 TCP 传输协议，使客户与服务器之间的连接是可靠的，而且是面向连接的，为数据的传输提供了可靠的保证。

FTP 的工作方式采用客户端/服务器模式，客户端和服务器使用 TCP 建立连接时，客户端和服务器都必须各自打开一个 TCP 端口。FTP 服务器预置两个端口 21 和 20，其中端口 21 用来发送和接收 FTP 的控制信息，一旦建立 FTP 会话，端口 21 的连接在整个会话期间始终保持打开状态；端口 20 用来发送和接收 FTP 数据（仅限于 PORT 模式），只有在传输数据时才打开，一旦传输结束就断开。FTP 客户端激发 FTP 客户端服务之后，动态分配自己的端口，端口号分配的范围是 1024～65535。

FTP 工作的过程就是一个建立 FTP 会话并传输文件的过程，如图 6.1 所示。整个过程可以具体描述如下：

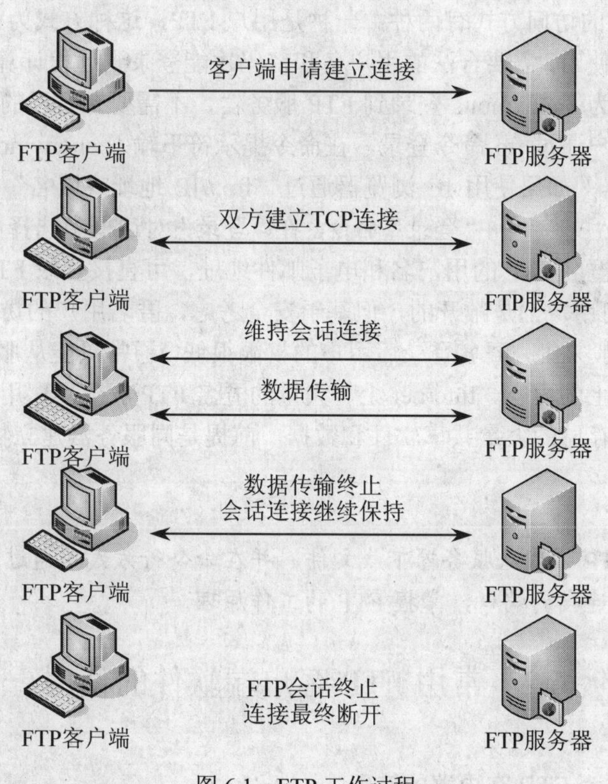

图 6.1　FTP 工作过程

（1）FTP 客户端程序向远程的 FTP 服务器申请建立连接。

（2）FTP 服务器的 21 号端口侦听到 FTP 客户端的请求之后，做出响应，与其建立会话连接。

（3）客户端程序打开一个控制端口，连接到 FTP 服务器的 21 号端口。

（4）需要传输数据时，客户端程序打开一个数据端口，连接到 FTP 服务器的 20 号端口，文件传输完毕后断开连接，释放端口。

（5）要传输新文件时，客户端程序会再打开一个新的数据端口，连接到服务器的 20 号端口并传输文件。

（6）空闲时间超过规定后，FTP 会话自行终止，也可以由客户端或 FTP 服务器自行断开连接。

2. FTP 的主要功能

用户在登录 FTP 服务器后可指向 FTP 服务可用的目录进行上传和下载操作，并允许用户发布 FTP 命令（包括注销）。

FTP 服务的主要功能可以归纳为以下 3 个方面：

- 提供软件下载的高速站点。
- Web 站点维护和更新。
- 在不同类型计算机之间传输文件。

6.1.3 了解匿名 FTP

用户对 FTP 服务的访问方式有两种：一种是用户 FTP，这种方式为已在 FTP 服务器上建立了特定账号的用户使用，需要合法的用户名和密码才能登录到远程计算机传输文件；另一种是匿名 FTP，用户作为 anonymous 登录到 FTP 服务器，不需要有自己的用户名和密码。在命令模式下使用匿名用户通过 ftp 命令登录，在命令提示符下输入 anonymous，密码为空，即可匿名登录 FTP 服务器，如果使用 IE 浏览器通过“ftp://IP 地址或域名”的方式匿名登录 FTP 服务器，则需要通过“文件”→“登录”命令，在“登录”对话框中选择“匿名登录”复选框，此时浏览器自动输入匿名 FTP 的用户名和电子邮件地址，可直接登录 FTP 服务器。

匿名 FTP 对任何用户都是敞开的，但基于安全考虑，匿名用户的访问范围被限定在服务器特定的区域内。一般来说，匿名登录后用户的权限很低，通常只能从服务器下载文件，而不能上传或修改服务器上的内容。Internet 上有大量的匿名 FTP 服务器，用户可以通过登录这些 FTP 服务器下载其中存储的大量共享软件和数据，前提是同服务器建立物理连接。

实训：

练习通过匿名 FTP 方式从服务器下载文件，并在命令行方式下通过 netstat 命令查看 FTP 的服务器端与客户端连接的端口，掌握 FTP 的工作原理。

6.2 常用 FTP 客户端软件的使用

6.2.1 浏览器作为 FTP 客户端的使用

以 IE 浏览器作为客户端登录 FTP 服务器下载资料是 FTP 服务较常用的方式，它不需要专用的下载工具，使用通用的 Web 浏览器和统一的资源定位器 URL 即可实现与 FTP 服务器之间的文件传输，操作简单方便，但 IE 浏览器作为客户端使用在下载速度等性能方面不如专用软件好。

下面介绍如何使用 IE 浏览器作为客户端下载 FTP 共享资源。

1. 连接 FTP 服务器

（1）通过 Web 页面中的超级链接连通 FTP 服务器。在 Web 页面上有一些链接指向 FTP 服务器，通常指向那些匿名 FTP 服务器。当用鼠标指针指向某一链接时，可以从浏览器窗口底部的状态栏中看到 FTP 服务器的 URL 地址（以 ftp://开头），单击这类链接，即可迅速连通相应的 FTP 服务器。

说明：这种链接的格式为“ftp://用户名:密码@服务器 IP 地址或域名”，如果在域名为 ftp.eop.com 的 FTP 服务器上提供了一个 FTP 账号，用户名为“commonuser”，密码为“xdif348”，则可以在网站上加上如下的超级链接：<a target="_blank" href="ftp:// commonuser:xdif348@ftp.eop.com ">，当用户在网页上单击此超级链接时，会自动打开一个新的网页，以指定的账号访问 FTP 服务器。

（2）通过指定 URL 地址连通 FTP 服务器。如果已经知道要访问的匿名 FTP 服务器地址，例如，已知 FTP 服务器 ftp.eop.com，可以在 IE 浏览器窗口的地址栏中直接键入该 URL “ftp://ftp.eop.com”，即会出现如图 6.2 所示的结果，在窗口中显示了这一 FTP 服务器上所提供的资源。

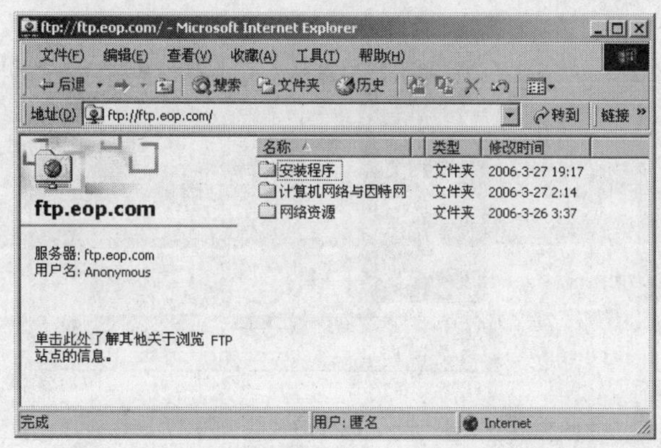

图 6.2　通过指定的 URL 访问 FTP 服务器

2. 浏览 FTP 服务器文件目录和下载文件

如图 6.3 所示，通过单击 IE 浏览器访问 FTP 服务器的使用方法与资源管理器十分相似，可以通过单击工具栏上的“文件夹”按钮切换到与资源管理器一致的界面。FTP 资源作为左侧目录窗口中的一个对象，可以像访问本地资源一样访问 FTP 服务器上的资源。当需要从 FTP 上下载文件时，可以选择适当的目录位置或文件，通过“复制”→“粘贴”的方式（可以一次选择多个文件，操作方法与资源管理器相同），将远程 FTP 服务器上的资源下载到本地目录中。也可以通过文件夹窗口，将右侧窗口中选中的内容通过鼠标拖动的方式复制到本地指定的目录中。如果用户具有文件上载的权限，可以使用类似的方法将文件上载到远程 FTP 服务器上的指定目录中。

3. FTP 服务器目录中文件的访问

FTP 服务器目录中的文件可以下载到本地后再打开或运行。如果在 FTP 目录中直接双击某个文件，就会弹出如图 6.4 所示的“文件下载”对话框。用户可以选择“在文件的当前位置打开”或“将该文件保存到磁盘”两种模式。

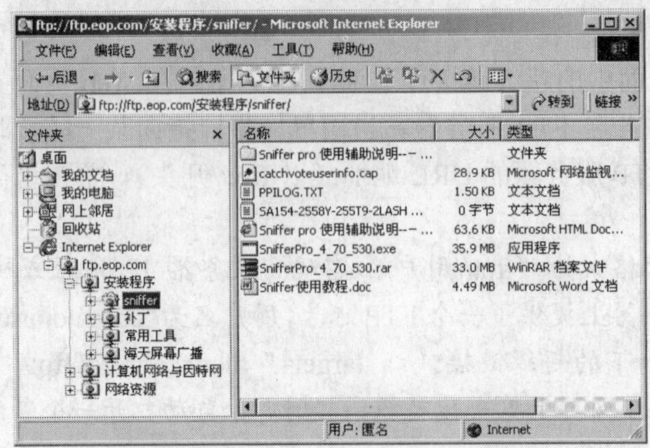

图 6.3 浏览 FTP 服务器文件目录

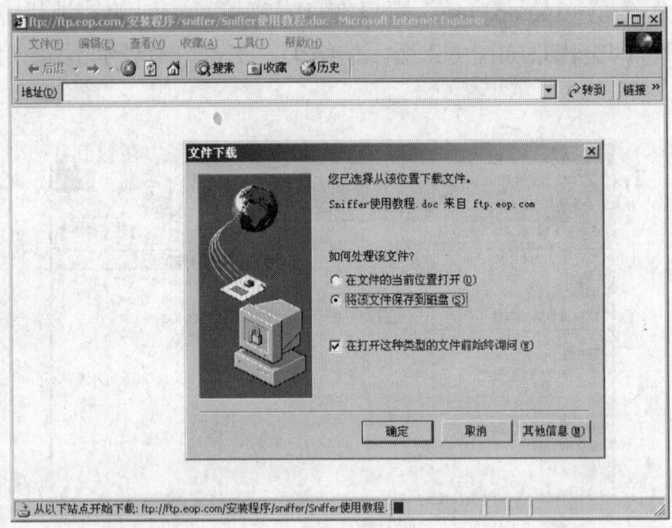

图 6.4 “文件下载”对话框

当选择“在文件的当前位置打开”方式时，系统会先下载该文件，然后打开或运行此文件，此时，该文件被保存到系统临时文件夹中，如图 6.5 所示。

图 6.5 直接打开方式访问文件

相关知识链接

很多用户在访问 FTP 服务器时，为方便文件访问，往往直接打开文件，而不是把文件下载到本地。当用户需要再次访问该文件而 FTP 服务器不能再次访问时，用户可以在临时文件夹中寻找曾经打开过的文件。临时文件夹可以人工或由系统清理，所以需要查找这样的文件时要及时。临时文件夹的内容要复制到其他目录中才能正常访问。

6.2.2　FTP 命令行的使用

FTP 命令是 Internet 用户使用最频繁的命令之一，不论是在 DOS 还是 UNIX 操作系统下使用 FTP，都会遇到大量的 FTP 内部命令。熟悉并灵活应用 FTP 的内部命令，可以大大方便使用者，并收到事半功倍之效。

FTP 的命令行格式为：

ftp -v -d -i -n -g [主机名]

其中：

- -v　显示远程服务器的所有响应信息。
- -d　使用调试方式。
- -i　限制 ftp 的自动登录，即不使用。
- -n　etrc 文件。
- -g　取消全局文件名。

FTP 被不同类型的计算机广泛支持，它的命令很多，下面以 Windows 2000 中的 ftp 命令为例，结合实训任务介绍常见的 FTP 命令及其作用。

1. 使用 FTP 命令与 FTP 服务器建立连接和关闭连接

操作方法如下：

（1）进入 Windows 2000 的 Shell 模式。执行“开始”→“运行”命令，在“运行”对话框中输入 cmd，进入命令行模式。

（2）通过 ftp 命令连接远程 FTP 服务器，命令为：ftp IP 地址或域名。本例中已设置一个 IP 地址为 172.16.1.3，域名为 ftp.eop.com 的 FTP 服务器，FTP 服务器可以通过匿名方式访问，有“读取”和“写入”权限。服务器连接命令为：ftp ftp.eop.com。

（3）输入用户名 anonymous，在输入密码处按回车键。

（4）用户登录后，显示 FTP 服务器上设置的站点欢迎消息，并显示 anonymous 用户已登录。

（5）此时可以通过 dir 或 ls 等命令查看 FTP 服务器上的内容，测试是否正常连接。

（6）输入关闭连接的命令 disconnect 或 close，关闭当前 FTP 连接。

（7）此时显示 FTP 服务器上设置的退出消息，在提示符下输入命令 quit，退出 FTP 模式。操作命令和显示结果如图 6.6 所示。

说明：用户也可以通过命令 ftp 直接进入 ftp 模式，此时尚未与远程 FTP 服务器建立连接。在 ftp 提示符下输入“open 172.16.1.3”，也可建立与指定的 ftp 服务器的连接。

2. 使用 FTP 命令在 FTP 服务器上进行文件浏览

操作方法如下：

（1）通过 ftp 命令“ftp ftp.eop.com”连接远程 FTP 服务器 ftp.eop.com。

（2）登录后输入 dir 或 ls 命令，查看 FTP 服务器主目录中的内容。

```
D:\WINNT\system32\cmd.exe
D:\>ftp ftp.eop.com
Connected to www.eop.com.
220 eop Microsoft FTP Service (Version 5.0).
User (www.eop.com:(none)): anonymous
331 Anonymous access allowed, send identity (e-mail name) as password.
Password:
230-*****************************
230-*                           *
230-*   Welcom to Eop web site!  *
230-*     Education Of Practice  *
230-*                           *
230-*****************************
230 Anonymous user logged in.
ftp> dir
200 PORT command successful.
150 Opening ASCII mode data connection for /bin/ls.
03-27-06  11:17AM       <DIR>          安装程序
03-26-06  06:14PM       <DIR>          计算机网络与因特网
03-25-06  07:37PM       <DIR>          网络资源
226 Transfer complete.
ftp: 157 bytes received in 0.00Seconds 157000.00Kbytes/sec.
ftp> disconnect
221  Bye-bye!Welcome to EOP again!
ftp> quit

D:\>
```

图 6.6　与远程 FTP 服务器建立连接与关闭连接

（3）在提示符下输入“cd 安装程序”，转到下一级目录“安装程序”中。

（4）在提示符下输入 dir 命令，查看当前目录中的内容。使用 ftp>cd ..（cd 与..之间有空格）可回到上一级目录。

（5）在 FTP 服务器目录结构中查找所需要的文件。操作结束后关闭连接。操作命令和显示结果如图 6.7 所示。

图 6.7　查看远程服务器上的文件

3. 使用 get 命令从 FTP 服务器下载单个文件

操作方法如下：

（1）通过 ftp 命令“ftp ftp.eop.com”连接远程 FTP 服务器 ftp.eop.com。

（2）登录后输入 dir 或 ls 命令，查看 FTP 服务器主目录中的内容，找到需要下载的文件。

（3）通过 lcd 命令，设置 FTP 客户端的当前工作目录为 D:\downloadfiles，命令为：ftp>lcd d:\downloadfiles。

（4）使用 get 命令将远程 FTP 服务器上当前目录中的指定文件下载到 FTP 客户端的工作目录中，命令为：ftp>get flashget_140.exe。

（5）通过!dir 命令查看 FTP 客户端工作目录中是否已保存了下载文件，查看结果表明文件已下载。

（6）操作结束后关闭连接。操作命令和显示结果如图 6.8 所示。

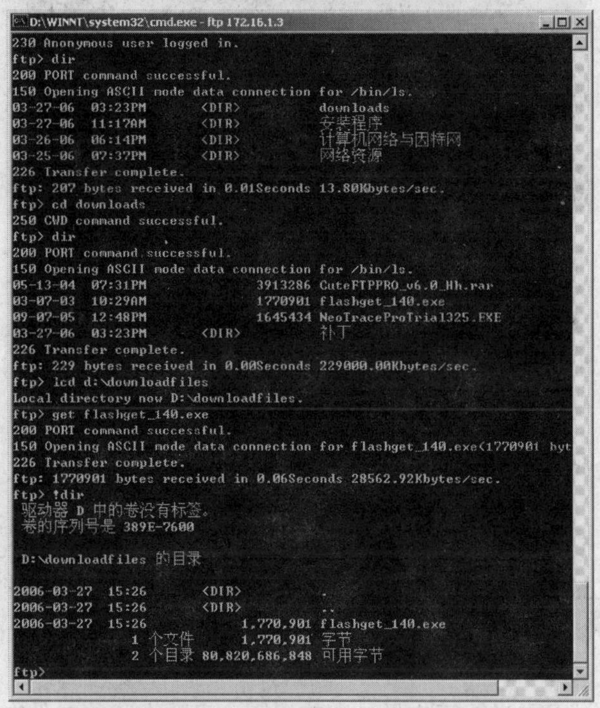

图 6.8　使用 get 命令下载单个文件

4. 使用 mget 命令从 FTP 服务器上下载多个文件

操作方法如下：

（1）通过 ftp 命令“ftp ftp.eop.com”连接远程 FTP 服务器 ftp.eop.com。

（2）登录后输入 dir 或 ls 命令，查看 FTP 服务器主目录中的内容，找到需要下载的文件。

（3）通过 lcd 命令，设置 FTP 客户端的当前工作目录为 D:\downloadfiles，命令为：ftp>lcd d:\downloadfiles。

（4）使用 mget 命令将远程 FTP 服务器上当前目录中的多个 exe 文件下载到 FTP 客户端的工作目录中，命令为：ftp>mget *.exe。

多个文件下载时，会让用户对每个下载的文件进行确认，输入 y 确认下载，输入 n 取消当前文件的下载。

（5）下载结束后，通过!dir 命令查看 FTP 客户端工作目录中是否已保存了下载文件，查看结果表明两个文件已下载。

（6）操作结束后关闭连接。操作命令和显示结果如图 6.9 所示。

```
D:\WINNT\system32\cmd.exe - ftp 172.16.1.3
ftp> dir
200 PORT command successful.
150 Opening ASCII mode data connection for /bin/ls.
05-13-04  07:31PM              3913286 CuteFTPPRO_v6.0_Hh.rar
03-07-03  10:29AM              1770901 flashget_140.exe
09-07-05  12:48PM              1645434 NeoTraceProTrial325.exe
03-27-06  03:23PM       <DIR>          补丁
226 Transfer complete.
ftp: 229 bytes received in 0.00Seconds 229000.00Kbytes/sec.
ftp> mget *.exe
200 Type set to A.
mget flashget_140.exe? y
200 PORT command successful.
150 Opening ASCII mode data connection for flashget_140.exe(1770901 byt
226 Transfer complete.
ftp: 1770901 bytes received in 0.06Seconds 28109.54Kbytes/sec.
mget NeoTraceProTrial325.exe? y
200 PORT command successful.
150 Opening ASCII mode data connection for NeoTraceProTrial325.exe(1645
).
226 Transfer complete.
ftp: 1645434 bytes received in 0.08Seconds 21095.31Kbytes/sec.
ftp> !dir
 驱动器 D 中的卷没有标签。
 卷的序列号是 389E-7600

 D:\downloadfiles 的目录

2006-03-27  15:39    <DIR>          .
2006-03-27  15:39    <DIR>          ..
2006-03-27  15:42         1,770,901 flashget_140.exe
2006-03-27  15:42         1,645,434 NeoTraceProTrial325.exe
               2 个文件      3,416,335 字节
               2 个目录 80,818,987,008 可用字节
ftp> disconnect
221  Bye-bye!Welcome to EOP again!
ftp>
```

图 6.9　使用 mget 命令进行多文件下载

5. 使用 put 命令把文件传送到 FTP 服务器上

操作方法如下：

（1）通过 ftp 命令“ftp ftp.eop.com”连接远程 FTP 服务器 ftp.eop.com。

（2）登录后输入 dir 或 ls 命令，查看 FTP 服务器主目录中的内容，转到保存上载文件的目录。

（3）通过 lcd 命令，设置 FTP 客户端的当前工作目录为 D:\downloadfiles，命令为：ftp>lcd d:\downloadfiles。

（4）使用 dir 命令查看当前工作目录中的内容，确认上载的文件在工作目录中。

（5）使用 put 命令将本地工作目录中的指定文件上载到远程 FTP 服务器当前目录中，命令为：ftp>put flashget_140.exe。

（6）上载结束后，通过 dir 命令查看 FTP 服务器端当前目录中是否已保存了上载文件，查看结果表明文件已上载。

（7）操作结束后关闭连接。操作命令和显示结果如图 6.10 所示。

6. 使用 mput 命令把多个文件传送到 FTP 服务器上

操作方法如下：

（1）通过 ftp 命令“ftp ftp.eop.com”连接远程 FTP 服务器 ftp.eop.com。

（2）登录后输入 dir 或 ls 命令，查看 FTP 服务器主目录中的内容，转到保存上载文件的目录。

（3）通过 lcd 命令，设置 FTP 客户端的当前工作目录为 D:\downloadfiles，命令为：ftp>lcd d:\downloadfiles。

（4）使用 dir 命令查看当前工作目录中的内容，确认上载所需的多个 GIF 文件在工作目录中。

（5）使用 mput 命令将本地工作目录中的指定文件上载到远程 FTP 服务器的当前目录中，命令为：ftp>mput *.gif。

```
D:\WINNT\system32\cmd.exe - ftp 172.16.1.3
230 Anonymous user logged in.
ftp> dir
200 PORT command successful.
150 Opening ASCII mode data connection for /bin/ls.
03-27-06  03:39PM       <DIR>          downloads
03-27-06  11:17AM       <DIR>          安装程序
03-26-06  06:14PM       <DIR>          计算机网络与因特网
03-25-06  07:37PM       <DIR>          网络资源
226 Transfer complete.
ftp: 207 bytes received in 0.00Seconds 207000.00Kbytes/sec.
ftp> !dir
 驱动器 D 中的卷没有标签。
 卷的序列号是 389E-7600

 D:\downloadfiles 的目录

2006-03-27  15:39       <DIR>          .
2006-03-27  15:39       <DIR>          ..
2006-03-27  15:42            1,770,901 flashget_140.exe
2006-03-27  15:42            1,645,434 NeoTraceProTrial325.exe
               2 个文件      3,416,335 字节
               2 个目录 80,818,835,456 可用字节
ftp> put flashget_140.exe
200 PORT command successful.
150 Opening ASCII mode data connection for flashget_140.exe.
226 Transfer complete.
ftp: 1770901 bytes sent in 0.11Seconds 16246.80Kbytes/sec.
ftp> dir
200 PORT command successful.
150 Opening ASCII mode data connection for /bin/ls.
03-27-06  03:39PM       <DIR>          downloads
03-27-06  03:50PM              1770901 flashget_140.exe
03-27-06  11:17AM       <DIR>          安装程序
03-26-06  06:14PM       <DIR>          计算机网络与因特网
03-25-06  07:37PM       <DIR>          网络资源
226 Transfer complete.
ftp: 264 bytes received in 0.00Seconds 264000.00Kbytes/sec.
ftp>
```

图 6.10　使用 put 命令上载文件

多个文件上载时，会让用户对每个上载的文件进行确认，输入 y 确认下载，输入 n 取消当前文件的上载。

（6）上载结束后，通过 dir 命令查看 FTP 服务器端当前目录中是否已保存了上载文件，查看结果表明文件已上载。

（7）操作结束后关闭连接。操作命令和显示结果如图 6.11 所示。

图 6.11　使用 mput 命令上载文件

7. 使用 binary 命令改变文件传输方式

当要传输的文件是二进制文件时，有时以 ASCII 码方式传输会得到不正确的结果，如果发生传输错误，用户可以通过更改传输方式来正确传输二进制文件。

操作方法如下：

（1）通过 ftp 命令“ftp ftp.eop.com”连接远程 FTP 服务器 ftp.eop.com。

（2）输入 binary 命令将文件传输方式改为二进制。

（3）通过 lcd 命令，设置 FTP 客户端的当前工作目录为 D:\downloadfiles，命令为：ftp>lcd d:\downloadfiles。

（4）使用 dir 命令查看当前工作目录中的内容，确认下载文件的位置。

（5）使用 get 命令将指定的二进制文件 downloads/neoTraceProTrial325.exe 下载到客户端的工作目录中，命令为：ftp>get downloads/neoTraceProTrial325.exe。

（6）下载结束后，通过 dir 命令查看 FTP 客户端工作目录中是否已保存了下载文件，查看结果表明文件已下载。

（7）操作结束后关闭连接。操作命令和显示结果如图 6.12 所示。

```
D:\WINNT\system32\cmd.exe - ftp 172.16.1.3
ftp> binary
200 Type set to I.
ftp> get downloads/neotraceprotrial325.exe
200 PORT command successful.
150 Opening BINARY mode data connection for downloads/neotraceprotrial325.exe(16
45434 bytes).
226 Transfer complete.
ftp: 1645434 bytes received in 0.08Seconds 21095.31Kbytes/sec.
ftp> !dir
 驱动器 D 中的卷没有标签。
 卷的序列号是 389E-7600

 D:\downloadfiles 的目录

2006-03-27  15:59    <DIR>          .
2006-03-27  15:59    <DIR>          ..
2006-03-27  15:42         1,770,901 flashget_140.exe
2006-03-27  16:08         1,645,434 NeoTraceProTrial325.exe
2006-03-26  18:17             3,026 sohu.gif
2006-03-26  18:17             2,838 yhlogopg.gif
               4 个文件      3,422,199 字节
               2 个目录 80,815,640,576 可用字节
```

图 6.12 以 binary 方式传输文件

说明：文件传输方式可以通过命令 ascii 和 binary 进行转换，默认为 ASCII 码方式。设置完文件传输方式后可通过 status 命令查看当前状态，如图 6.13 所示。

```
D:\WINNT\system32\cmd.exe - ftp
ftp> ascii
200 Type set to A.
ftp> status
Connected to 172.16.1.3.
Type: ascii; Verbose: On ; Bell: Off ; Prompting: On ; Globbing: On
Debugging: Off ; Hash mark printing: Off .
ftp> binary
200 Type set to I.
ftp> status
Connected to 172.16.1.3.
Type: binary; Verbose: On ; Bell: Off ; Prompting: On ; Globbing: On
Debugging: Off ; Hash mark printing: Off .
ftp>
```

图 6.13 文件传输状态转换与状态查看命令

实践练习

完成下面的 FTP 命令操作。

实验环境如下：

FTP 服务器为 ftp.eop.com，IP 为 172.16.1.3，用户名为 anonymous，密码为空。用户在本地计算机 D 驱动器上创建一个文件夹 local，文件 sohulogo.gif 在该目录中。用户将要上传的文件复制到 FTP 服务器主目录下的 uploads 目录中（文件 cuteftp.exe 已存在）。要求通过 FTP 命令将指定文件从本地上传，从服务器下载。

操作步骤如下：

（1）单击“开始”→“运行”命令，在“运行”对话框中输入 CMD。

（2）在命令窗口中输入“open ftp.eop.com”。如果 FTP 服务器不是用的 21 默认端口，而是其他端口，例如端口 2121，那么应在此命令后面输入空格再输入端口号 2121，即“open ftp.eop.com 2121”。

（3）输入用户名（username）为 anonymous。

（4）输入密码，直接按回车键。

（5）登录成功后，显示欢迎消息或用户已登录消息，通过 dir 或 ls 命令查看 FTP 服务器中的文件及目录。

（6）在 FTP 服务器根目录下建立 uploads 目录。命令为：mkdir uploads。

（7）进入创建的目录 uploads，命令为：cd uploads。

（8）设置为二进制传输。命令为：binary。

（9）定位本地默认文件夹 local，命令为：lcd d:\ local。

（10）查看本地文件夹中的文件及目录，命令为：!dir。

（11）将当前目录(d:\local)中的文件 sohulogo.gif 上传到 FTP 服务器的默认目录。也可以用“mput *.*”将所有文件上传到 FTP 服务器上。命令为：put sohulogo.gif。

（12）返回上级目录，将 FTP 服务器默认目录中的文件 cuteftp.exe 下载到当前目录下(d:\ local)。可以用“mget *.*”将所有文件下载到 d:\ local。命令为：get cuteftp.exe。

（13）删除目录 uploads 中的所有文件。命令为：mdelete *.*（delete 命令只能删除单个文件）。

（14）返回至上一级目录，即根目录。命令为：cd ..。

（15）删除目录 uploads（删除的目录下不能有文件及目录，否则将无法删除）。命令为：rmdir uploads。

（16）断开连接并退出 FTP 命令。断开 FTP 连接的命令是 close 或 disconnect，断开连接并退出 FTP 的命令是 bye 或 quit。这里使用命令：bye。

说明：上传下载时特别要注意服务器及客户端计算机的当前目录，并请注意上传或下载的文件的源位置与目标位置问题。查看 FTP 服务器的当前目录的命令为 pwd，可以用 cd 命令定位服务器的目录，用 ls 或 dir 命令查看。可以用 lcd 命令定位客户端计算机的当前目录，用!dir 命令查看本地目录。

6.2.3　FTP 客户端专用软件的使用

通过浏览器访问 FTP 服务器并下载文件的方法虽然简单，但传输速度受到限制，在下载较大的文件时尤为明显。因此，用户经常使用专门的 FTP 应用软件进行文件传输。这些专用软件在 FTP 客户端计算机上需安装 FTP 客户程序。FTP 客户程序有字符界面和图形界面两种。字符界面的 FTP 客户程序的命令复杂、繁多。图形界面的 FTP 客户程序操作上要简洁方便得多。CuteFTP 就属于图形界面的 FTP 客户程序。

CuteFTP 是一个 FTP 客户端应用程序，是一个非常优秀的上传、下载工具，其加强的文件传输系统通过构建于 SSL 或 SSH2 安全认证的客户机/服务器系统进行传输，为 VPN、WAN、Extranet 开发管理人员提供了解决方案。此外，CuteFTP 还提供了 Sophisticated Scripting、目录同步、自动排程、同时多站点连接、多协议支持（FTP、SFTP、HTTP、HTTPS）、智能覆盖、整合的 HTML 编辑器等功能特点以及更加快速的文件传输系统。它不需要用户记忆各种命令，使用鼠标拖放操作即可实现 FTP 的下载和上传功能，在目前众多的 FTP 软件中 CuteFTP 以其使用方便、操作简单而受到用户的青睐。

1. 安装 FTP 客户端软件 CuteFTP

操作方法如下：

（1）运行 CuteFTP 安装程序，程序运行后显示安装向导，通过安装向导，用户可以安装 CuteFTP 客户端软件。如果已经安装了 CuteFTP 客户端软件，可以对安装的 CuteFTP 客户端软件进行修复或移除。单击 Next 按钮，继续安装。

（2）在安装许可对话框中选择 I accept the terms in the license agreement，然后单击 Next 按钮，继续安装。

（3）选择一种安装类型。安装向导提供了两种安装类型：Complete 和 Custom，可以完全安装 CuteFTP 客户端软件或自定义安装 CuteFTP 客户端软件的相关组件，以节省存储空间。

（4）选择了适合的安装模式后，安装程序开始执行安装过程，并在安装完毕后显示安装完成对话框。

（5）CuteFTP 客户端软件支持中、英文界面。用户可以通过 Tools→Global Options 进入全局设置，通过 Display→Language 进行语言设置。系统提供两个语言集：Chinese.lng 和 Default.lng（英文），如果需要设置中文界面则选择 Chinese.lng，然后单击 OK 按钮，关闭 CuteFTP 客户端软件，再重新运行后，用户可以看到中文界面的 CuteFTP 客户端软件。

说明：如果该版本 CuteFTP 为英文软件，用户需要将与该版本对应的汉化包文件 Chinese.lng 复制到程序的安装目录。然后再运行程序，选择菜单 Tools→Global Options→Display→Language 进行语言设置，然后退出程序再启动，就可以转换到中文界面。

（6）CuteFTP 运行后显示如图 6.14 所示的窗口，其中工具栏上的按钮由左至右分别是：站点管理、新建、快速连接、连接、断开、重新连接、连接到 URL、刷新、停止、下载、上传、编辑、重命名、新建文件夹、执行、删除、属性、全局设置。

其中，“新建”功能对应的对象包括 FTP 站点、FTP/SSL 站点、SFTP/SSH2 站点、HTTP 站点、HTTPS 站点、宏/脚本文件、HTML 文档。当文件下载或上传时，会在队列和日志窗口内显示当前的文件下载或上传进程，用户可以停止、删除或移除队列中的进程。用户在下载文件时，可以选择下载模式。系统提供了标准、较高（2 线程）和最大（4 线程）模式，以满足用户的不同下载需要。

用户可以通过单击“快速连接”按钮，在连接工具栏上输入站点名称或 IP 地址、用户名、密码、端口，然后单击“连接”按钮，可连接到 FTP 站点。

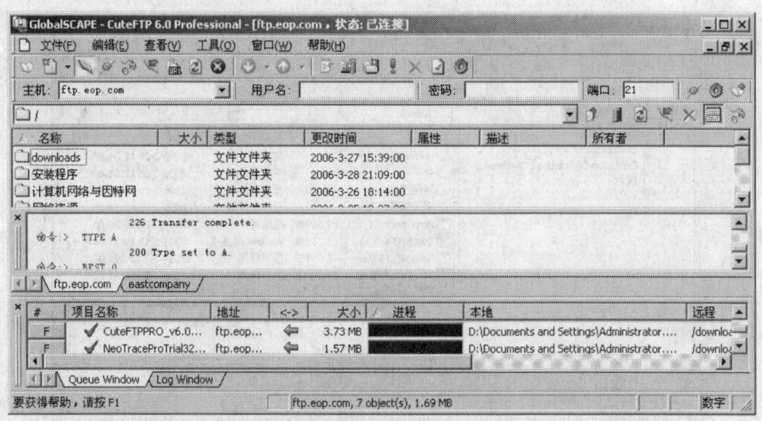

图 6.14　CuteFTP 主界面

当连接到 FTP 站点时，主窗口中显示连接到的 FTP 站点的目录信息，后面显示与文件操作相关的工具按钮，分别是：上级文件夹、书签、刷新、重新连接、删除、显示/隐藏日志窗格、断开，用户可以通过这些工具按钮对 FTP 站点中的文件和文件夹进行管理。

日志窗格中显示当前 FTP 连接的相关信息，当连接出现问题时，可以通过查看日志信息排查错误。在日志窗格中，每个 FTP 连接有一个独立的标签，可以查看每个连接的日志信息。

在队列和日志窗格中显示文件的上传或下载进程，用户可以设置与进程相关的参数，也可以对进程进行管理。窗格中的 Log Window 显示每个进程的详细日志信息，可供用户查看。

CuteFTP 的窗口可以通过“查看”→“工具栏”或“查看”→“显示窗格”命令进行设置，显示或隐藏特定的窗格。

2. 添加和管理 FTP 站点

创建站点可以使用向导方式或站点管理器。

（1）通过 CuteFTP 连接向导创建 FTP 连接站点。

1）通过单击“文件”→“连接”→“连接向导”，启动 CuteFTP 连接向导。

2）在连接向导中依次输入站点的相关信息。首先在对话框中输入站点标签，标识当前建立的 FTP 连接，然后在下一个对话框中输入连接站点的 IP 地址。

3）在 FTP 站点账号对话框中输入访问远程 FTP 服务器的用户名和密码。然后设置默认的本地文件夹与远程 FTP 文件夹，远程文件夹可以是 FTP 主目录下的物理文件夹，也可以是虚拟文件夹。

4）单击连接向导最后一个对话框的“完成”按钮，完成该连接的设置。CuteFTP 自动按所设置的连接参数连接指定的 FTP 服务器，并显示相应的结果。如图 6.15 所示，右边窗格中显示的是指定的 FTP 服务器上指定的 upload 目录下的内容。

（2）通过“站点管理器”设置远程 FTP 站点。

1）如果系统界面上没有显示站点管理器，则通过“查看”→“显示窗格”→“本地驱动器和站点管理器窗格”命令显示站点管理器。用户可以在本地驱动器和站点管理器标签 Local Drives | Site Manager 上单击进行切换。站点管理器是一个以 General FTP Sites 为根目

录的树形结构，可以在其中建立文件夹对象和不同类型的站点对象。

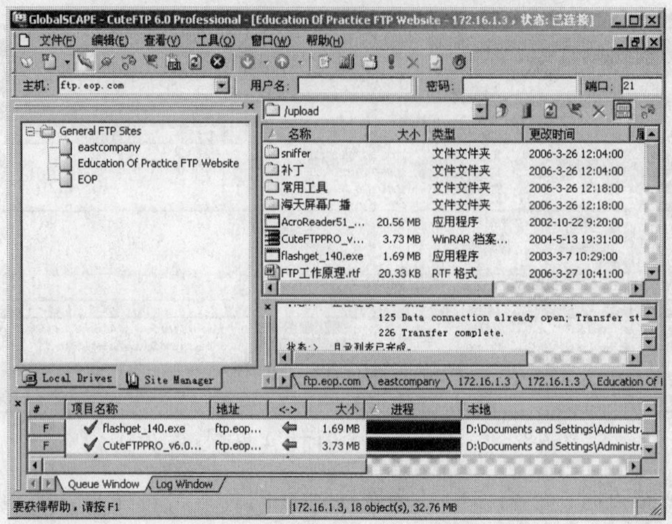

图 6.15 通过向导连接远程 FTP 站点

2）假设当前需要通过 FTP 远程访问和管理的站点有如下几个：EOP 和 eastcompany 服务器上各有一个 Web 站点，需要通过 FTP 远程管理进行网站维护；eastcompany、Education Of Practice 和 EOP FTP 三个 FTP 站点上有用户需要访问的文件资源，如图 6.16 所示，建立如下 FTP Sites 对象用于管理和访问。

图 6.16 FTP Sites 站点管理

3）在 Site Manager 窗格中建立一个文件夹对象，命名为 FTP_Websites，用于维护远程 FTP 站点上的网站。在文件夹中创建两个"FTP 站点"对象，分别命名为 eastcompany Website 和 EOP Website。在创建 FTP 站点时，需要设置"常规"、"类型"、"操作"、"选项"四种参数，各部分参数设置如下：

"常规"：如图 6.17 所示，设置 FTP 站点标签，一般采用有意义的名称，以便用户直观地知道该站点访问资源的内容；主机地址为远程 FTP 站点的 IP 地址或域名；用户名和密码设置远程 FTP 访问账号，也可以选择匿名方式；注释为 FTP 站点的描述信息。

"类型"：如图 6.18 所示，设置 FTP 访问类型。协议类型可以选择 FTP、FTP with SSL、HTTP、HTTPS 等多种类型，需要用户根据访问类型具体设置；端口号默认为 21，如果站点使用其他端口，则需要设置为指定端口；服务器类型可以选择 Auto-detect、Unix、Windows NT 等类型，根据 FTP 服务器的类型进行设置，一般情况下选择自动检测即可；数据连接类型可以选择"使用全局设置"、"使用 PORT"、"使用 PASV"，设置 FTP 访问的模式；传送类型可以选择"使用全局设置"、"自动检测"、"ASCII"、"二进制"来设置传输文件格式，用户可以根据要访问的文件类型设置相应的文件格式。在文件访问时还可以设置加密类型，以保护文件传输过程的安全。

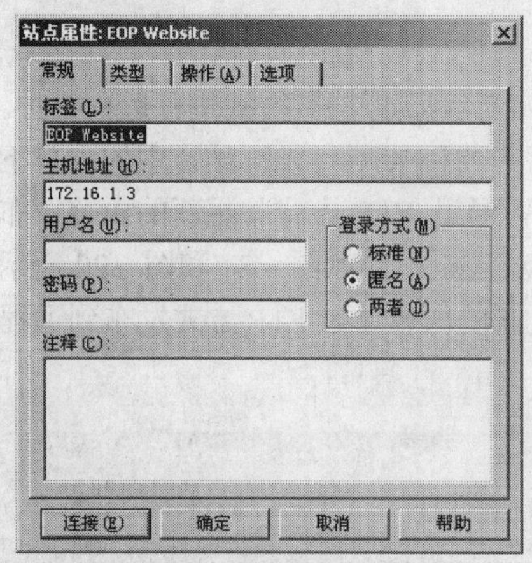

图 6.17 FTP 站点"常规"属性

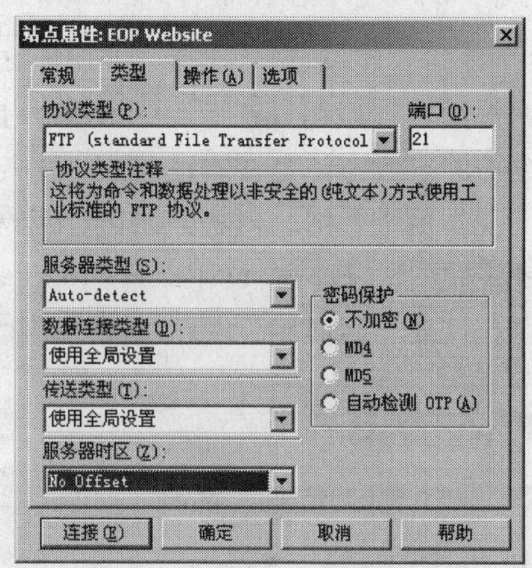

图 6.18 FTP 站点"类型"属性

"操作"：如图 6.19 所示，设置 FTP 访问时的操作参数。"客户端连接时，切换到该远程文件夹"用于设置用户通过 FTP 进行访问时的默认远程站点目录，可以设置为 FTP 主目录下的物理目录或虚拟目录；"客户端连接时，切换到该本地文件夹"用于设置本地的默认工作目录；缓存选项可以设置"会话时使用缓存"、"总是使用缓存"、"不使用缓存"三种模式，可以为用户提供性能优化方案；上传文件时可以设置"保持大小写"、"强制小写"、"强制大写"方式，以保持文件命名的统一性。系统还提供"过滤"功能，在文件传送时通过文件名或文件夹名过滤规则进行文件筛选。

"选项"：如图 6.20 所示，可以设置站点配置类型，系统默认为"为所有选项使用全局设置"，用户可以根据需要设置为"使用站点特别选项"，应用自动重命名方案、设置代理服务器信息、设置 Socks 参数等，一般设置为默认选项即可。

4）创建完文件夹 FTP_Websites 中的 FTP 站点后，在 General FTP Sites 根目录下再创建三个用于访问的远程 FTP 站点，设置相应的参数。

5）创建完毕后，可以通过双击 FTP 站点图标来连接远程 FTP 站点，连接时在右侧窗格底部为该 FTP 连接创建一个标签，对应该 FTP 访问窗口，用户可以同时访问多个 FTP 站点，通过右侧窗格底部的站点标签进行切换。

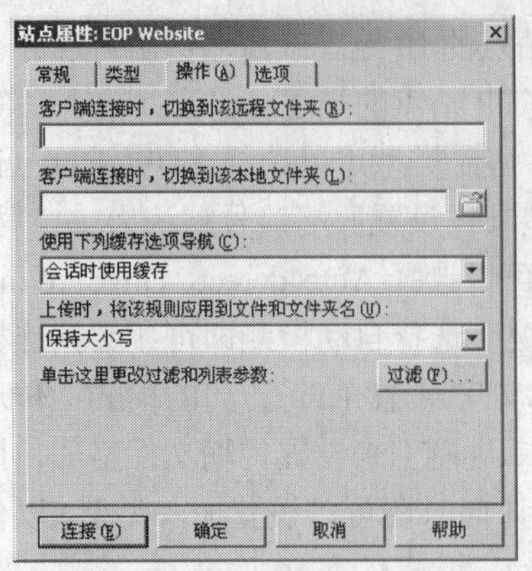

图 6.19 FTP 站点“操作”属性

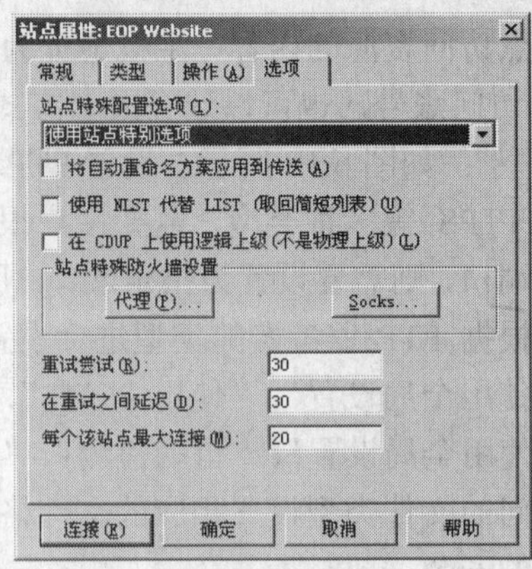

图 6.20 FTP 站点“选项”属性

3. 远程管理 Web 站点

Web 站点一般运行在专用的服务器上，用户对网站一般通过 FTP 方式进行远程维护。Web 站点维护的一般方法是在本地建立一个与 Web 站点对应的目录，将 Web 站点中的内容下载到本地，在本地进行网站内容的维护。当网站要更新时，通过 FTP 方式将更新的内容发布到远程 Web 站点中。在网页设计工具 FrontPage 和 Dreamweaver 中，如图 6.21 和图 6.22 所示，用户可以在创建站点时建立 FTP 连接，用于将网页中更新的内容通过 FTP 方式发布到远程 Web 站点中。

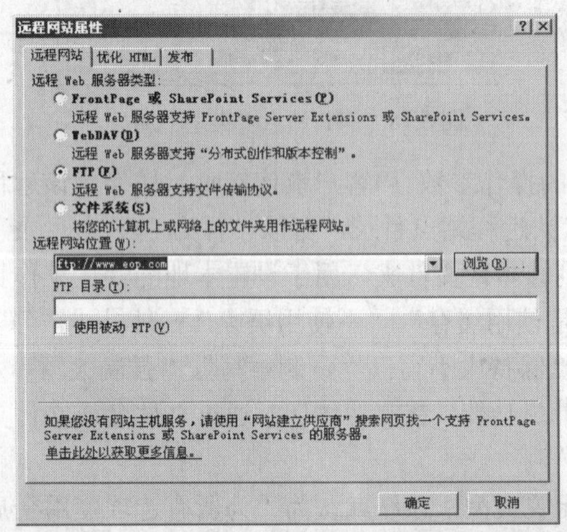

图 6.21 FrontPage 2003 中设置远程网站属性

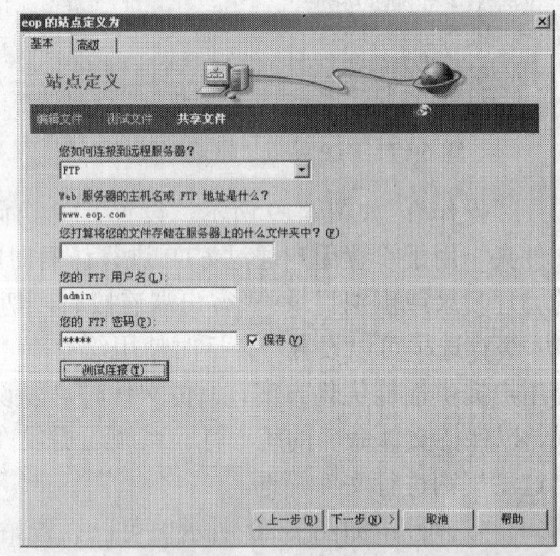

图 6.22 Dreamweaver MX 2004 中设置远程站点属性

用户也可以通过手工方式，使用 FTP 账号将远程 FTP 站点中的内容下载到本地，在本地完成网站维护与内容更新，并通过 FTP 将更新后的内容上传到远程 Web 服务器中。下面以手工进行 Web 站点内容维护为例，介绍 CuteFTP 的上传与下载操作。操作方法如下：

（1）在 CuteFTP 的站点管理中创建一个 FTP 站点，根据网站提供的具有文件更改权限的账号设置 FTP 用户属性，如图 6.23 所示。

（2）在本地计算机的 D 盘创建一个目录 D:\local_website，用于保存远程 Web 站点中的内容。

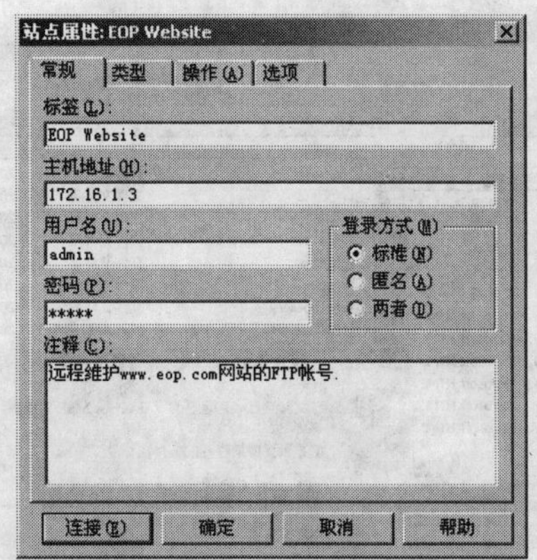

图 6.23　设置具有文件管理权限账号的 FTP 站点

（3）在站点的操作选项卡中，设置客户端连接时，切换到该本地文件夹为 D:\local_website

客户端连接时，切换到该本地文件夹(L):
D:\local_website
。

（4）在 Site Manager 中双击所创建的 FTP 站点标签（或右击站点标签，选择“连接”命令），连接 FTP 站点。FTP 站点连接后，左侧窗格为本地文件夹 D:\local_website，右侧窗格为远程 FTP 站点的网站主目录，如图 6.24 所示。

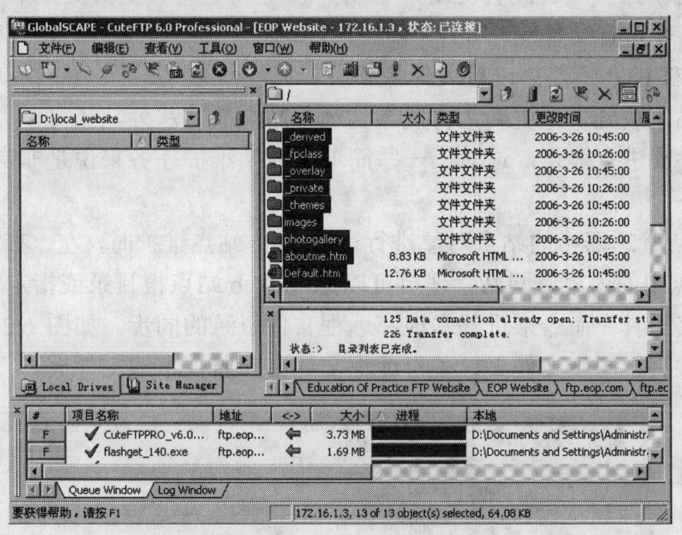

图 6.24　连接远程 FTP 站点

在右侧窗格中单击任意一个文件后按 Ctrl+A 键选择全部内容，用鼠标拖动到右侧窗格中，即可将选中的内容下载到本地文件夹中。

（5）当网站需要更新时，可以在本地文件夹中更新网站文件，借助于资源管理器与网页开发工具，可以对本地下载的网站内容进行相应的文件管理和内容管理工作。

如图 6.25 所示，本地下载内容更新后，可以将左侧窗格中对应的更新后的文件选中，拖动到右侧窗格中对应的网站目录下，这时系统会要求用户确认同名文件替换，用户可以选择“是”、“全部是”或“否”来执行本次更新操作。

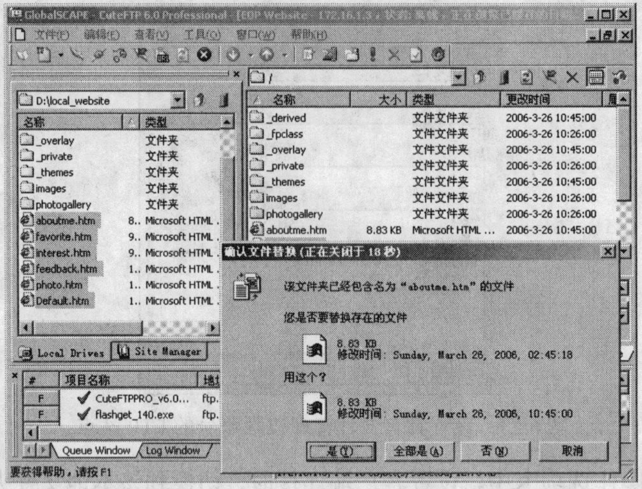

图 6.25 从本地目录向远程 Web 服务器更新

相关知识链接

Web 站点一般结构复杂，文件、目录数量很多，在更新时，两侧窗格最好转换到对应的目录后再通过拖动操作更新文件，以免两个窗格的目录不对应时，文件被复制到错误的位置。

除使用鼠标拖动操作进行文件更新外，用户也可以使用右键快捷菜单中的“剪切”、“复制”或“粘贴”命令进行文件操作。

4. 直接在远程 FTP 目录中进行文件操作

除将远程网站下载到本地更新，再发布到远程站点的方法外，还可以直接对远程 FTP 目录中的文件或文件夹进行操作，这对于一些简单的网站维护任务来说是非常方便的。

操作方法如下：

(1) 通过站点管理器中的站点对象进行远程 Web 站点维护时，左、右窗格中分别显示本地和远程 FTP 站点中的内容，网站管理员可以通过 Web 站点根目录或指定目录下的右键快捷菜单中的“文件夹工具”命令来进行本地和远程文件资源的同步。如图 6.26 所示，文件夹工具包括：比较文件夹、同步文件夹、备份远程文件夹和监视本地文件夹。

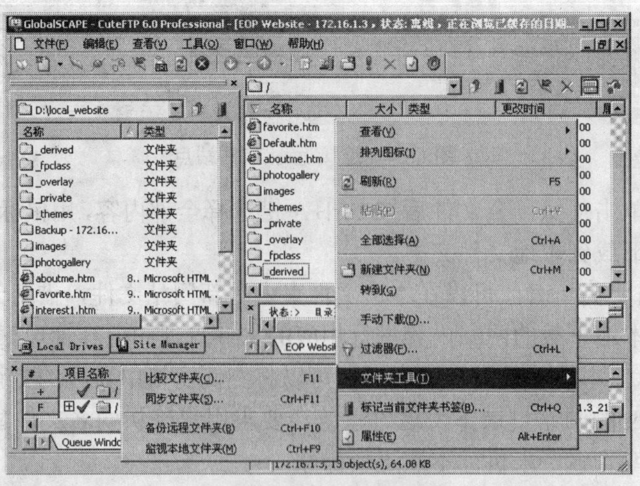

图 6.26 文件夹工具

（2）比较文件夹用于比较本地与远程 FTP 目录中的内容，用户可以设置比较选项：忽略大小写、比较大小、比较日期，如图 6.27 所示。

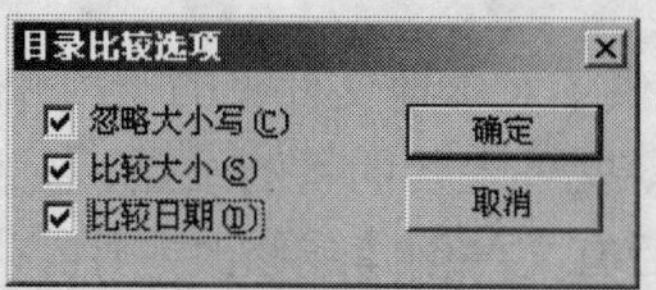

图 6.27　目录比较选项

在比较文件夹时，按照设置的比较方法，将本地与远程文件夹中的内容进行比较，不同的文件或文件夹在两侧窗格中高亮显示。如图 6.28 所示，当网站管理员在本地维护网站后，不需要每次都将网站的全部进行发布，只需要通过比较文件夹功能，找出本地与远程 FTP 目录中不同的内容进行发布即可，从而提高了发布效率。

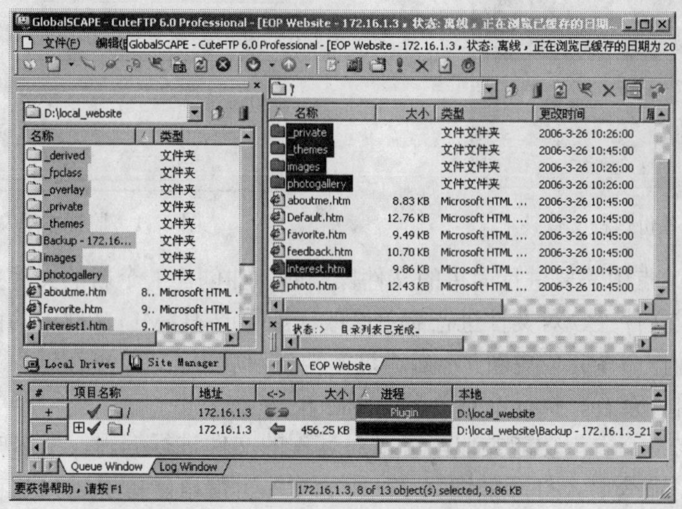

图 6.28　比较结果不同的文件和文件夹

（3）同步文件夹用于将本地目录与远程 FTP 目录进行同步。用户需要设置本地路径和远程路径，并通过设置的同步方向进行同步。用户可以选择“本地镜像”、“远程镜像”、“互为镜像”三种方式来设置本地与远程同步目录的同步更新方式，如图 6.29 所示。

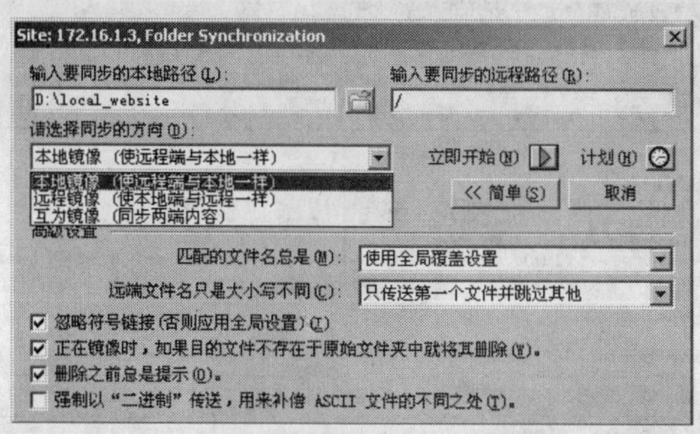

图 6.29　文件夹同步设置

（4）备份远程文件夹用于设置对远程文件夹的本地备份，如图 6.30 所示，用户需要设置本地的备份路径、要备份的远程路径和压缩方式，可以以无压缩的方式备份远程站点，也可以备份为 Zip、Cab 或 GZip 等压缩格式。用户可以立即备份，也可以启用循环计划，设置每隔若干天自动备份。

（5）监视本地文件夹功能提供了对本地文件夹的监视和自动上传的功能。如图 6.31 所示，用户设置需要监视的本地文件夹、文件上传的目的站点、监视的起始时刻、自动监视的检测周期。当系统检测到设定的时刻之后有文件创建或修改，则自动将更新的内容发布到目的站点的设定路径中，实现本地目录与远程目录的自动更新。

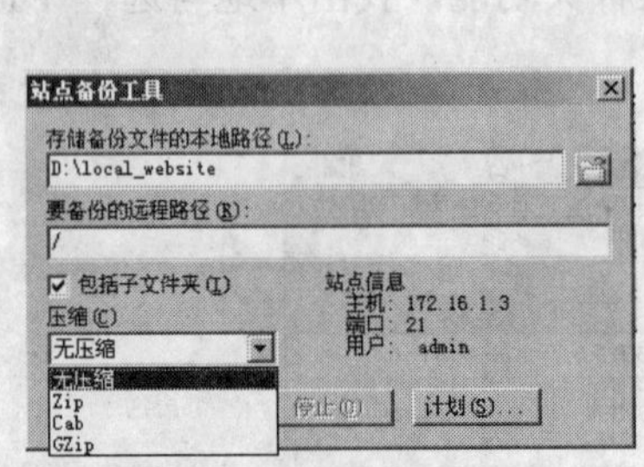

图 6.30 备份远程文件夹

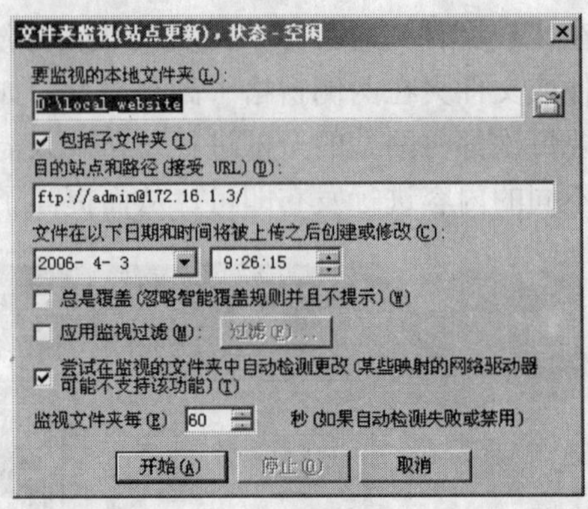

图 6.31 监视本地文件夹

（6）当远程站点中需要进行简单的文件操作时，如创建一个新的文件夹、删除文件或文件夹、更名文件或文件夹、对文件进行简单修改（如更改 HTML 文件中的链接值）等操作，可直接通过文件操作命令完成更新，不必通过本地更新后再发布。可在远程站点中直接执行的文件操作有：编辑、查看、执行、重命名、删除。

1）“编辑”与“查看”功能类似，可以对远程的文件进行编辑。当选中文件后执行快捷菜单中的“编辑”命令时，打开如图 6.32 所示的编辑窗口，可以进行基本的编辑操作，如设置字体、字形、插入图片或注释、插入表格等基本操作，及进行简单的 HTML 编辑工作。用户可以直接修改网页中的文本，并通过快捷菜单中的 Save 命令保存修改。用户可以将网页标题“欢迎光临我的网站！”更改为“欢迎光临 EOP 网站！”，保存后在浏览器中查看更新后的网页。

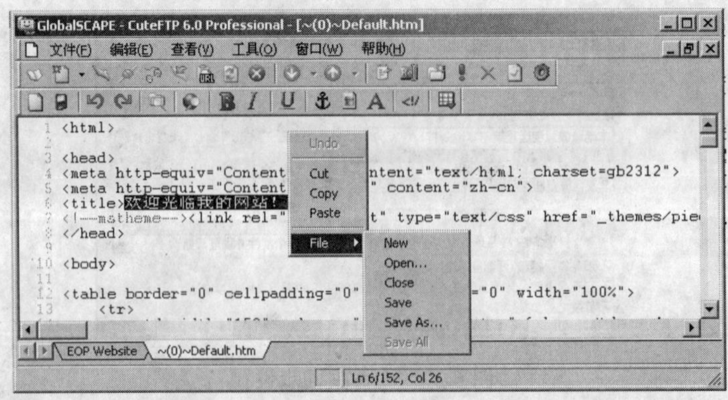

图 6.32 直接编辑远程站点中的 HTML 文件

2）“执行”功能提供对网页文件的预览，可以通过预览的内容查看更新结果。

3）“重命名”和“删除”操作与资源管理器的操作方法相同，可以直接更改远程网站上的文件名称，可以直接删除远程网站中的内容。

还有一些宏、自定义命令方式等高级功能。FTP 的专用客户端软件除 CuteFTP 外还有 FlashFXP、IglooFTP、BpFTP、LeapFTP、网络传神、流星雨-猫眼等，使用方法大致相同，其优越性各有千秋，用户可以选择适合自己的 FTP 客户端软件。

实训：

练习通过 FTP 命令、IE 浏览器和 CuteFTP 进行文件上传、下载操作，掌握远程站点维护的一般方法。

6.3 建立 FTP 服务器

6.3.1 FTP 站点的建立

在 Internet 或 Intranet 应用中，基于 FTP 的文件上传、下载具有使用方便、速度快、安全性高、设置灵活等特点，是广域网上最重要的服务之一。FTP 也是 Internet 最早的应用之一，不同类型的操作系统均支持 FTP 服务。FTP 服务器端软件也是多种多样、各具特色，其中，Microsoft 2000 Server 中的 IIS 提供了构架 FTP 服务器的组件，如图 6.33 所示，在安装 IIS 时要选中“文件传输协议（FTP）服务器”组件，否则，在使用 FTP 时还需要单独安装 FTP 组件。

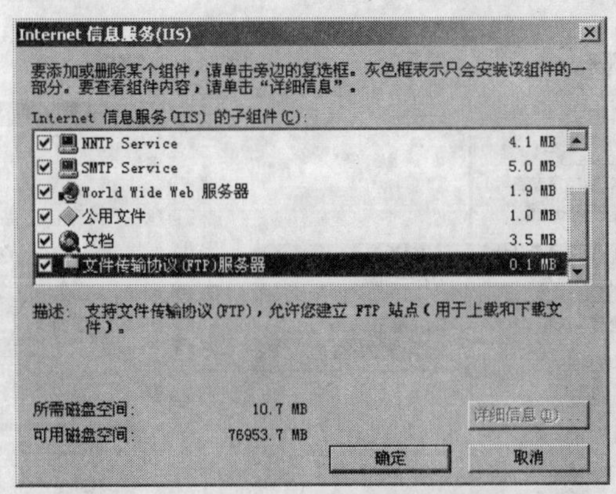

图 6.33　IIS 中的 FTP 服务器组件

FTP 服务器安装结束后，在服务器上有专门的目录供网络客户机用户访问、存储下载文件、接收上传文件。网络管理员要根据用户需要和系统安全的要求合理地设置 FTP 站点，以提供安全、方便的文件服务。

通过单击“开始”→“程序”→“管理工具”→“Internet 服务管理器”，打开“Internet 信息服务”窗口，如图 6.34 所示，显示此计算机上已经安装好的 Internet 服务，而且都已经自动启动运行，其中有一默认 FTP 站点。

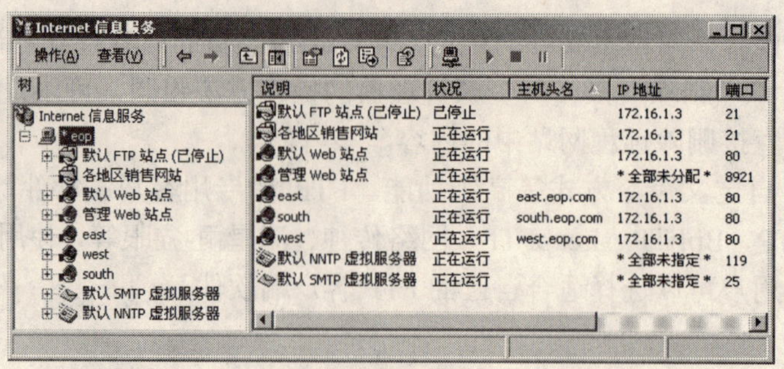

图 6.34 默认网站的 IIS 管理窗口

说明：在图 6.34 中可以看到，当前服务器中设置了多个 Web 站点，可以通过 IP 地址、端口号和主机头名来设置具有不同标识的 Web 站点，以实现在一台服务器上运行多个 Web 站点。与 Web 站点的虚拟主机技术类似，FTP 站点也可以通过端口与 IP 地址的组合，在一台服务器上同时运行多个 FTP 服务器，但 IIS 不支持 FTP 站点的主机头名标识。对于同一个 IP 地址的 FTP 站点，只能使用默认的端口号 21 来提供一个 FTP 服务，当需要服务器提供具有相同 IP 地址的其他 FTP 站点时，只能通过设置一个不同的端口号来实现。如果多个 FTP 站点具有相同的 IP 地址和端口号时，只能通过设置 FTP 站点的“停止”与“启动”来停止与当前 FTP 站点冲突的其他 FTP 站点，从而保证当前访问的 FTP 站点能够正常工作。

1. 通过向导创建 FTP 站点

操作方法如下：

（1）如图 6.35 所示，选择服务器对象，在右键快捷菜单中选择“新建”→“FTP 站点”命令，或者选择任意一个 FTP 站点对象，在右键快捷菜单中选择“新建”→“站点”命令，启动 FTP 站点向导。

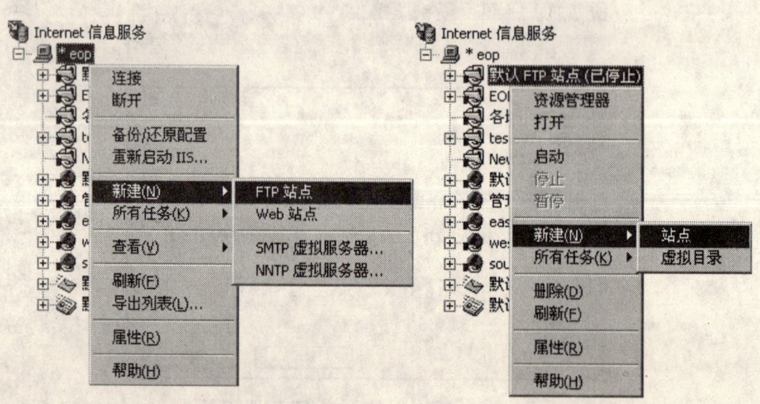

图 6.35 启动 FTP 站点向导

（2）在创建 FTP 向导中，首先输入 FTP 站点说明，作为 FTP 站点的标识。站点说明要简洁且能表明此 FTP 站点的主要用途与功能，如图 6.36 所示。

（3）在向导中为该 FTP 站点指定一个 IP 地址和端口号。如果服务器有多个 IP 地址，可以为此站点选择一个适合的 IP 地址，如果该 IP 只属于当前的 FTP 站点，则可以使用默认的端口号 21，如图 6.37 所示。如果该 IP 地址被一个以上的 FTP 站点所使用，则要为此 FTP 站点设置一个与其他站点不同的端口号。

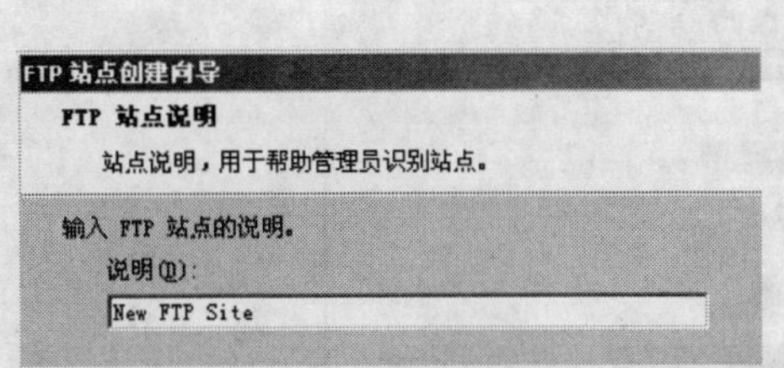

图 6.36　FTP 站点创建向导—FTP 站点说明

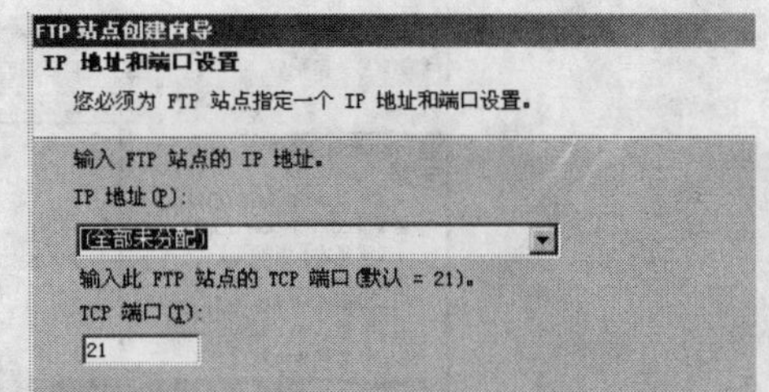

图 6.37　FTP 站点创建向导—IP 地址和端口设置

（4）在向导中设置与 FTP 站点对应的主目录。该主目录为 FTP 访问的默认根目录，如图 6.38 所示。

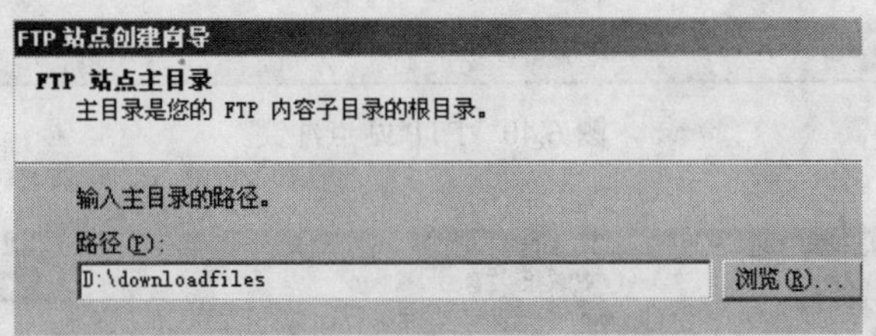

图 6.38　FTP 站点创建向导—FTP 站点主目录

（5）为 FTP 站点主目录设置访问权限，如果只允许用户下载文件，则只需要设置“读取”权限即可，如果允许用户上传文件，则需要设置“写入”权限，如图 6.39 所示。

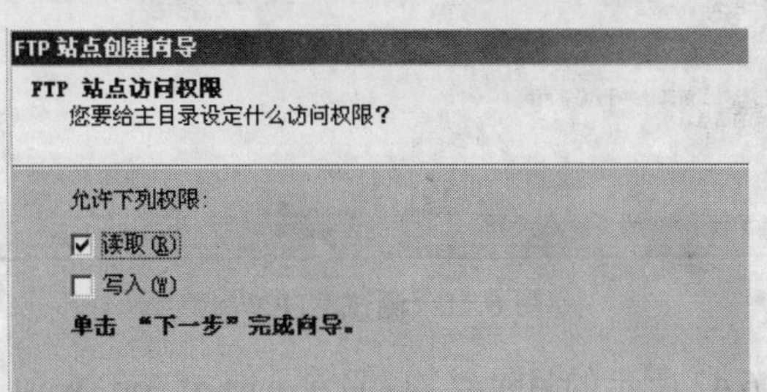

图 6.39　FTP 站点创建向导—设置 FTP 站点访问权限

（6）完成 FTP 站点创建向导后，FTP 会自动启动。如果服务器中设置了多个 FTP 站点，当创建的站点的 IP 地址和端口号与其他站点相同时，该 FTP 站点不能启动，如图 6.40 所示。这时应该将与之冲突的其他站点停止，以保证新创建的 FTP 站点可以正常运行，或者通过设置该 FTP 站点的属性，为该站点选择一个其他的 IP 地址或其他的端口号，以保证该 FTP 站点与其他 FTP 站点不发生冲突。在本例中，将新创建的站点的端口号设置为 2021。

（7）测试新创建的 FTP 站点。在浏览器的地址栏中输入 ftp://localhost:2021/，如果可以在浏览器中显示该 FTP 站点对应的主目录中的内容，则该 FTP 站点创建成功，如图 6.41 所示。否则检查 FTP 站点的属性，主目录和用户访问权限是否设置得当。

2. 设置默认 FTP 站点

当 IIS 安装了 FTP 组件时，会在服务器中建立一个 FTP 默认站点，对 FTP 站点的设置分为全局 FTP 设置与当前 FTP 站点设置。下面通过任务介绍与当前 FTP 站点相关的具体属性设置。

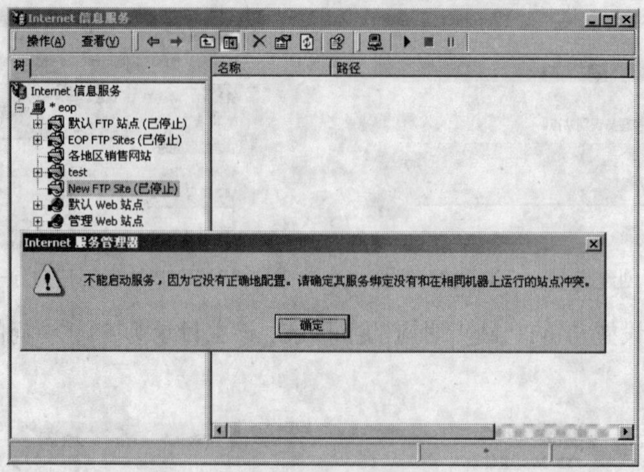

图 6.40 FTP 站点冲突

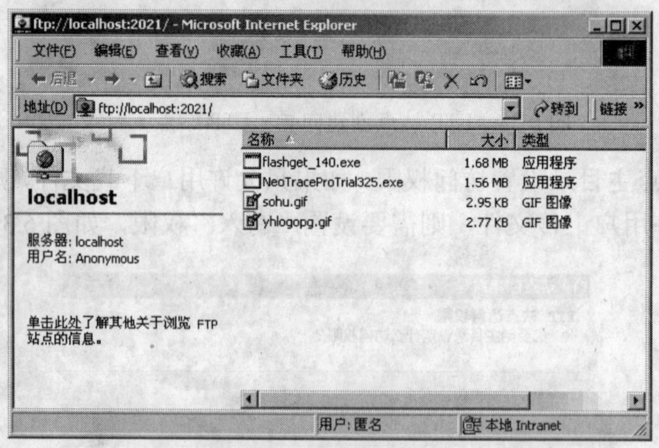

图 6.41 测试 FTP 站点

假设在 D 盘有如图 6.42 所示的目录结构，目录 east of eop、west of eop、south of eop、north of eop 分别为四个销售区域的 Web 站点目录，要求通过 FTP 进行远程站点维护。

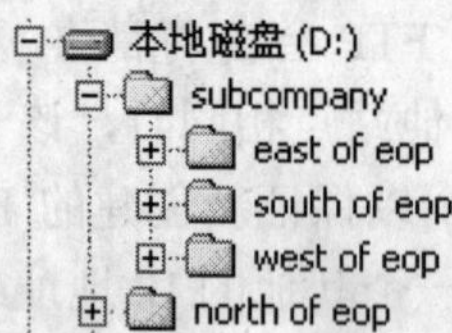

图 6.42 本地文件夹

操作方法如下：

（1）设置 IIS 默认的 FTP 站点。建立 FTP 站点最快捷的方法就是直接利用 IIS 建立的默认 FTP 站点。把可供下载的相关文件分门别类地放在该站点默认的 FTP 根目录\Inetpub\ftproot 下。例如直接使用 IIS 建立的默认 FTP 站点，将需要远程管理的站点目录复制到默认站点的根目录\Inetpub\ftproot 下，完成这些操作后，打开本机或客户机浏览器，在地址栏中输入 FTP 服务器的 IP 地址或主机的域名（前提是 DNS 服务器中有该主机的记录），就会以匿名的方式登录到 FTP 服务器，根据权限的设置就可以进行文件的上传和下载了。

如果不能改变要发布的网站的存储目录，则可以通过设置虚拟目录或重新设置 FTP 站点主目录的方法提供对 FTP 目录的访问。

（2）设置虚拟目录访问默认 FTP 站点主目录之外的文件资源。用户对 FTP 站点的访问是以站点的主目录为根的一个目录结构，在 FTP 站点主目录之外的文件资源不能被 FTP 用户所访问。为访问在 FTP 站点主目录之外的四个销售区域子站点，需要设置四个虚拟目录，分别映射四个站点目录。

首先，鼠标右键单击“默认 FTP 站点”对象，在弹出的快捷菜单中选择“新建”→“虚拟目录”命令，通过向导建立虚拟目录，如图 6.43 所示。

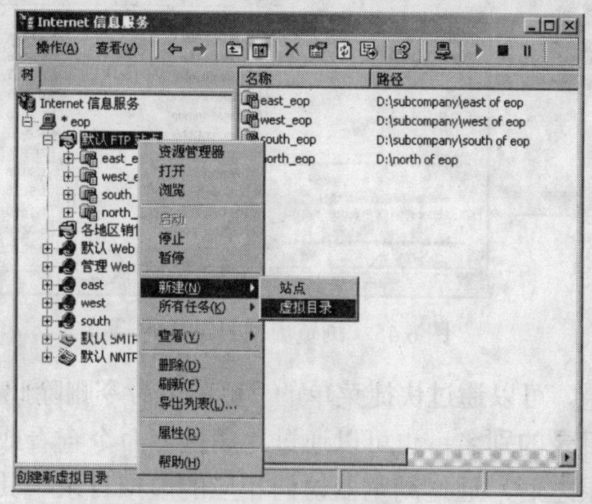

图 6.43　新建虚拟目录

在虚拟目录创建向导中输入站点别名，此别名用于访问 FTP 站点中所对应的文件资源，在使用时与物理目录名相同，要注意别名尽量简洁而且意义清晰。

设置完虚拟目录别名后需要设置此虚拟目录对应的物理目录，如图 6.44 所示。

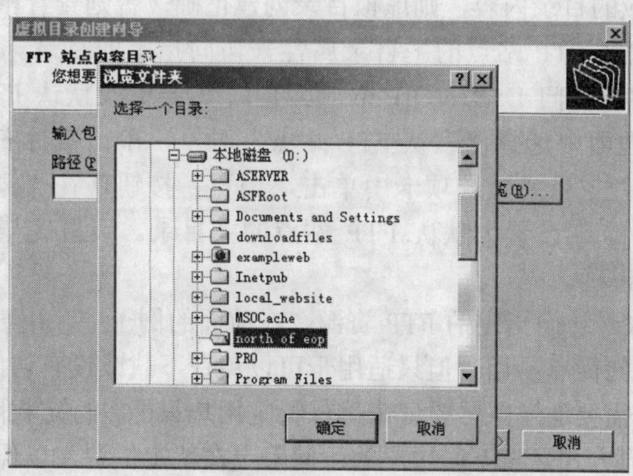

图 6.44　设置虚拟目录映射的物理目录

虚拟目录的访问方式包括读取和写入两种，根据虚拟目录使用方式在向导中设置相应的访问权限。

完成虚拟目录的创建后，在创建的虚拟目录上单击右键，选择“浏览”命令，该虚拟目录会以FTP方式显示在打开的浏览器窗口中，如图6.45所示。如果选择“资源管理器”命令，则该虚拟目录会通过资源管理器打开本地对应的物理目录。

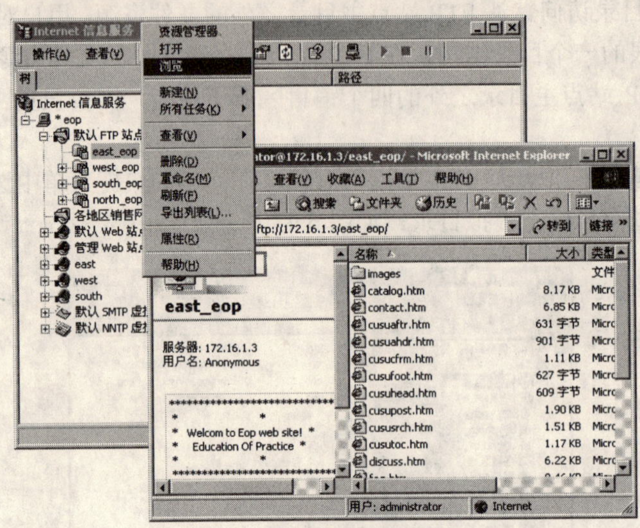

图6.45　浏览虚拟目录内容

对已创建的虚拟目录，可以通过快捷菜单的“删除”命令删除此虚拟目录；可以通过“重命名”命令更改该虚拟目录的别名；也可以通过“属性”命令查看或更改该属拟目录的属性。

创建好四个虚拟目录之后，通过浏览器访问相应的虚拟目录，其URL分别为：

ftp://localhost/east_eop/

ftp://localhost/west_eop/

ftp://localhost/south_eop/

ftp://localhost/north_eop/

如果可以访问相应的目录内容，则虚拟目录创建正确，否则查看相应的属性进行调试。

（3）通过更改默认FTP站点的主目录属性来访问指定的目录。如图6.46所示，当需要通过默认的FTP站点访问D:\TestOfEop目录时，需要更改默认FTP站点的主目录。具体操作是：在IIS管理器中选择“默认FTP站点”对象，单击鼠标右键，在快捷菜单中选择“属性”命令，在“主目录”选项卡中单击“浏览”按钮，在“浏览文件夹”对话框中选择D:\TestOfEop目录，设置为默认FTP站点的主目录。设置完毕通过浏览器访问FTP站点，查看结果是否正确。

（4）通过FTP账号访问指定的FTP资源。在前面的例子中，用户使用匿名FTP进行资源访问。匿名FTP访问简单易用，但只适用于可以免费下载或没有访问安全限制的资源，对于重要的FTP资源，需要通过账号验证来确保特定用户只能以特定权限访问特定的资源，既为不同的用户提供访问方式又将不同用户的访问限定在特定位置，以保证服务器的安全。

创建如图6.47所示的目录结构，四个子目录分别存储四个销售区域的站点资源，需要分别创建四个FTP账号，分别访问对应的站点目录，而且每个账号只在相应的目录中具有文件管理权限，对其他目录中的文件和目录只有读取的权限，不能改写或删除。

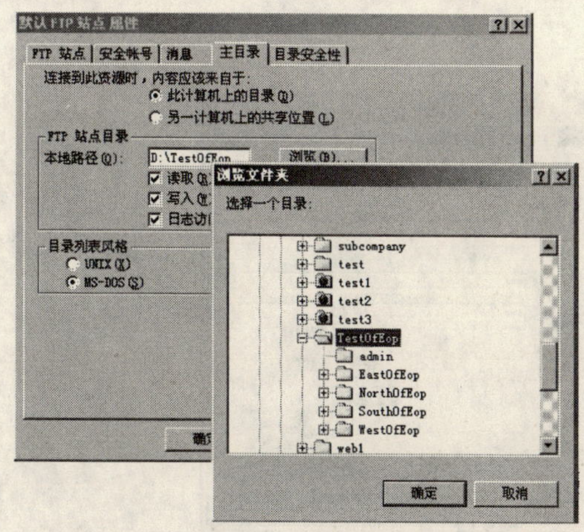

图 6.46　更改默认 FTP 站点主目录

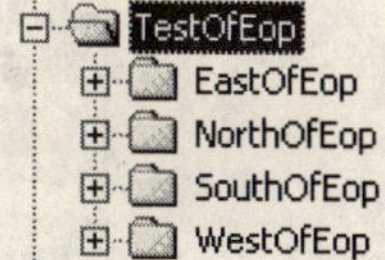

图 6.47　本地文件夹

1）在服务器中创建一个新的 FTP 站点。在创建 FTP 站点向导中，输入站点的别名“各地区销售网站”，使用服务器默认的 IP 地址，设置端口号为 21（此时需要将使用 21 端口的其他 FTP 站点停止），访问权限为读取和写入，如图 6.48 所示。站点主目录为 D:\TestOfEop。设置结束后通过浏览器测试对该 FTP 站点的访问，在测试时，可以使用匿名用户访问该 FTP 站点主目录，如果可以通过 http://localhost 访问到此 FTP 站点，则站点设置正确。

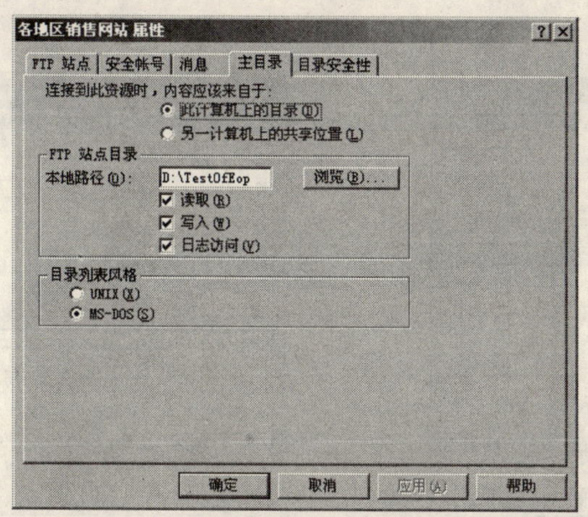

图 6.48　FTP 站点目录访问权限

说明：首先设置站点主目录具有写入权限，然后设置本地用户对该主目录具体的权限。如果站点主目录没有写入权限，即使本地用户对该主目录下的目录具有修改及写入权限也不能通过 FTP 方式进行文件或文件夹的创建、删除和修改操作。

2）创建四个站点目录对应的站点管理员账号。通过单击“开始”→“程序”→“管理工具”→“计算机管理”→“本地用户和组”→“用户”，进行本地用户创建。如图 6.49 所示，在右侧窗口空白处单击右键，选择“新用户”命令，创建 FTP 用户。在创建时，用户名与 FTP 主目录对应的子目录的名字保持一致，当使用指定的 FTP 用户进行登录时，可以直接进入与用户名相同的子目录中，否则，用户登录后的默认访问目录为远程 FTP 站点的根目录。依次创建与 FTP 主目录中四个子目录对应的 Windows 2000 本地用户：EastOfEop、WestOfEop、

SouthOfEop、NorthOfEop。

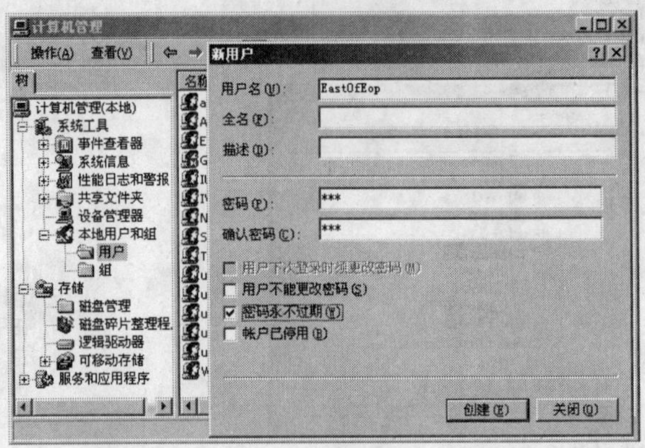

图 6.49 创建 Windows2000 本地用户

3）设置主目录与子目录的安全权限。在 FTP 站点主目录 TestOfEop 上单击右键，选择“属性”→“安全”，添加对 FTP 主目录具有访问权限的用户，如图 6.50 所示。

在“安全”选项卡上单击“添加”按钮，将创建的四个用户加入安全访问用户列表。如图 6.51 所示，找到新创建的四个本地用户，双击用户图标，依次将四个用户加入下面的列表中，然后单击“确定”按钮，加入主目录的用户列表，并设置每个用户的访问权限。

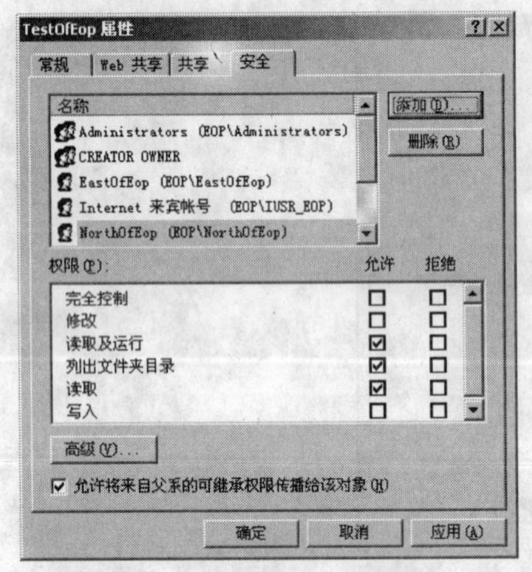

图 6.50 FTP 主目录安全权限设置

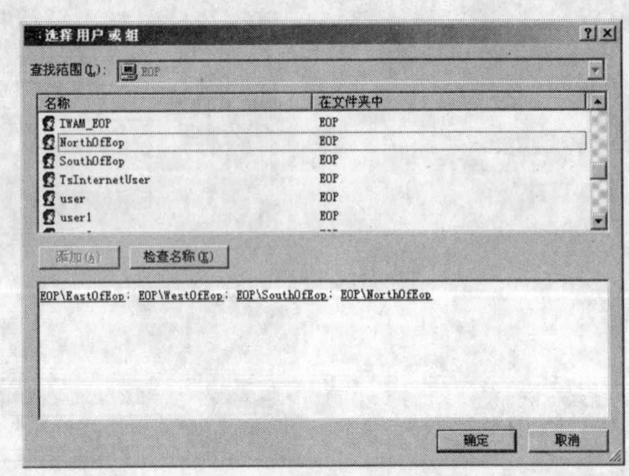

图 6.51 添加安全访问用户

4）在主目录的用户列表中，依次为四个用户设置访问权限。根目录下的四个子目录分别对应四个用户的工作目录，用户只需对自己的子目录具有修改及写入权限，而对根目录只应具有读取及列目录的权限，这样可以将不同的用户管理工作限制在特定的工作目录中，防止用户权限越界，提高系统的安全性。

5）设置完四个用户对 FTP 主目录的访问权限后，依次设置与四个用户对应的子目录的访问权限。以 EastOfEop 子目录为例，如图 6.52 所示，首先在该目录中添加 EastOfEop 用户，并选择修改和写入权限。

单击“高级”按钮，设置详细的用户权限项目，如图 6.53 所示，灰色的权限为从上级目录继承的权限，在此处选择允许 EastOfEop 用户的修改权限，单击“查看/编辑”按钮。

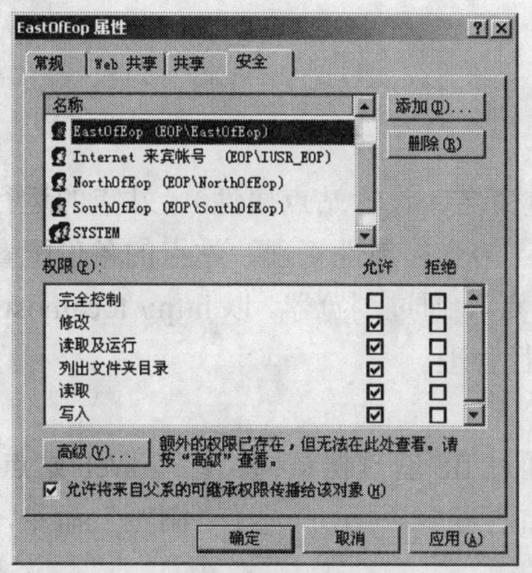

图 6.52　对 EastOfEop 子目录设置访问用户与访问权限

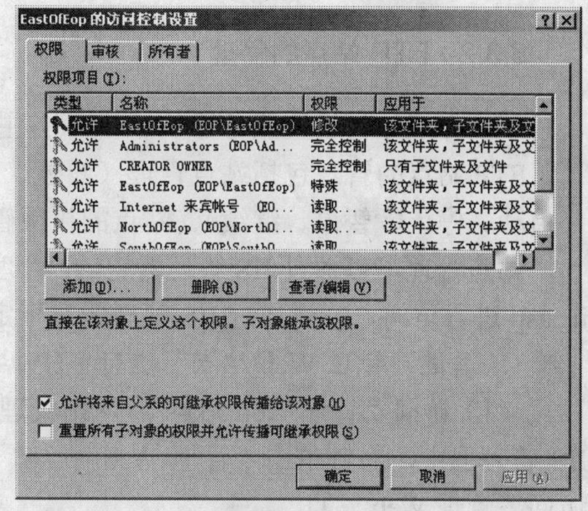

图 6.53　EastOfEop 用户的访问控制设置

如图 6.54 所示，在"EastOfEop 的权限项目"对话框中，可以详细设置 EastOfEop 用户对该目录的访问权限，可以允许某一访问权限，也可以拒绝某一访问权限，其中对资源的拒绝权限会覆盖掉所有其他的权限。权限设置可以应用到不同的范围，如："只有该文件夹"、"该文件夹子文件夹及文件"、"该文件夹及文件"、"只有子文件夹及文件"、"只有子文件夹"、"只有文件"，用户可以详细地设计访问权限方案，以维护系统的安全访问。

6）设置完四个子目录的用户访问权限后，通过 CuteFTP 进行测试。如图 6.55 所示，使用设置的 Windows 2000 本地用户 EastOfEop 登录 FTP 服务器，连接建立后，远程 FTP 目录被自动设置为与登录用户名相同的 EastOfEop 子目录，通过文件操作命令创建文件或删除文件，均可顺利执行，该用户对该目录具有文件管理权限。

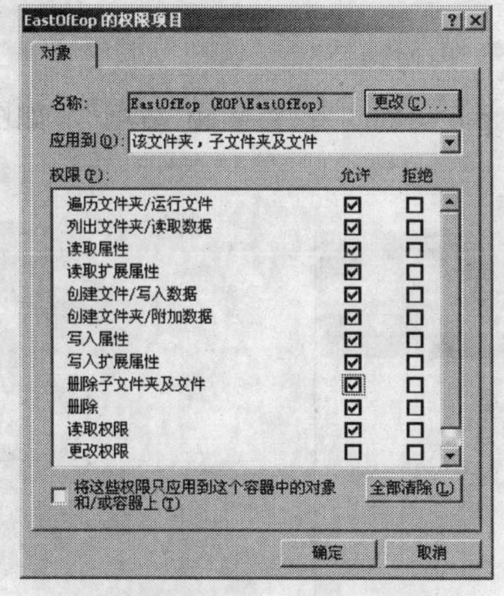

图 6.54　EastOfEop 的权限项目设置

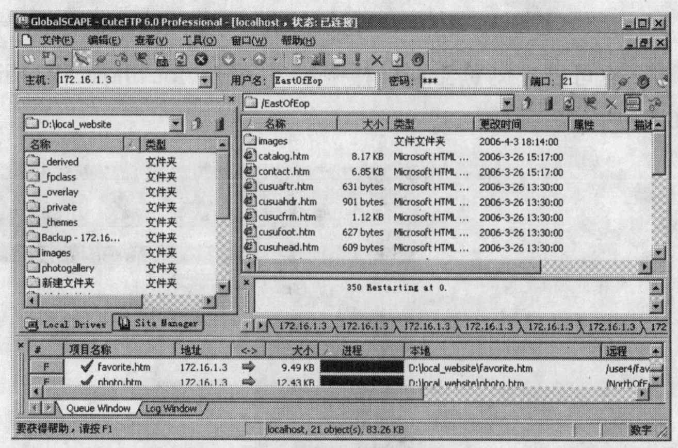

图 6.55　测试具有特定权限的用户的 FTP 访问权限

单击向上按钮转到 FTP 根目录，测试结果表明，用户对根目录只有读取权限，没有文件管理权限，用户设置符合要求。

其他用户的设置与测试方法相同。

6.3.2 FTP 站点的管理

下面介绍如何设置服务器的 FTP 服务主属性。

FTP 站点的管理包括站点管理（新建、删除、重命名、设置站点属性）、站点的运行管理（启动、停止、暂停、继续）、站点的权限管理、站点的全局属性管理、站点的备份配置。

站点管理可以通过 IIS 管理器中的“管理 Web 站点”，通过浏览器，以 http://localhost:5274/iis.asp 进行访问，或者通过 IIS 管理器对指定站点进行管理。

1．通过“管理 Web 站点”进行 FTP 站点管理

（1）访问“管理 Web 站点”。网站管理员可以通过 IIS 管理器访问“管理 Web 站点”。在 IIS 管理器中，右键单击“管理 Web 站点”对象，如图 6.56 所示，选择“浏览”命令，即可访问“管理 Web 站点”。

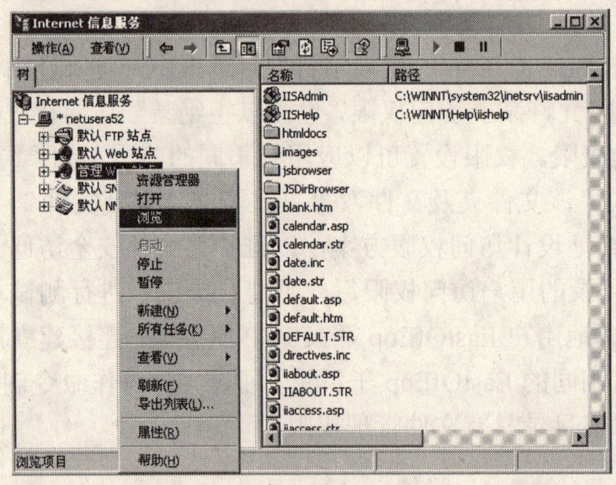

图 6.56 通过 IIS 管理器访问“管理 Web 站点”

也可以在浏览器地址栏中输入 http://localhost:5274/iis.asp，访问“管理 Web 站点”，如图 6.57 所示。

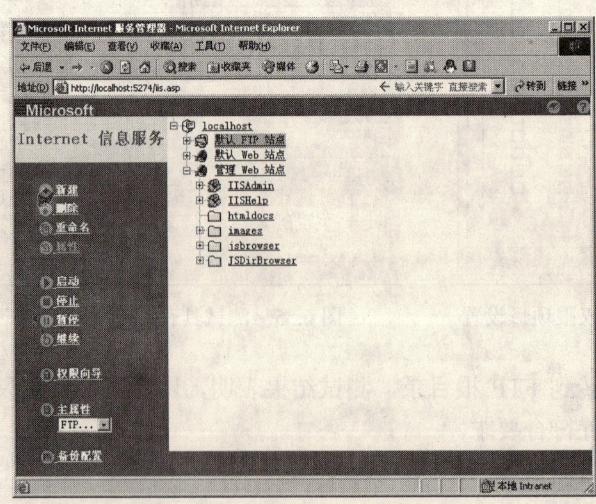

图 6.57 通过 URL 访问“管理 Web 站点”

（2）FTP 站点的基本管理包括 FTP 站点的新建、删除、重命名、设置站点属性等功能。

“新建”功能通过向导可以创建 Web 站点、虚拟目录和目录三种对象。

“删除”选定的站点只是删除与此站点相关的配置信息，包括虚拟目录信息，但物理目录不受影响。

“重命名”可以设置选定的 FTP 站点的名称。

“属性”可以查看并设置选定的 FTP 站点的属性。

（3）站点的运行管理。一个服务器中可以创建多个 FTP 站点，各 FTP 站点通过不同的 IP 地址或端口号来提供服务。网站管理员可以根据实际的应用需求启动或停止指定的 FTP 站点，或暂停 FTP 站点的服务，在需要时再继续运行 FTP 站点。

（4）FTP 站点的权限向导提供对 FTP 站点的权限设置，可以继承父站点或虚拟目录的安全设置，可以对站点中的目录和文件的权限进行设置。

（5）主属性用于设置当前服务器中 Web 服务器或 FTP 服务器的全局属性。

（6）备份设置功能可以对当前选定站点的配置进行备份，单击“备份”按钮后弹出配置备份名称对话框，要求用户输入当前备份的名称，如图 6.58 所示。备份时会自动记录备份时间，用户在命名时要尽量使备份的名称简洁且易于识别。如果要删除某过期的备份，只需要在备份窗口中选择要删除的备份，单击“删除”按钮即可。

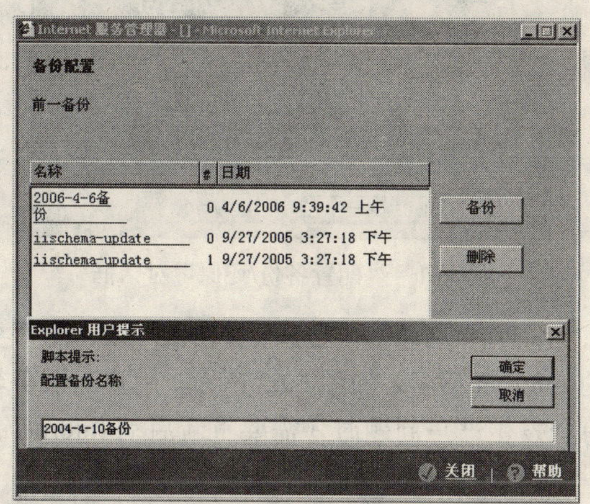

图 6.58　备份配置

2. 通过 IIS 管理器进行 FTP 站点管理

在 IIS 管理器中，选择计算机对象，如图 6.59 所示，在快捷菜单中包含与服务器相关的命令，用于管理服务器、设置站点属性、备份/还原配置等操作。

（1）与本地计算机“连接”或“断开”。在 IIS 管理器的“树”窗口中，在“Internet 信息服务”或当前计算机对象上单击右键，在弹出的快捷菜单中选择“连接”命令，系统显示“连接到计算机”对话框，用户输入计算机名进行连接，如图 6.60 所示，连接到计算机后，IIS 显示相应的站点信息，可以进行站点管理与配置。

当用户在快捷菜单中选择“断开”命令时，IIS 将断开与指定计算机的连接，此时，用户不能进行站点的维护与配置，但站点仍可以正常运行。

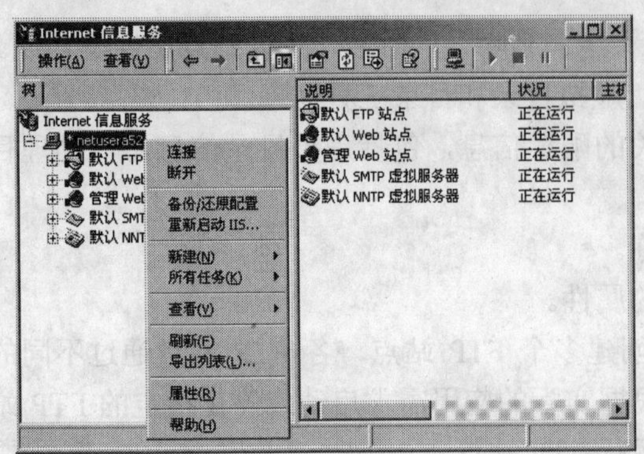

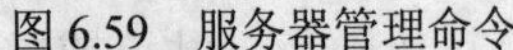
图 6.59 服务器管理命令

图 6.60 “连接到计算机”对话框

（2）“备份/还原配置”命令提供对当前服务器的配置进行备份或还原的功能。在如图 6.61 所示的对话框中，用户可以创建备份，可以删除过期的备份，也可以选择某个备份进行还原操作。

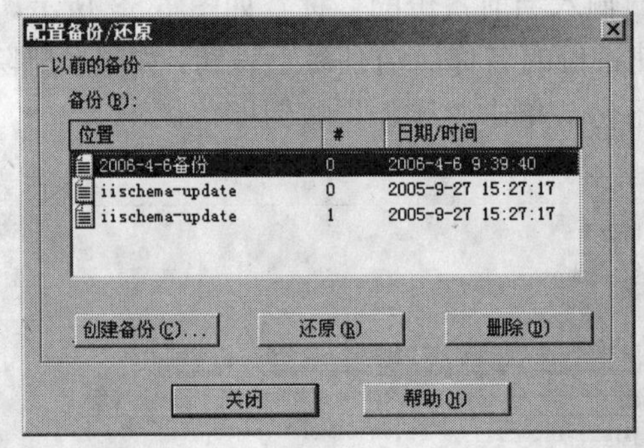

图 6.61 “配置备份/还原”对话框

（3）“重新启动 IIS”包括启动或停止当前服务器的 Internet 服务、重新启动当前服务器或重新启动当前服务器的 Internet 服务，如图 6.62 所示。用户对服务器的配置进行设置后不需要重新启动服务器，只有当发生严重问题时才需要重新启动 Internet 服务。

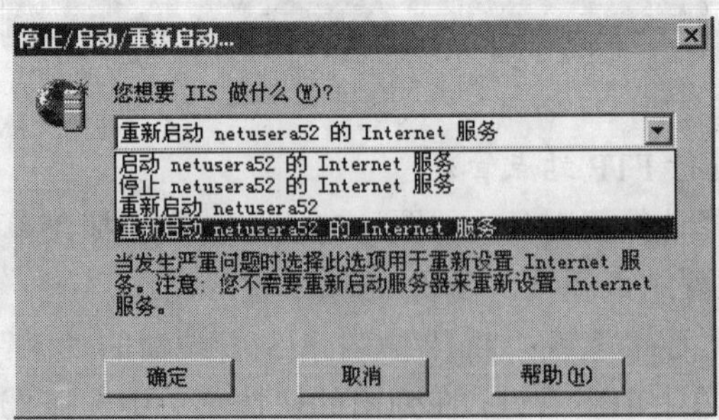

图 6.62 重新启动 IIS

（4）“新建”→“FTP 站点”命令提供建立 FTP 站点的向导。

（5）“属性”命令用于设置当前服务器的主属性，主属性可以被服务器上的所有站点继承。主属性包括 WWW 服务和 FTP 服务主属性两种类型。WWW 服务的全局设置在第 5 章中已做过介绍，此处只介绍 FTP 服务的主属性设置。

如图 6.63 所示，在服务器全局属性对话框中选择“FTP 服务”主属性，进行 FTP 服务主属性的设置。

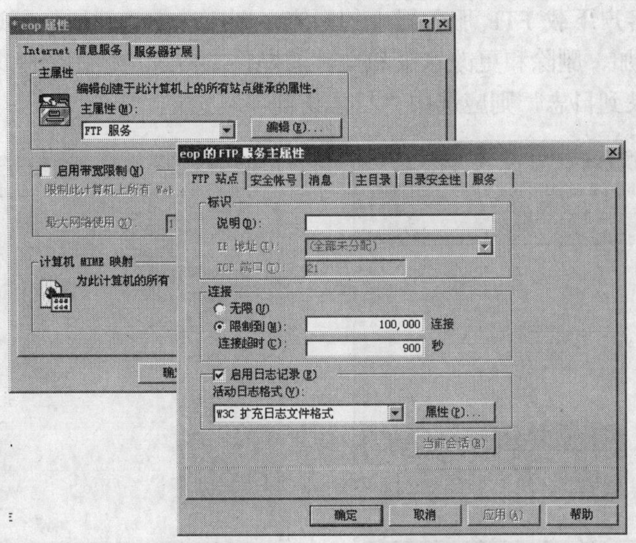

图 6.63　服务器的 FTP 服务主属性

“FTP 站点”选项卡，如图 6.64 所示。在此处可以设置 FTP 服务的标识和连接限制，本例中设置连接限制为 100,000，连接超时设置为 900 秒，即服务器在断开与非活动用户的连接之前等待的时间为 900 秒，以确保 HTTP 协议在连接失败时可关闭所有连接。

“安全账号”选项卡，如图 6.65 所示。默认情况下，选中“允许匿名连接”复选框，则用户都可作为匿名用户登录，访问 FTP 站点资源时不需要专门的账号和密码。默认情况下，IIS 为所有的匿名登录创建名为“IUSR_计算机名”的账号。如果要自定义匿名登录用户名和密码，必须确保其具有本机登录权限，而且要尽可能地限制其修改权限。

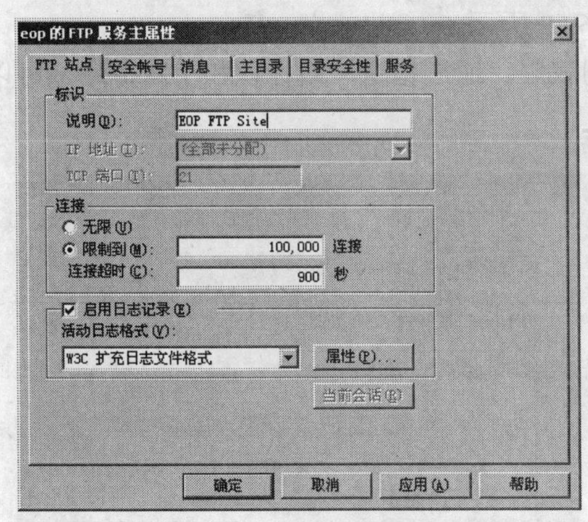

图 6.64　FTP 站点属性对话框

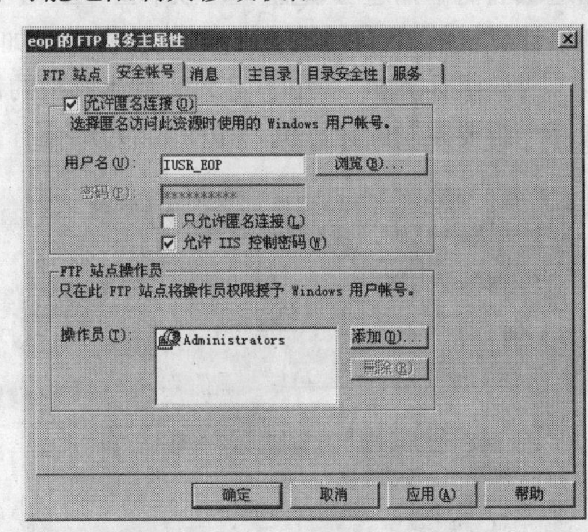

图 6.65　安全账号属性对话框

“消息”选项卡在默认的情况下设置为空。“欢迎”文本框用于设置用户首次连接到 FTP 服务器时显示的欢迎消息；“退出”文本框用于设置当用户注销时显示的退出消息；“最大连接数”文本框用于设置当 FTP 服务器的连接数已达到所设置的最大值时，如果客户仍试图连接，将会显示的提示信息。如图 6.66 所示，设置当前 FTP 站点的不同消息。

在全局 IIS 属性设置的“主目录”选项卡中只能设置 FTP 站点目录的访问权限，如图 6.67 所示。如果只允许客户下载 FTP 服务器上的内容，则应选中“读取”复选框；如果允许客户对 FTP 站点进行添加、删除和更改目录和文件的操作，应选中“写入”复选框；如果需要将对此目录的访问记录到日志，则应选中“日志访问”复选框。

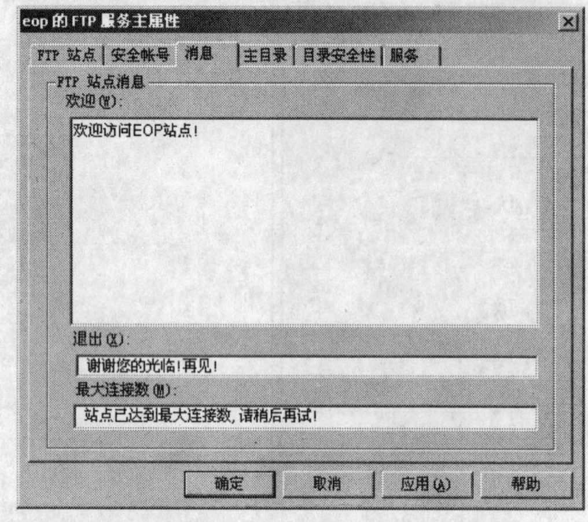

图 6.66　消息属性对话框

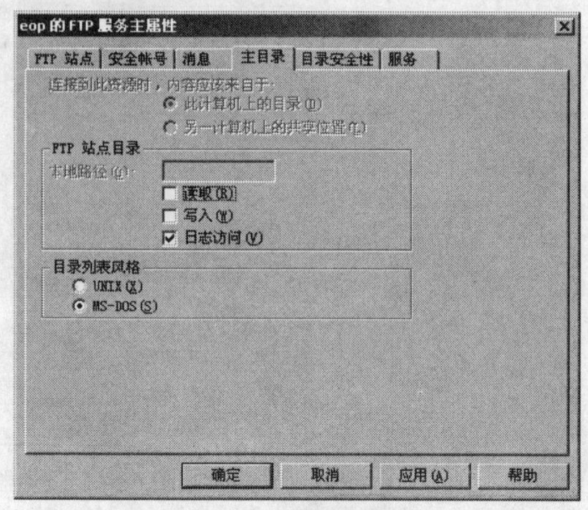

图 6.67　主目录属性对话框

在“目录安全性”选项卡中可以设置 TCP/IP 访问限制。访问限制可以以“授权访问”和“拒绝访问”两种方式进行设置。当选中“授权访问”单选按钮时，加入到“例外”列表中的计算机将被拒绝访问；当选中“拒绝访问”单选按钮时，加入到“例外”列表中的计算机将被授权访问。

“单机”：用于定义单机的访问权限。在 IP 地址中输入要限制的计算机的 IP 地址，如果知道域名而不知道 IP 地址，可以单击“DNS 查找”按钮，在“DNS 查找”对话框中输入域名，则该计算机的 IP 自动设置在 IP 地址栏中，如图 6.68 所示。

“一组计算机”：用于定义一组计算机的访问权限。通过指定网络标识和子网掩码，可以选择一组要限制的计算机，如图 6.69 所示。

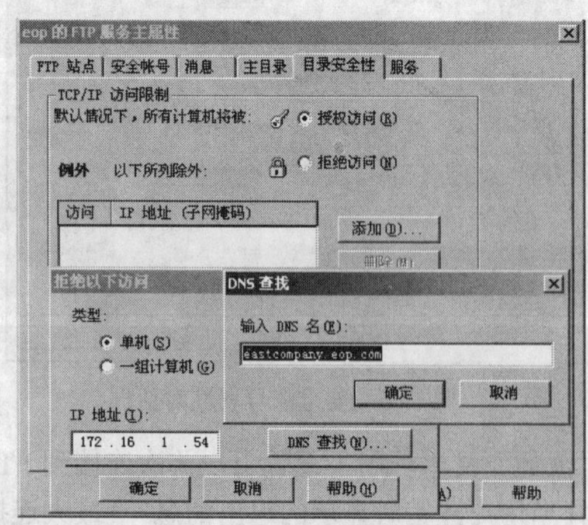

图 6.68　目录安全性属性对话框

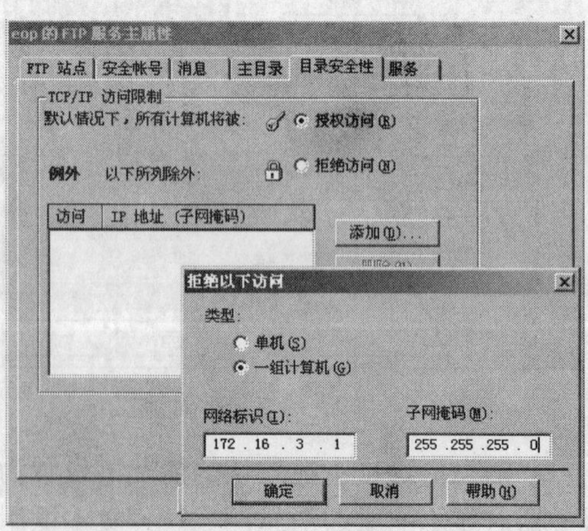

图 6.69　目录安全性属性对话框

（6）管理选定的 FTP 站点。用户选择某个 FTP 站点对象，单击右键，通过快捷菜单进行属性设置，如图 6.70 所示。

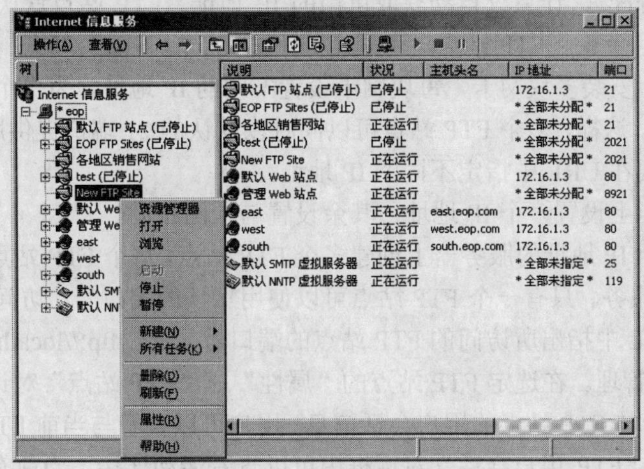

图 6.70　设置选定 FTP 站点的属性

“资源管理器”和“打开”命令以资源管理器的方式打开此 FTP 站点所对应的主目录，可以直接进行站点的物理目录管理；“浏览”命令以浏览器的方式访问此 FTP 站点，可以用于测试 FTP 站点。

“启动”、“停止”、“暂停”命令用于站点的服务管理，管理员可以根据需要停止 FTP 服务或暂停 FTP 服务，也可以重新启动 FTP 服务。

“新建”命令提供 FTP 站点和虚拟目录的创建向导。

“所有任务”→“权限向导”命令可以帮助用户在发布站点上配置安全设置，可以从父站点或虚拟目录继承权限，也可以从模板中选择安全设置方案，可以保留目录和文件的自定义权限，也可以使用系统推荐的 Windows 2000 目录和文件权限替换当前的目录和文件权限。

“删除”命令用于删除选定的 FTP 站点，但不会删除站点对应的物理目录。

“导出列表”命令用于将当前选定 FTP 站点的内容，包括“名称”、“路径”和“状态”信息导出到指定的文件中，如图 6.71 所示。

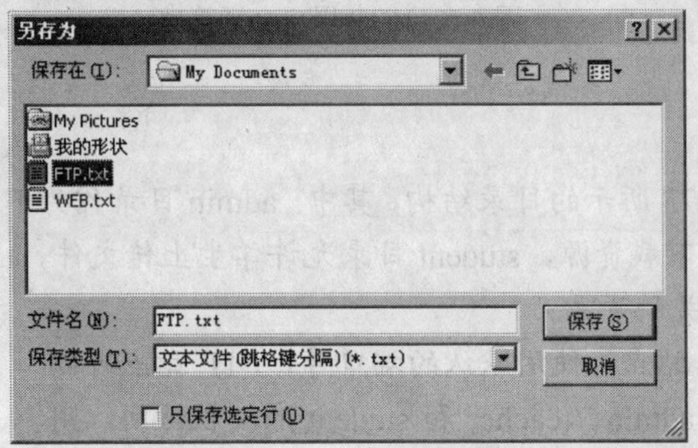

图 6.71　导出列表

“属性”命令提供对选定的 FTP 站点的自定义属性设置。站点属性设置与 FTP 服务主属性设置基本相同，只有个别项目需要按照实际应用需要自定义设置，如 FTP 站点的 IP 地址与端口设置、FTP 站点的会话管理和 FTP 站点的主目录设置。

如果当前服务器只有一个固定的 IP 地址，在创建 FTP 站点时，可以选择该 IP 地址，也可以选择“全部未分配”，让系统自动获取可用的 IP 地址。FTP 站点默认的端口号是 21，如果在服务器上同时运行多个 FTP 站点，可采用如下方案：

- 在服务器上安装多块网卡，每块网卡设置不同的 IP 地址，为每个 FTP 站点设置不同的 IP 地址。这样，多个 FTP 站点可以同时以默认的 21 端口提供服务，用户访问 FTP 站点时需要在 URL 中指定不同的 IP 地址。
- 在一块网卡上设置多个 IP 地址，其余设置与上面相同。
- 在具有一个 IP 地址的服务器上创建多个 FTP 站点，每个 FTP 站点以不同的端口号来提供 FTP 服务。只有一个 FTP 站点可以使用默认的端口号，访问其他的 FTP 站点时必须在 URL 中指出所访问的 FTP 站点的端口号。如：ftp://localhost:2021/。

（7）FTP 会话管理。在选定 FTP 站点的“属性”→“FTP 站点”对话框中，单击“当前会话”按钮可以查看与 FTP 站点的用户会话信息。用户可以查看与当前 FTP 站点的会话连接，如图 6.72 所示，在“FTP 用户会话”对话框中可以查看活动连接。当前有三个用户连接到该 FTP 站点，选择某个用户后单击“断开”按钮，中止此用户的 FTP 连接；如果需要断开与该 FTP 站点的所有连接，单击“全部断开”按钮，并在确认对话框中选择“是”。

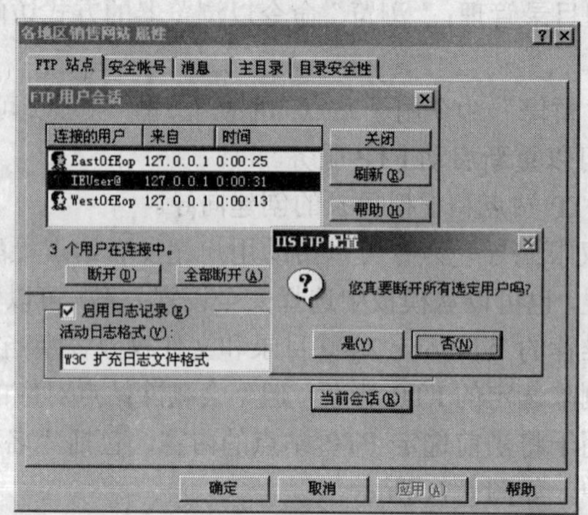

图 6.72 FTP 用户会话管理

实训：

在 D 盘建立如图 6.73 所示的目录结构，其中：admin 目录作为 FTP 站点管理员的根目录，download 目录提供公用下载资源，student 目录允许学生上传文件，teacher 目录由教师自己管理，用于提供与教学相关的资源。

要求创建一个 FTP 站点，使用默认的端口号。FTP 站点可以提供匿名访问以及用户 admin、teacher 和 student 的授权访问。用户 admin 具有对 FTP 主目录的管理权限；用户 teacher 具有对 teacher 目录的管理权限；用户 student 在 student 目录中具有上传文件的权限（但不能删除和修改）；匿名用户具有只读的访问权限。

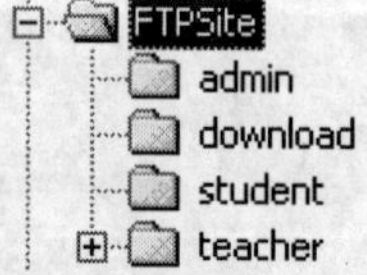

图 6.73 本地文件夹

创建 FTP 站点并进行用户权限设置之后，通过浏览器进行测试，要求特定用户对特定目录具有限定的权限。

本章小结

本章首先简要介绍了 FTP 服务和相关概念及原理，对 FTP 站点的访问方法、典型的 FTP 客户端软件的使用和 FTP 服务器的安装、配置与管理作了详细的介绍。着重介绍了 FTP 的工作原理，CuteFTP 的使用方法和在远程网站维护中的应用。在 FTP 服务器的配置中重点介绍了多个 FTP 站点的配置策略、基于身份验证的 FTP 客户访问与配置，通过本章内容及实训任务的学习可以掌握具有安全访问策略的 FTP 站点的配置方法。

练习与提高六

一、填空题

1．根据 FTP 数据连接建立方法的不同，可将 FTP 客户端对服务器的访问分为两种模式：主动模式（PORT）和_______。

2．在主动模式下，客户机首先向服务器的端口_______（命令通道）发送一个 TCP 连接请求，然后执行 login、dir 等各种命令。一旦用户请求服务器发送数据，FTP 服务器就用其端口（数据通道）向客户的数据端口发起连接。

3．匿名 FTP 使用_______用户名登录到 FTP 服务器。

4．在 FTP 命令中，binary 表示使用_______传输方式。

5．在 FTP 站点目录的访问权限设置中，可以设置的权限包括_______、_______和日志访问。

二、简答题

1．举例说明如何创建 FTP 站点。

2．举例说明如何在一个 FTP 站点中创建具有写入权限的虚拟目录。

3．举例说明如何建立多个可同时运行的 FTP 站点。

4．举例说明如何通过 FTP 站点设置允许不同的 FTP 账户访问具有不同权限的 FTP 目录。

三、实践题

1．通过实验掌握 FTP 服务器的安装。

2．通过实验掌握 FTP 站点的配置方法。

3．通过实验掌握 FTP 网站的创建、发布与访问方法。

4．通过实验掌握在同一台服务器上配置多个 FTP 站点的方法。

5．通过实验掌握匿名 FTP 用户与授权 FTP 用户访问 FTP 站点的方法及 FTP 服务器的配置方法。

第 7 章　Internet 的其他服务

本章的主要任务是介绍基于 Internet 的其他服务，掌握这些服务的使用方法。

本章学习目标：

- 远程登录知识
- 电子公告板
- 网络新闻组
- IP 电话与网络会议
- 网络聊天与网络寻呼

7.1　远程登录（Telnet）

Telnet（远程登录）就是用于从一个互联网站点登录到另一个站点的程序或命令。一个 Telnet 命令或程序可以将用户带到另一台主机的登录提示界面上。

7.1.1　Telnet 简介

以前由于计算机硬件昂贵，功能强大的计算机很少，那时的人们采用一种叫做 Telnet 的方式来访问 Internet：也就是把自己的低性能计算机连接到远程性能好的大型计算机上，一旦连接上，他们的计算机就仿佛是这些远程大型计算机上的一个终端，自己就仿佛坐在远程大型机的屏幕前一样输入命令，运行大机器中的程序。人们把这种将自己的电脑连接到远程计算机的操作方式叫做“登录”，称这种登录技术为 Telnet（远程登录）。

但现在 Telnet 已经越用越少了。主要有如下三方面原因：

（1）个人计算机的性能越来越强，致使在其他计算机中运行程序的要求逐渐减弱。

（2）Telnet 服务器的安全性欠佳，因为它允许他人访问其操作系统和文件。

（3）Telnet 使用起来不是很容易，特别是对初学者。

但是 Telnet 仍然有很多优点，比如你的电脑中缺少某些功能，就可以利用 Telnet 连接到远程计算机上，利用远程计算机上的功能来完成你要做的工作。从理论上说,使用 Telnet 功能这一工具几乎可以使用 Internet 提供的所有其他功能。例如：Archie、Gopher、WAIS、WWW、X.500、Whois、NETFIND、FTP 和 BBS 电子公告板系统等。

不过 Telnet 的主要用途还是使用远程计算机上所拥有的信息资源，如果你的主要目的是在本地计算机与远程计算机之间传递文件，使用 FTP 会有效得多。

7.1.2　Telnet 的工作原理

与大多数 Internet 信息服务一样，Telnet 采取了客户机/服务器结构，对 Internet 的使用者来讲，通常只要了解客户端的程序就够了。

当用 Telnet 登录进入远程计算机系统时，事实上启动了两个程序，一个叫 Telnet 客户程序，它运行在本地机上；另一个叫 Telnet 服务器程序，它运行在要登录的远程计算机上。在远程登录时，用户是通过本地计算机的终端或键盘与客户程序打交道，用户输入的全部信息都是通过 TCP 连接传送到远程计算机，由服务器程序接收。服务器程序在接收命令后自动执行处理并将输出信息回送到用户，客户程序接收服务程序传来的信息后，将信息在用户的屏幕上显示给用户。

本地机上的客户程序的主要功能如下：

（1）建立与服务器的 TCP 连接。

（2）从键盘上接收用户输入的字符。

（3）把用户输入的字符串变成标准格式并送给远程服务器。

（4）从远程服务器接收输出的信息。

（5）把该信息显示在本地机的屏幕上。

远程计算机的“服务”程序平时不声不响地在远程计算机上等待，一接到用户的请求，就马上活跃起来，并完成如下功能：

（1）通知网络软件与客户机建立 TCP 连接。

（2）接收用户输入的命令。

（3）对用户的命令作出反应。

（4）把执行命令的结果送回给用户计算机。

（5）重新等候用户输入的命令。

7.1.3　Telnet 的应用

Telnet 的基本功能就是远程访问，共享远程系统中的资源。下面介绍 Telnet 的几种应用。

1. 资源共享

当用户使用 Telnet 远程登录到一台远程计算机上时，就可以像在本地终端操作一样使用远程计算机。只要有访问权限，就可以共享远程计算机上的相关资源，其中包括打印机、绘图仪、高速多媒体输入/输出设备等硬件资源，也包括一些大型的计算机等软件资源以及大型数据库等信息资源。

2. 匿名登录

当本地计算机没有提供某些 Internet 信息服务客户软件时，用户就无法使用这些服务，但可以使用 Telnet，直接连接到提供 Archie、WWW、News、WAIS 等服务的服务器上，直接使用这些服务。只要有 Telnet 客户程序就可以访问几乎所有的 Internet 服务。例如，利用 Telnet 程序用公用账号远程登录到 Internet 的 WAIS 服务器上，就可以直接访问这个 WAIS 服务器。

3. 指定端口号的远程登录

在 TCP/IP 传输层协议的传输地址中包含一个进程端口号，端口号指明了应用类型，例如 FTP 的端口号为 21，WWW 的端口号为 80，SMTP 的端口号为 25，Telnet 的端口号为 23 等。当建立 Telnet 会话时，若是指定某一端口号，就可以直接进入端口号所标识的应用进程，访问该信息服务。

4. 解决计算机兼容问题

远程登录解决了多种类型的计算机之间进行通信的问题。例如，某公司的数据库软件只能在 SUN 公司的计算机上运行，但是软件销售人员需要使用其他厂商的计算机访问该数据库时，就可以借助远程登录软件来实现。

7.1.4 Telnet 命令

使用 Telnet 建立连接的命令如下：

Telnet [远程系统][端口号]

在命令格式中，远程系统参数指明要与之连接的远程计算机域名或 IP 地址，端口号参数指明要与远程计算机建立的 Telnet 连接使用的端口。

例如，当要进入哈尔滨工业大学的 BBS 站点时，选择“开始”→“运行”命令，在弹出的对话框中输入命令：Telnet bbs.hit.edu.cn 。屏幕会显示如图 7.1 所示的画面。

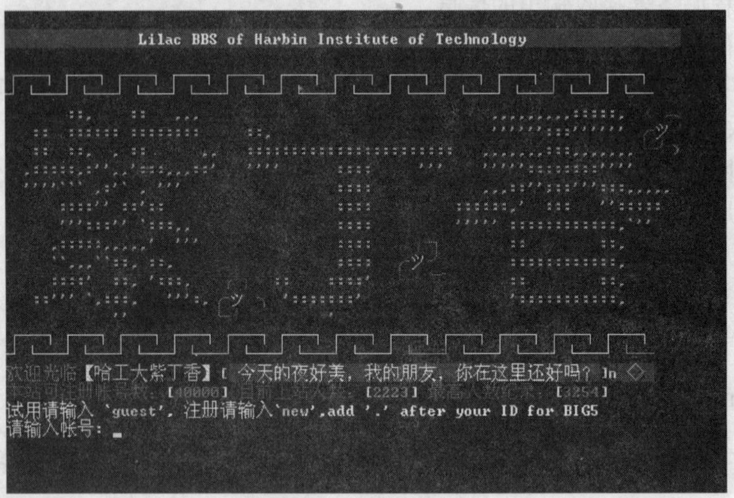

图 7.1 使用 Telnet 登录哈工大 BBS 站点

在 Windows 操作系统中，Telnet 程序是系统提供的内部命令，可以直接使用。Telnet 的内部命令可以缩写，常用的 Telnet 内部命令如下：

缩写	**参数**	**功能**
? /h	-help	打印帮助信息
c	-close	关闭当前连接
d	-display	显示操作参数
0	-open hostname [port]	连接到主机名称
q	-quit	退出 Telnet
set	-set	设置选项
u	-unset	解除设置选项
sen	-sen	将字符串发送到服务器
st	-status	打印状态信息

在 Windows 98 或 Windows XP 中，Telnet 是一个内置的应用程序，它打开时是一个窗口，使用方法与命令行方式相似，只要分别输入远程主机的 IP 地址和端口就可以打开相应的窗口，这里就不介绍了。

实训：

练习使用 Windows 内置的 Telnet 命令登录清华大学 BBS 站点。

7.2　电子公告板（BBS）

BBS 是英文 Bulletin Board System 的缩写，即"电子公告板系统"，它是一种远程交流的手段。BBS 中设立了许多讨论组，每个讨论组集中讨论一个特定的话题。用户可以针对感兴趣的话题发表自己的观点或文章，随着人们对沟通要求的不断提升，这种独特的交流形式吸引了众多网民的参与。访问 BBS 时可以使用 guest 作为用户名和密码进行试用，也可以注册自己的账号使用。

7.2.1　BBS 的功能

每个 BBS 的基本功能和服务方式都不尽相同，但大多数都具有传递信息、邮件服务、在线交谈、文件传输、网上游戏等基本功能。

1. 内部通信

一个学校或企事业单位可以通过安装 BBS 加强内部人员的沟通。一个大学需要加强校方与老师、学生之间的联系，可以借助 BBS 进行交流。其服务内容十分广泛，可以是人们关心问题的讨论及信息公告，也可以包含兄弟院校的交流信息，还可以有体育、生活、娱乐等方面的公告，甚至包括天气预报、股市行情、列车时刻表等信息。

2. 讨论区

包括各类学术专题讨论区、疑难问题解答区、闲聊区等各种范围的讨论主题，是 BBS 最主要的功能。目前 BBS 站点上常设有数十个分类讨论区，如人文社会、经济生活、硬件讨论、娱乐健身、电脑游戏等专题，用户可以选择适合自己的主题参与讨论。

3. 信息发布

这是 BBS 设立的初衷。BBS 就像一般街头或校园内的布告栏一样，上面有很多信息在发布，不过 BBS 是借助计算机来传播或取得信息。可以在 BBS 上发布各种消息，如公司可以在自己网站的 BBS 上发布新产品的演示程序或最新的驱动程序，也可以在 BBS 上发布求职或购物的广告等。

7.2.2　访问 BBS

登录 BBS 站点的方法很多，人们可以根据使用方便进行选择。在 Windows 系统中就带有 Telnet 程序，但界面过于简单，功能键比较少，使用不是很方便。还有许多可以在 Windows 环境中运行的功能很强大、界面友好、操作简单的终端登录软件，如 NetTerm、S-Term 等软件。也可以使用 WWW 浏览器登录支持 HTTP 协议的 BBS 站点。

1. 利用 Windows 内部命令 Telnet 访问 BBS

使用 Window 98/XP/2000 的用户可以很方便地使用系统自带的 Telnet 命令访问 BBS。下面以登录到上海交通大学的"饮水思源"BBS 主机为例，介绍具体的操作方法。

（1）确定已接入互联网后，单击屏幕左下方的"开始"按钮，在弹出的菜单中选择"运行”，弹出如图 7.2 所示的对话框。

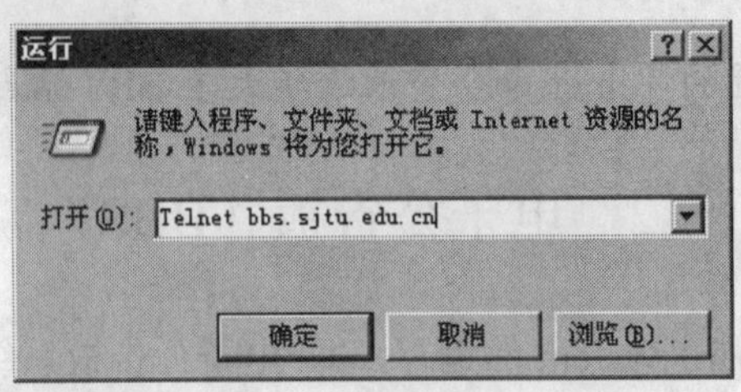

图 7.2 “运行”对话框

（2）在该对话框的“打开”文本框中，输入“饮水思源”的域名“Telnet bbs.sjtu.edu.cn”，单击“确定”按钮，屏幕将会显示登录“饮水思源”BBS 主机的窗口，如图 7.3 所示。

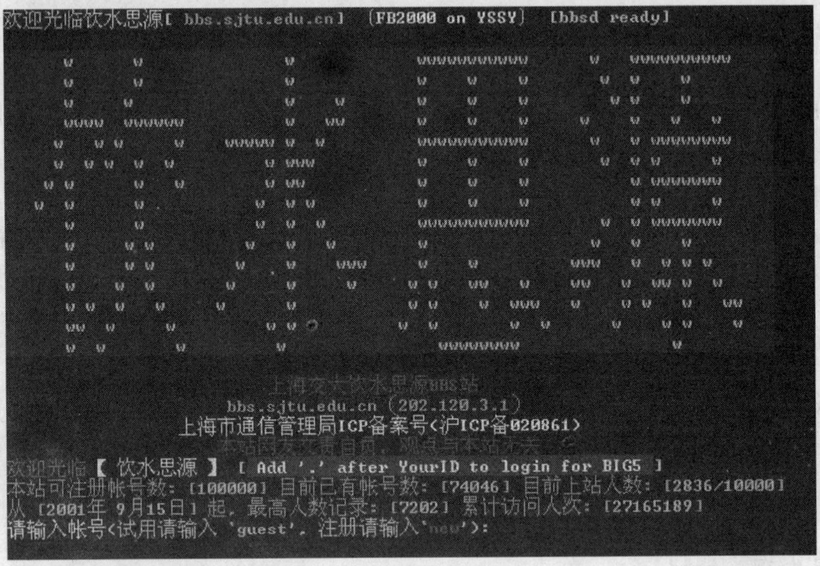

图 7.3 “饮水思源”BBS 站点窗口

2. 用浏览器直接访问 BBS

目前很多 BBS 站点都支持使用 WWW 浏览器的方式访问，现在以使用 Windows 自带的 IE 浏览器登录“紫丁香 BBS”为例，介绍如何借助 WWW 浏览器访问 BBS 站点。

首先，打开 IE 浏览器，在“地址”栏中输入 http://bbs.hit.edu.cn/，按回车键。进入哈尔滨工业大学紫丁香 BBS 站，如图 7.4 所示。

3. 注册 BBS 用户

要完全享用 BBS 提供的各种功能，必须先注册为用户，否则只能浏览 BBS 中的信息而不能发表观点与见解。这里以注册“铁血论坛”的用户为例讲解注册用户的方法，具体操作步骤如下：

（1）在 IE 浏览器的地址栏中输入铁血论坛 BBS 的网址“http://bbs.tiexue.net”，按回车键将 BBS 网页打开，如图 7.5 所示，单击该网页中的“注册”按钮。

（2）在弹出的注册窗口中，先仔细阅读并接受“铁血服务条款”，单击“我接受”按钮。在弹出的如图 7.6 所示的窗口中，填写用户名与密码。

Lilac BBS
哈工大紫丁香BBS站十周年站庆
用户名
密码
登陆
游客
目前本站尚不支持其它浏览器，强烈建议使用IE5以上进行浏览
版权所有 哈尔滨工业大学

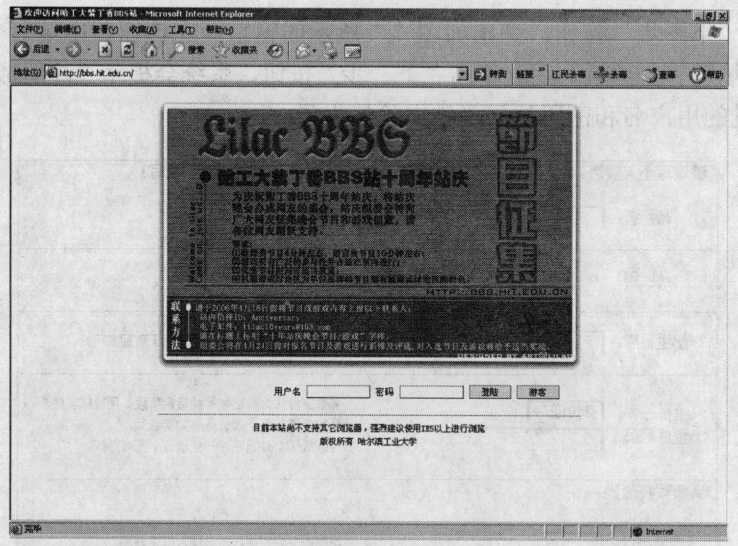

图 7.4　使用 IE 浏览器访问哈工大“紫丁香 BBS 站”

铁血社区
军事
贴图
社会
电影
历史
休闲
当今社会需要什么？
人才

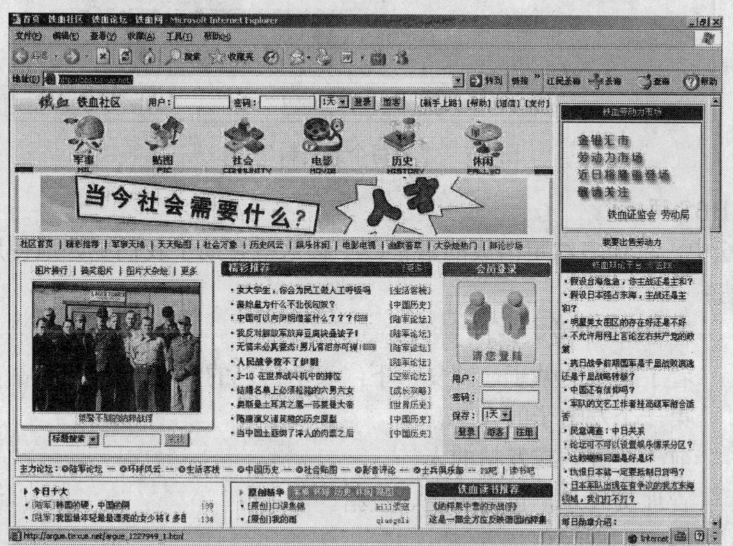

图 7.5　“铁血论坛”登录界面

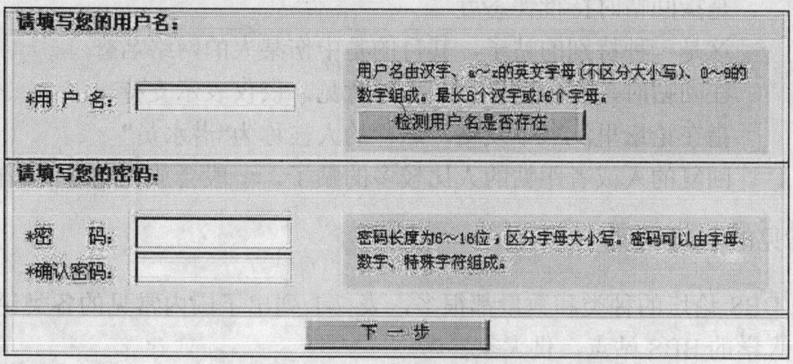

请填写您的用户名：
*用 户 名：
用户名由汉字、a~z的英文字母(不区分大小写)、0~9的数字组成。最长8个汉字或16个字母。
检测用户名是否存在
请填写您的密码：
*密　　码：
*确认密码：
密码长度为6~16位，区分字母大小写。密码可以由字母、数字、特殊字符组成。
下 一 步

图 7.6　“选择用户名”窗口

（3）单击“下一步”按钮，弹出如图 7.7 所示的窗口。在该窗口中填写个人资料，其中带有*号的必须填写。全部填写后，单击“下一步”按钮，系统会提示“注册成功”。这时就可以用刚才注册过的用户名和密码访问“铁血论坛”了。

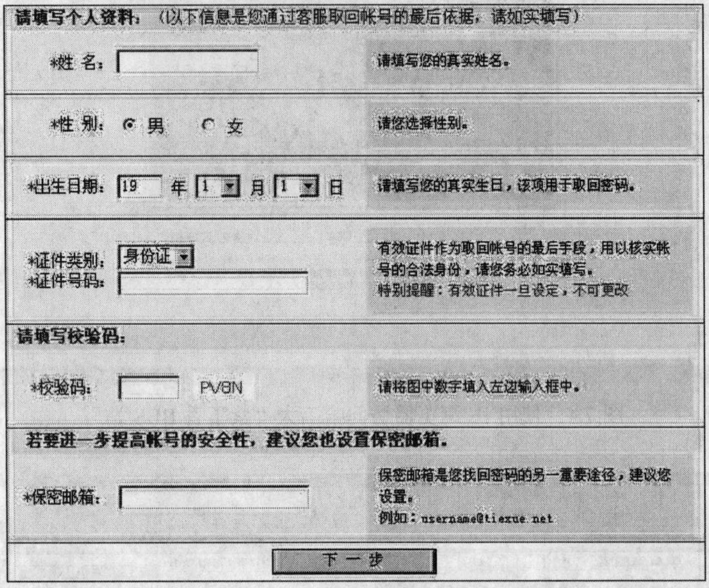

请填写个人资料：（以下信息是您通过客服取回帐号的最后依据，请如实填写）

*姓 名： 请填写您的真实姓名。

*性 别： 男 女 请您选择性别。

*出生日期：19 年 1 月 1 日 请填写您的真实生日，该项用于取回密码。

*证件类别：身份证
*证件号码：
有效证件作为取回帐号的最后手段，用以核实帐号的合法身份，请您务必如实填写。特别提醒：有效证件一旦设定，不可更改

请填写校验码：

*校验码： PV8N 请将图中数字填入左边输入框中。

若要进一步提高帐号的安全性，建议您也设置保密邮箱。

*保密邮箱： 保密邮箱是您找回密码的另一重要途径，建议您设置。例如：username@tiexue.net

下 一 步

图 7.7 “填写个人资料”窗口

4. 常见的 BBS 语言

在 BBS 论坛中，有很多约定俗成的语言，了解这些有助于我们更好地使用 BBS。下面是常见的 BBS 语言：

帖子　　在 BBS 中发表或回复的文章
回帖　　看了别人的帖子，回复一下，表示自己的意见，也叫跟帖
楼主　　第一个发帖子的人
楼上的　　前一个跟帖或发帖的人
斑竹　　管理员之意，也叫版主、板猪
板斧　　版副，副版主
灌水　　发表没有阅读价值的文章
拍砖　　是指回帖时持批评态度
天外飞砖　　这是一种特别的帖子，其目的是中伤某人的网络名誉
顶　　在回帖时，不表示什么具体的意见，仅仅表示支持一下
潜水　　指在论坛里沉默不发帖，这样的人被称为“潜水员”
置顶　　回复的人或者跟帖的人比较多的贴子，一般会放在论坛的最前面

7.2.3 常见的 BBS 站点

国内各种 BBS 论坛的种类和数量都很多，表 7-1 列出了国内常见的各类论坛，表 7-2 列出了国内主要大学的 BBS 站点，供大家参考。

表 7-1　国内常用的 BBS 列表

名称	域名地址
西祠胡同	http://www.xici.net
搜狐论坛	http://club.sohu.com
商都 BBS	http://bbs.shangdu.com
中华网社区	http://bbs.china.com
21CN 社区	http://free.21cn.com/forum
网易论坛	http://bbs.163.com
新浪论坛	http://forum.sina.com.cn
亿唐盛世 BBS	http://bbs.etang.com
中国育婴网	http://bbs.babyschool.com.cn
Tom 论坛	http://bbs.tom.com
齐鲁论坛	http://bbs.qqit.com
强国社区	http://bbs.people.com.cn/bbs/start
倚天硬件论坛	http://bbs.pcbirds.com
中国同学录论坛	http://bbs.5460.net/bbs/main.jsp
碧海银沙	http://zhanjiang.ml.org
楚天热线	http://bbs.hb.cninfo.net
冰城驿站	http://bbs.hr.hl.cn
一网情深	http://bbs.sz.gnet.gd.cn
枫林驿站	http://bbs.fs.gnet.gd.cn
网日情怀	http://bbs.mm.gnet.gd.cn
中国教育在线论坛	http://bbs.eol.cn
QQ 论坛	http://bbs.qq.com
动易论坛	http://bbs.powereasy.net
博客论坛	http://bbs.bokee.com
硅谷动力社区	http://bbs.enet.com.cn
春秋中文社区	http://bbs.cqzg.cn
韩剧社区	http://www.kdocn.com/bbs
丁香园论坛	http://www.dxy.cn/bbs
程序员家园论坛	http://www.tiantiansoft.com/bbs
天极论坛	http://bbs.yesky.com/index.php
网大论坛	http://forum.netbig.com/bbscs/main.bbscs
笑话论坛	http://bbs.sunvv.com
51cto 网管论坛	http://bbs.51cto.com
Chinaren 校园论坛	http://cbbs.chinaren.com
涂鸦家园	http://www.tooya.net/bbs
凤凰论坛	http://bbs.phoenixtv.com/fhbbs/portal.php

表7-2 国内部分大学BBS站点

主办单位	站名	域名	IP
广州中山大学	逸仙时空	bbs.zsu.edu.cn	202.116.64.6
华南理工大学	木棉站	bbs.gznet.edu.cn	202.112.17.37
暨南大学	暨南园	bbs.jnu.edu.cn	202.116.9.61
中山医科大学	杏林站	bbs.gzsums.edu.cn	202.116.96.88
广东外语外贸大学	白云山	bbs.gdufs.edu.cn	202.116.192.38
深圳大学	荔园站	bbs.szu.edu.cn	
清华大学	水木清华	bbs.tsinghua.edu.cn	202.112.58.200
北方交通大学	可爱的家	bbs.njtu.edu.cn	202.112.145.96
北京工业大学	知新园	bbs.bjpu.edu.cn	202.112.78.8
河北工业大学	观沧海	bbs.hebut.edu.cn	202.113.112.57
上海交通大学	饮水思源	bbs.sjtu.edu.cn	202.120.2.114
浙江大学	西子浣纱城	bbs.zju.edu.cn	210.32.128.8
厦门大学	鼓浪听涛	bbs.xmu.edu.cn	210.34.0.13
福州大学	庭芳苑	bbs.fzu.edu.cn	210.34.48.50
南昌大学	滕王阁序	bbs.ncu.edu.cn	210.35.240.7
河海大学	水上明珠	bbs.hhu.edu.cn	202.119.112.51
中国科技大学	瀚海星云	bbs.ustc.edu.cn	202.38.64.3
福建农大	金山玉兰	bbs.fjau.edu.cn	210.34.80.6
南京大学	小百合	bbs.nju.edu.cn	202.119.32.15
华中理工大学	白云黄鹤	bbs.whnet.edu.cn	202.112.20.132
湖北教育学院	湖北教育风情	bbs.hubce.edu.cn	202.197.144.242
长沙铁道学院	潇湘驿站	bbs.csru.edu.cn	202.197.32.116
武汉大学	珞珈山水	bbs.rjgc.whu.edu.cn	202.114.67.89
西安交通大学	兵马俑	bbs.xanet.edu.cn	202.112.11.199
西南交通大学	锦城驿站	bbs.swjtu.edu.cn	202.115.64.4
西南大学	樟树林论坛	bbs.swnu.edu.cn	
四川联合大学	阳光地带	bbs.scuu.edu.cn	202.115.35.33
成都理工大学	绿茵站	bbs.cdit.edu.cn	202.115.128.52
哈尔滨工业大学	紫丁香	bbs.hit.edu.dn	
东北大学	白山黑水	bbs.neu.edu.cn	
东北农业大学	天鹅站	bbs2.neau.edu.cn	202.118.166.129
大连理工大学	碧海青天	bbs.dlut.edu.cn	202.118.66.5
长春邮电学院	邮海飘香	bbs.ccipt.edu.cn	202.198.160.65
吉林工业大学	东北亚	bbs.jut.edu.cn	202.198.47.51

实训：

练习使用 Windows 的 IE 浏览器访问东北大学 BBS 站点。

7.3 网络新闻组（USENET）

互联网上还有一种主要服务是 Internet 新闻组（Newsgroup），称为 USENET（User network），有时也被称为“网络新闻”（Netnews，network news）。Internet 新闻组以电子公告板的形式提供服务，参与者利用这种快速而有效的方式发布各种学术信息、政治经济大事、新闻热点、共同话题以及各种商业信息等。现在每天有大约 3 万条讨论文档在新闻组中发布。

7.3.1 USENET 概述

1. USENET 的历史

1980 年，美国北卡罗来那有两个学生在几台 UNIX 计算机上生成第 1 版 USENET，这种被称为 A 信息机的原始版 USENET 工作相当稳定，它能在一天之内通过一种称为 UUCP（Unix - to -Unix Copy）的网络计划，将一打文章从一台计算机传到另一台计算机。这是一种所有 UNIX 系统都配有的拨号方式，虽然运行缓慢，但非常可靠的通信程序。几年之内，被称为 B 新闻机的改良版本，把新闻组推广到了其他几所大学和几家软件公司。

接下来的 10 年里，USENET 得到了快速的发展。现在，全球有 3 万多个信息点发送信息，有更多信息点在阅读 USENET。通过使用一种叫做 NNTP 的通信协议（Net News Transfer Protocol），许多原始拨号式网络被一些永久性连接 Internet 的网络系统所取代。

新闻组在国内的使用并不广泛，远没有基于网页的论坛流行，不过在国外，新闻组是一个交流和探讨的好地方，甚至很多大公司对用户提供的支持也是通过新闻组进行的。

2. 新闻组和新闻系统的组织

新闻组是有层次的组织，先以最广泛的组作为“父组”的组名，其下面是很多“子组”。每个组名用句点“.”与它的父组及子组分开，例如：rec.Music.disc。

网络新闻系统由新闻、新闻组和新闻阅读软件组成。许多内容相关的被组织在一起，形成了一个个的新闻组，多个新闻组还可以进一步组成内容上更为广泛的更大的新闻组。这样，新闻和新闻组构成了网络新闻系统中的信息资源部分，是每位用户最为关心的数据对象。而新闻阅读软件则是对新闻和新闻组进行操作的工具，用户通过它来阅读和发送新闻。

下面分别介绍一下新闻、新闻组和新闻阅读软件，使读者能对网络新闻系统有全面的了解。

（1）新闻。新闻是指网络新闻系统用户就某项讨论专题所发表的个人见解、文章或用户发布的消息。在网络新闻系统中人们查询、阅读和发送信息是新闻系统最基本也是最重要的组成部分。新闻与电子邮件系统中的电子邮件非常相似，它的组成结构也同样包括新闻头和新闻体两个部分。

1）新闻头。新闻头主要包括以下几项信息：

- 作者：指提供该新闻的作者姓名，可以是真实姓名，也可以是化名。
- 主题：指新闻的内容提要，它是由作者提供的，通常只有一句话，简要地介绍该新闻的主要内容。

主题也是用户进行检索的依据，所以作为新闻的作者，有责任提供准确的新闻主题。此外，新闻头还包括其他一些检索关键词，这些关键词和上面所提到过的作者与主题一起构成了不同的检索途径。通过这些检索途径，用户可以方便地查到自己所需要的信息。

2）新闻体。新闻的正文部分是新闻的具体内容，它可以是用户就某个论题所发表的感想，也可以是他向外发出的求助信息。

在实际的操作过程中，网络新闻系统用户要就某件事情向网络中发出自己的看法、感想或是提出自己的问题来征求他人的意见和帮助。当看到这条新闻后，许多对此感兴趣的用户可能会加入到讨论过程里。于是，这项论题下的各个新闻就构成了一条讨论线索。用户可以就这条线索进行更深入的讨论，也可以提出自己的一个新论题供大家讨论。一旦他发出这样一条新闻，同时也就开辟了又一条新讨论线索。

（2）新闻组。在计算机的文件系统里，大量的文件被组织到一个称为目录的树状结构中，同样，新闻系统中，新闻也是由一种树状结构组成。某一类论题下的新闻组成新闻组，多个论题内容相似的新闻组还可以组成一个更大的新闻组。这样，新闻和新闻组就构成了一种树状结构，在这样的一种结构中大量的新闻被有计划地分类整理，大的新闻组下可分成若干个子新闻组，子新闻组还可被进一步划分成更小的子新闻组，而每一项新闻则成为新闻系统中的最小组成单位。在表示一个新闻组时，要把它的所有父组都列出来，组与组之间以圆点“.”分隔。

（3）新闻阅读软件。用户如果要查询、阅读新闻或是发送自己的新闻必须通过新闻阅读软件进行。新闻阅读软件是对新闻进行处理的工具，是用户与新闻系统的接口。除上面所说的功能外，新闻阅读软件还提供了许多其他的处理功能，如订阅或是停止某些新闻组，对发出的新闻进行加密等。

3. 新闻组的分类

目前在 Internet 上有上万个各种类型的新闻，用户所能想到的任何话题，都可能在互联网上找到有关这一话题的新闻组。新闻组中最常见的消息是问题和答案，或者是寻求帮助，所以在许多新闻中都有“常见问题”列表。

在 Internet 新闻组系统中，使用最广泛的仍然是最初设立的 7 个 USENET 域的新闻组，这七大类主要新闻组是：

门类	对应含义
comp	与计算机相关的话题
rec	娱乐性话题
sci	有关科学的话题
soc	有关社会问题的话题
news	针对一个 netnews 系统运作和管理的话题
talk	用于随便交谈的话题,常常具有争议性
misc	其余部分未涉及的多样话题

7.3.2 USENET 的管理

上面所提到的新闻和新闻组都存放于被称为服务器的计算机之中，这些服务器在网络新闻系统中又被具体地叫作新闻服务器。新闻阅读软件运行在用户自己的计算机上，当这台计算机通过电话线或是局域网等各种方式与一台新闻服务器相连时，用户即可利用本地机上的新闻阅读软件去访问新闻服务器上的新闻。在 Internet 上已有成千上万的新闻服务器在为广大用户提供服务，它们之间可以根据一定的规则或协议相互交流各自的新闻，因此连接到其中任何一台服务器上的用户所发出的新闻，很可能不久就会出现在某一台新闻服务器上，能够访问这台服务器的用户就可以阅读到这条新闻了。

在网络新闻系统中，所有的新闻被组织成新闻组，新闻组呈一种树状的多层次结构。新闻及新闻组被存储于网络上的服务器之上，所以一个用户所能看到的新闻的数量和种类取决于他所使用的新闻阅读软件访问的是哪一台新闻服务器。在 Internet 上，一个新闻服务器可以建立起自己本地的新闻组，同时新闻组及其包含的新闻也可以在不同的新闻服务器之间传送。可以想像，一个新闻服务器上新闻组的数量是非常庞大的。特别需要指出的是，经过若干年的发展，Internet 上已经形成了几个公认的新闻组，它们所包含的内容包罗万象，已成为 Internet 上的重要资源。国内的新闻组也有很大发展，不过由于种种原因，并不如其他的网络应用一样被普遍使用。表 7-3 给出几个国内的新闻组服务器站点。

表 7-3 国内常用的新闻组站点

名称	网址
中国 CERNET	news.xmu.edu.cn
浙江电信	news.zj.cninfo.net
上海交通大学	news.shnet.edu.cn
山东新闻	news.sd.cninfo.net.cn
广州网易	news.nease.net
佛山新闻组	ems.foshan.gd.cn
北京大学	news.pku.edu.cn
香港星光	news.starzine.com
西安交通大学	news.xanet.edu.cn
东方网景	news.east.cn.net
福州八闽	news.bm.fz.fj.cn
哈尔滨	news.hr.hl.cn
CEI 自由软件	news.freesoft.cei.gov.cn
华中理工大学	news.whnet.edu.cn

从用户的角度看，似乎所有的新闻组和它们所保存的文章都在同一个地方，或者都保存在同一新闻服务器上，但事实并不是这样。就某一新闻组来说，它包含的所有文章的原始数据都是以文件形式分别保存在 Internet 的不同新闻服务器中的。按照固定时间表，每台新闻服务器会收到保存在其他新闻服务器上的新闻拷贝，大多数新闻服务器每天更新数据一次。

USENET 涉及许多不同地域和单位的计算机，这些计算机可能属于某个大学、科研机构或学术机构，也可能属于商业机构，并没有一个组织或个人对整个 USENET 进行管理。

大多数 USENET 都采取新闻转发的形式提供新闻组。新闻转发就是本地站点的新闻服务器向另一个站点索取新闻供给，同时又向另一个新闻服务器供给 USENET 文章。在每一次转发中，新闻服务器把未传送出去的新文章发送出去。这样用户提交的新文章就发入下一个 USENET 网点，很快该文章就会传遍整个 USENET。但日积月累，网上的文章越来越多，会占用大量的磁盘空间，所以大部分 USENET 站点都会给文章的保存时间设定一个限制，这个时间由新闻管理员来确定。

7.3.3 USENET 的使用

用户进行查找、阅读和发送新闻稿等操作，必须通过新闻阅读软件来进行。新闻阅读软件是对新闻进行处理的工具，是用户与新闻组系统的接口。新闻阅读软件很多，如 UNIX 系统提供的 nn、rn、tin 等，Microsoft 公司在 Internet Explorer 各种版本中所带的 Outlook Express，专用的 Graviyy、Agent、News Xpress 等。本书将介绍 Outlook Express 新闻阅读器的使用方法。

1. 设置新闻服务器账户

在使用 Outlook Express 的新闻组功能之前，首先要建立用户与新闻服务器的连接，需要事先知道新闻服务器的名称和地址，然后按下列步骤设置新闻服务器账户：

（1）启动 Outlook Express 软件后，主界面如图 7.8 所示。在该窗口中部的“新闻组”选项下选择“设置新闻组账户”，弹出如图 7.9 所示的对话框。

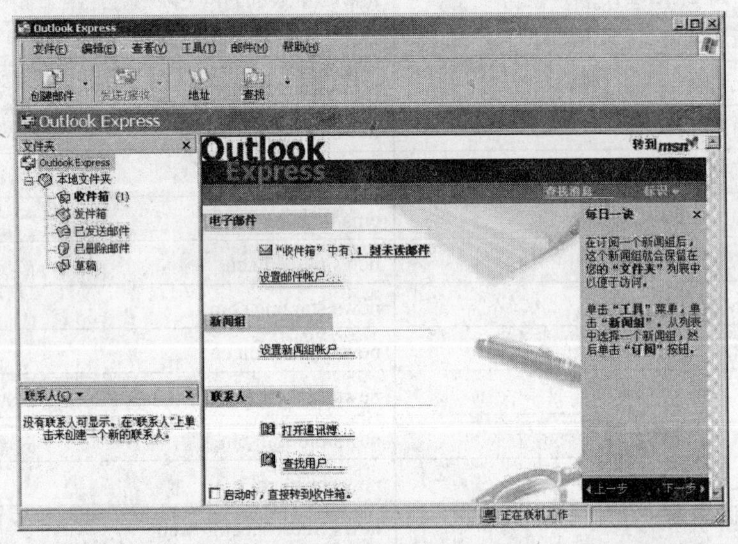

图 7.8 Outlook Express 启动界面

（2）在图 7.9 中，在“显示名”文本框中添加姓名后，单击“下一步”按钮，弹出如图 7.10 所示的对话框。在“电子邮件地址”文本框中，填入自己的电子邮件地址。

（3）在图 7.10 中，单击“下一步”按钮，弹出如图 7.11 所示的对话框。在“新闻（NNTP）服务器”下面的文本框内填写新闻服务器的 IP 地址或域名。例如填写黑龙江新闻组的域名“news.hl.cninfo.net”。

（4）在图 7.11 中单击“下一步”按钮，弹出如图 7.12 所示的账户设置完成对话框。单击“完成”按钮，将弹出一个对话框，提示用户是否从添加的新闻服务器下载新闻组,如图 7.13 所示。

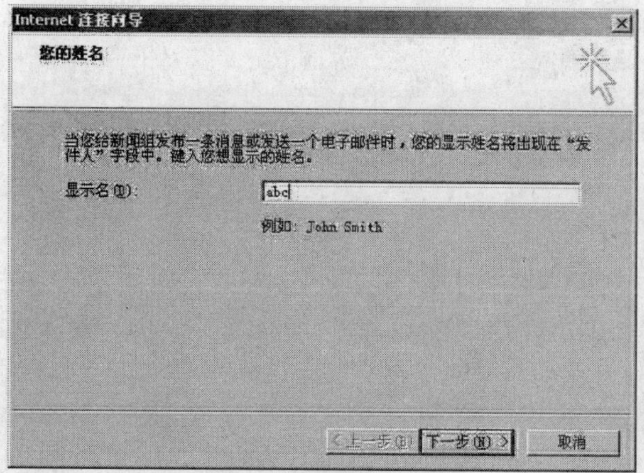

图 7.9　“您的姓名”对话框

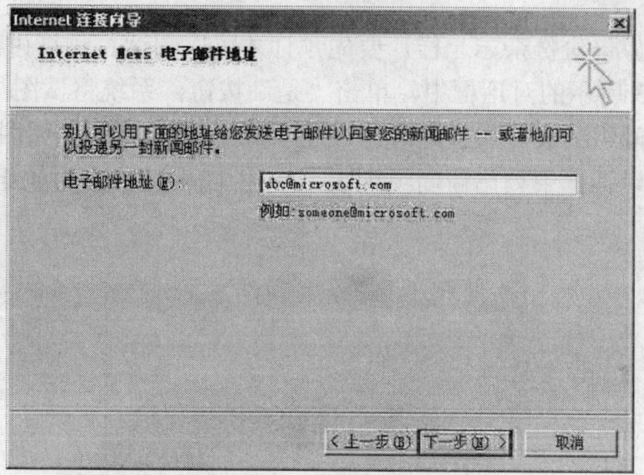

图 7.10　“电子邮件地址”对话框

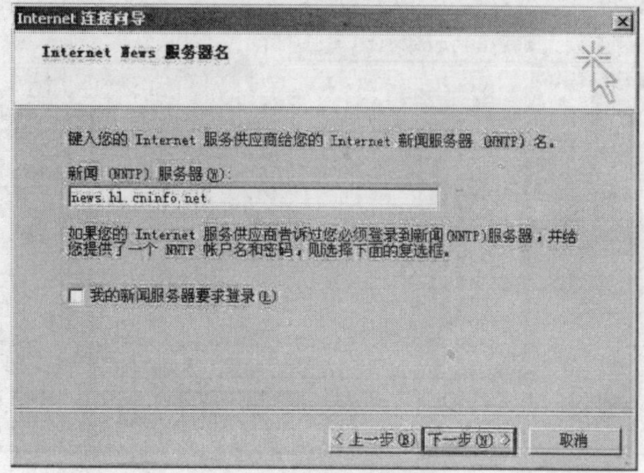

图 7.11　“Internet News 服务器名”对话框

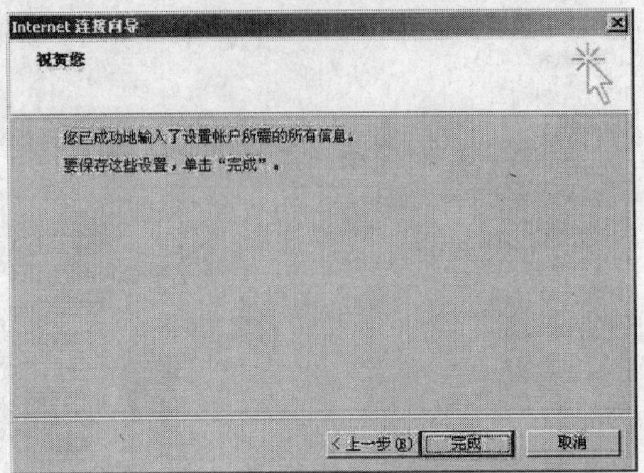

图 7.12 账户设置完成对话框

2. 预订讨论组

所有的讨论组就像一份份杂志一样，要先预订才可以阅读。预订讨论组的步骤如下：

（1）在如图 7.13 所示的对话框中，单击“是”按钮，系统将试图与新闻组服务器连接，并下载服务器上的新闻组列表。如果此时已经连入 Internet，将弹出如图 7.14 所示的“新闻组预订”对话框，并在对话框中列出新闻组列表。按住 Ctrl 键，在讨论组列表里单击要预订的讨论组。

图 7.13 Outlook Express 提示对话框

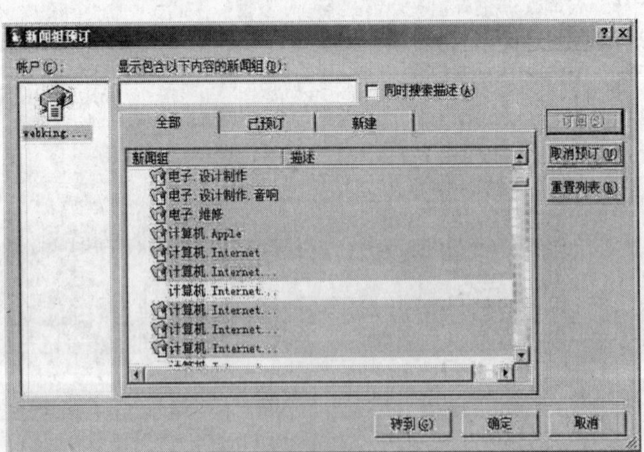

图 7.14 “新闻组预订”对话框

（2）单击“订阅”按钮，然后继续选择需要的新闻组，如图 7.15 所示，最后单击“确定”按钮完成新闻组的预订。

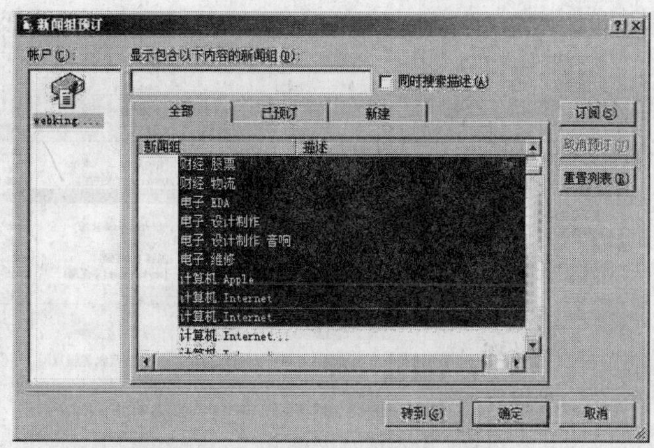

图 7.15　“新闻组预订”对话框

3. 阅读新闻组

（1）在 Outlook Express 工作窗口左边的“文件夹”窗口中，列出了本地的各种文件夹，如图 7.16 所示。在“文件夹”里单击要查看的讨论组，在右上方的讨论组项目列表里显示出讨论组的所有文章。

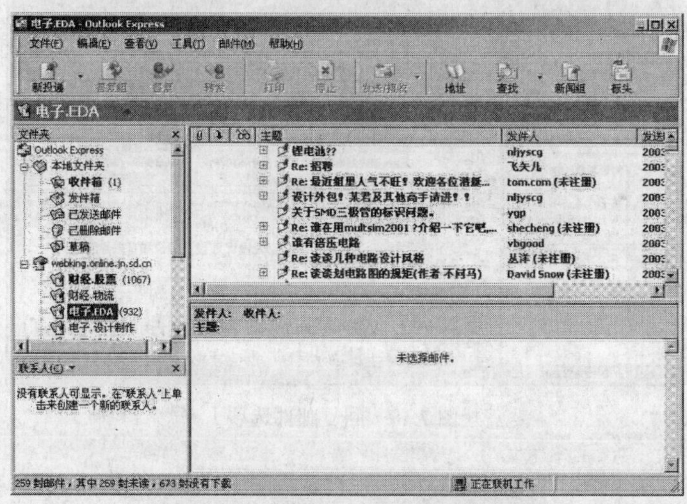

图 7.16　显示各新闻组内的文章标题

（2）单击要查看的文章，在右下方的项目预览窗口里显示出选中项目的内容，如图 7.17 所示。

4. 发表和回复文章

看了新闻后，如果想发表自己的看法，就和发送普通邮件一样，既可以发送一篇新文章，也可以回复讨论组里已有的文章。

（1）如果要把回复的文章发送到讨论组中，单击选中讨论组项目列表里要回复的文章，然后单击“常用”工具栏的“答复组”按钮，如图 7.18 所示。

（2）在弹出的回复邮件对话框里，输入邮件的内容，“收件人”文本框里已经自动填上了文章投递人的电子邮件地址，单击“发送”按钮，如图 7.19 所示。邮件就会自动发送出去。

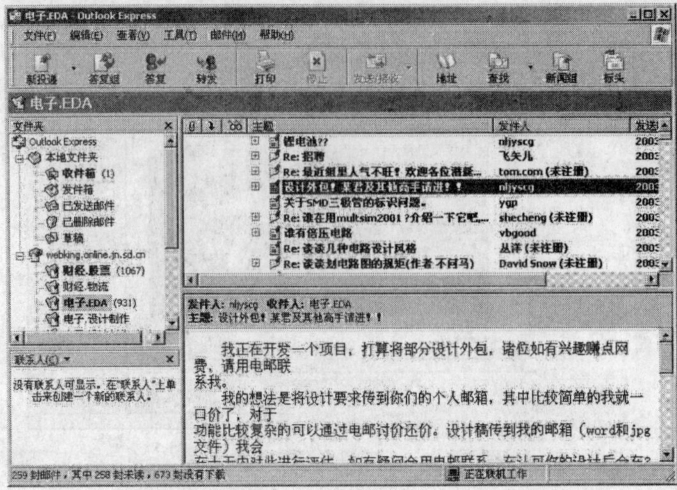

图 7.17 查看新闻组内的文章

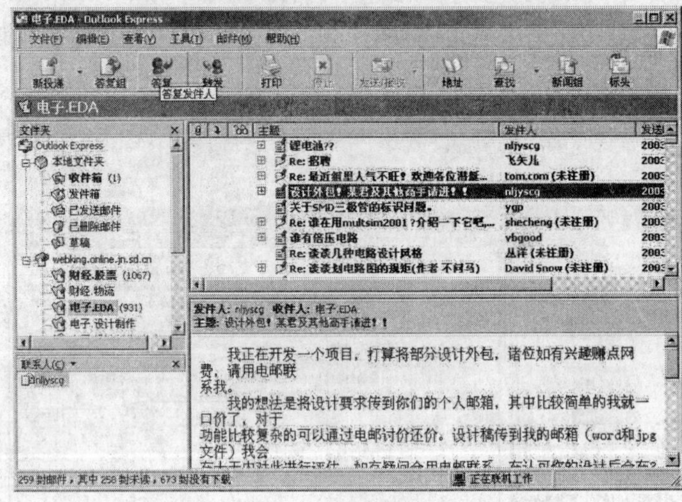

图 7.18 回复邮件选项

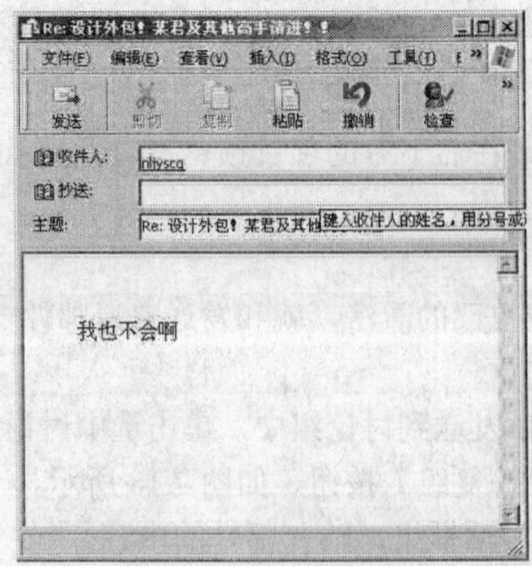

图 7.19 回复邮件窗口

7.4　IP 电话与网络会议

7.4.1　IP 电话简介

网络电话（Internet phone）又称为 VoIP(voice over IP，即“在 IP 上的声音”),意思是使用 IP 协议在 Internet 中实时地传送声音信息。它是利用 TCP/IP 协议通过 Internet 实现的一种电话应用。

目前，IP 电话可以分为 PC 到 PC、PC 到电话、电话到电话三种类型。

1. PC 到 PC

它要求通话双方都必须具有多媒体计算机，并且通过电话线或局域网连入 Internet，利用 IP 地址进行呼叫。双方都需要安装专门的通信软件。

这是最早出现的网络电话，它的优点是通话费用最低，只需用户支付上网费用。缺点是使用范围受到一定的限制，只有双方均配备多媒体计算机、安装相同的通信软件并同时上网时才能使用。

2. PC 到电话

发话的一方具有多媒体计算机，受话的一方为普通电话机。由于数字信号经压缩和打包处理后，经 Internet 传输仍然是数字信号，普通电话机是无法直接接听的。因此这种方式必须通过 IP 电话网关，将数字信号解压还原成模拟信号，再通过公用电话交换网 PSTN 传送到受话方的普通电话机。同样的原理，受话的模拟信号也要转换成数字信号，通过 Internet 再传送给发话方。

这种通话方式的最大优点是受话对象可以是任何一部普通电话机，使用方便。但由于需要由 IP 电话网关提供服务，因此一般需要缴纳一定的服务费用。可以使用那些提供免费试用的站点，只需注册一个免费号码，就可以免费拔打国际/国内电话了。

3. 电话到电话

普通电话经过电话交换机连接到 IP 电话网关，利用电话号码穿过 IP 电话网关进行呼叫。发送端 IP 电话网关鉴别主叫用户，翻译电话号码/网关 IP 地址，发起呼叫，连接到最靠近被叫的 IP 电话网关，并完成话音编码和打包。接收端的 IP 网关实现拆包、解码和连接被叫方。

这种方式中通话双方均为普通电话，所以使用对象非常广泛，不受场地和设备的限制，通话质量好，但是通话费用较高。这种通话方式在我国统称为“IP 电话”。

目前我国开办的 IP 电话采用 TCP/IP 协议的 IP 网络，通过 IP 电话网关，在固定电话网和移动电话网上向公众提供国内长途电话、国际电话或传真业务。根据我国电信业务调拨的管理政策，决定对 IP 电话业务实行许可证制度。经信息产业部批准并取得经营许可证的单位有：中国电信（17968/17969）、中国网通（17908/17909），中国联通（17910/17911，193）等。

7.4.2　IP 电话软件

目前，拨打网络电话的软件有 Net2Phone、eTalk、一拨通、优友通、EP 华夏通（铁通）网络电话、Teltel PC-Telephone、Teltel、网通 Web 电话卡、中国移动 voxbar 等。在使用这些拨号软件之前，一般要先购买卡号并进行充值才能打电话。

PC 对 PC 类的 IP 电话软件很多，主要有 Skype、MSN、Voxphone、Iphone、NetMeeting 等。它们的共同特点就是使用简便。当用户上网后运行上面的任何一种软件，并连接到该软件的网络电话服务器时，所有在线用户将会出现在桌面的列表中。双击某一用户姓名，即可建立对其呼叫，一旦接通以后，双方便可以通话，不用支付任何长话费用。

下面以深圳市国领电讯有限公司的 KC2005 为例，简单说明一下网络电话的用法。Keep Contact（简称 KC）是一款新型的免费即时通信软件。它集网络电话、短信/彩信、邮件、聊天等多种通信方式于一体，提供创新的自动建立与维护通信录、全开放的网络通信与一站式通信入口服务，可以随时随地与任何好友进行交流通信。

1. 下载和安装

KC2005 软件可以到http://www.keepc.com/下载，或到华军软件园等网站下载，安装方法与一般的程序很相似，这里不再介绍。

2. 申请 KC 号码

打开 KC，界面如图 7.20 所示。在用户登录界面中单击“免费注册”进入用户注册界面，如图 7.21 所示。为了方便用户使用 KC，可以通过邮箱、QQ、MSN、手机等任意方式免费注册，也可以直接申请 KC 号。

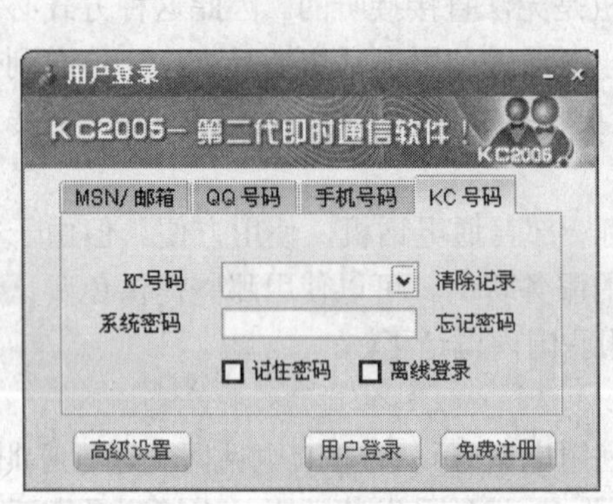

图 7.20 KC 登录界面

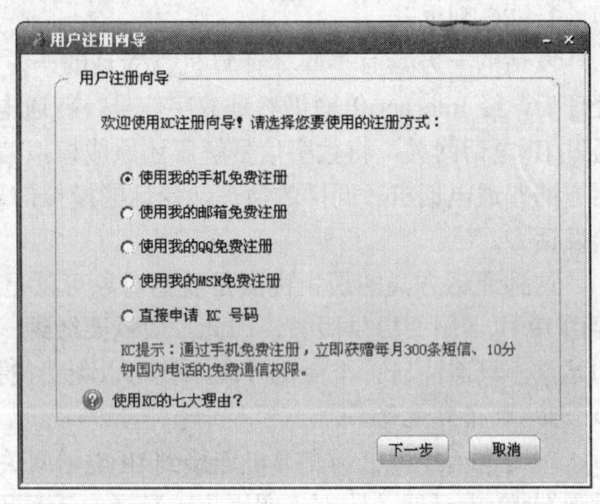

图 7.21 “用户注册向导”界面

（1）在注册窗口单击“直接申请 KC 号码”时，直接进入注册向导，系统将自动分配 KC 号码，设置用户的 KC 密码，确认密码后单击“下一步”按钮，进行注册。

（2）在注册窗口中单击“使用我的手机免费注册”时，输入用户的手机号码和验证码即可，用户的手机号码仅用作验证信息，用户在使用手机注册和绑定 KC 账号时，均不会产生任何费用。

（3）使用 QQ 或 MSN 免费注册模式时需要输入用户的 QQ 或 MSN 账号和对应的密码，用户申请的账号仅用作验证信息。以“使用我的邮箱免费注册”为例，在图 7.21 中选择“使用我的邮箱免费注册”单选按钮，单击“下一步”按钮，显示如图 7.22 所示的界面。正确填写邮箱地址和用户密码等选项后，单击“下一步”按钮，出现如图 7.23 所示的注册成功提示界面，给出用户的 KC 号码，并要求继续填写用户的详细资料。

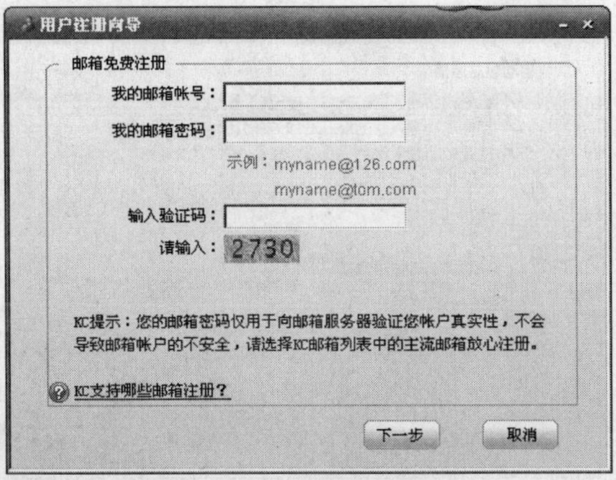

图 7.22　使用邮箱注册 KC 号码

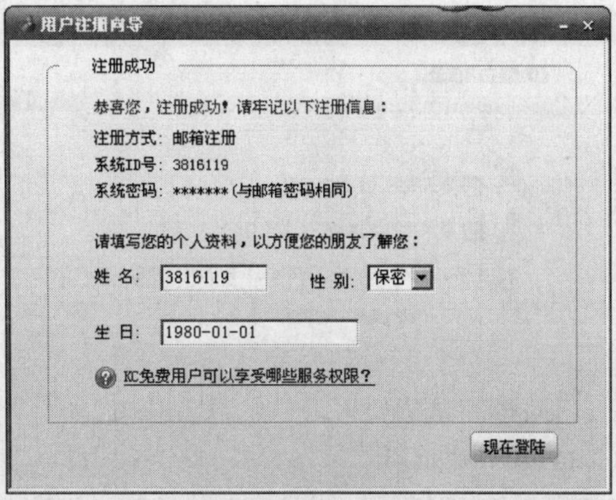

图 7.23　用户注册成功界面

3. 用户登录

使用刚才注册的 KC 号码，在如图 7.20 所示的界面中输入 KC 号码和系统密码后，单击“用户登录”按钮，就会进入 KC 主界面，如图 7.24 所示。如果是第一次登录 KC，系统还会提示如图 7.25 所示的自动建立通信录界面，单击“下一步”按钮，出现如图 7.26 所示的界面，填写完成后，单击“完成”按钮，也会进入 KC 主界面。

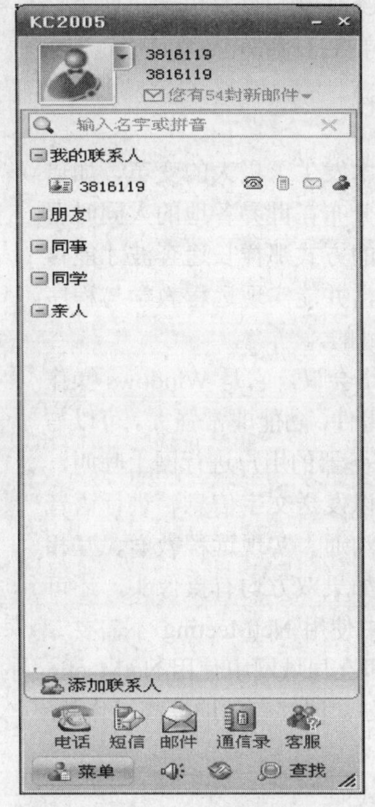

图 7.24　KC 主界面

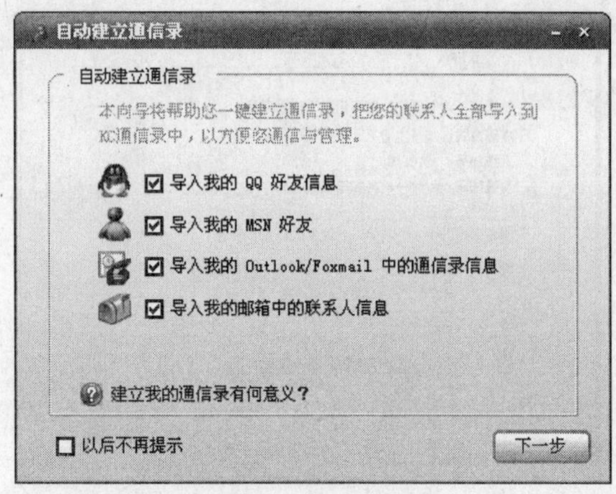

图 7.25　自动建立通信录界面一

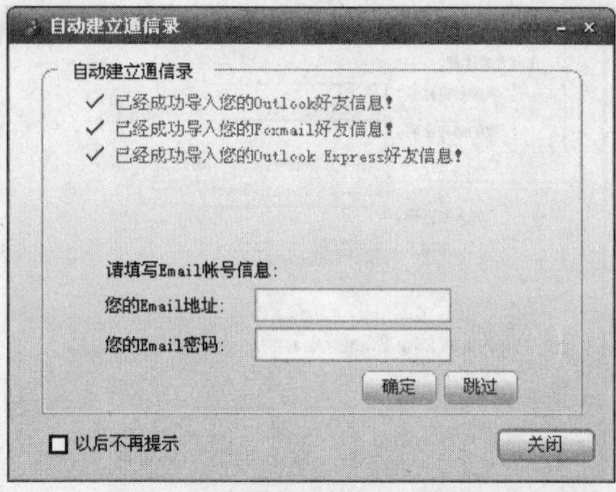

图 7.26　自动建立通信录界面二

4. 拔打网络电话

选中联系人，并单击主面板对应的电话图标便可以拨打网络电话，界面如图 7.27 所示。确认呼叫信息后，便可享受 KC 带来的高品质语音世界。在 KC 主界面中，选中联系人，并单击主面板对应的短信图标便可以发送短信/彩信。

此外，KC 还配有专用的 USB 接口网络电话，使用它之后，可以像使用普通电话一样拔打网络电话。

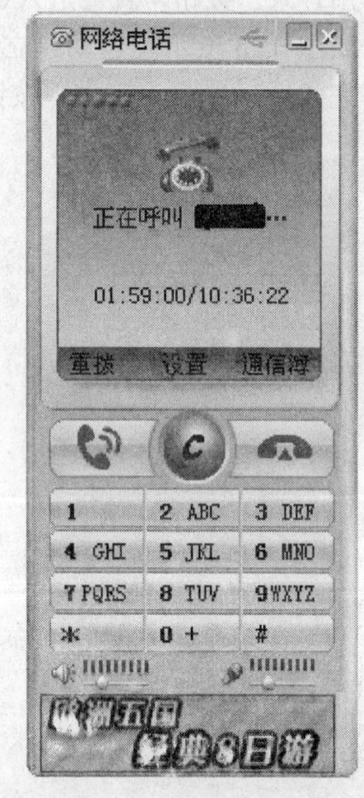

图 7.27　KC 拔打网络电话界面

7.4.3　NetMeeting 的应用

网络技术的发展使通信技术发生了极大的变革，如借助网络通信这个工具，可以使分布在世界各地的人同时召开网络会议，而不需要像传统的方式那样长途奔波才能传达会议精神、下达任务和通知，并能实现远程教学与程序共享等，达到多人协同办公的目的。

NetMeeting 中文意思是网络会议，它是 Windows 操作系统所捆绑的 IE5 的一种通信组件，功能非常强大。可以与登录同一个 NetMeeting 目录服务器的用户进行网上呼叫，当建立联系后，相互之间便可以发送文字信息、进行语音交流、通过电子白板进行图示沟通、实现远程教学、互相传送文件、实现程序共享等。如果双方均有摄像头，还可以进行视频对话等。在局域网中使用 NetMeeting 不需要专门的服务器，如果一个大型公司在局域网中使用 NetMeeting 的这些功能，可以随时交流思想、下达任务、汇报工作与协作办公，能够有效地提高工作效率。

相关知识链接

NetMeeting 的两种使用方式如下：

（1）NetMeeting 可直接用网络（TCP/IP）地址呼叫对方，这种方式只要知道对方的网络地址，将其在呼叫时输入即可。这种方式使用 NetMeeting 时，被呼叫方一定要正在使用计算机，且其 NetMeeting 一定要处于打开状态。若对方没有打开 NetMeeting，只有通过电子邮件与对方联络，使其打开 NetMeeting，如果对方的计算机电源没有打开的话，这种方式就无法进行。这种方式使用 NetMeeting 很费时，但它不需要用目录服务器。用这种方式使用 NetMeeting 时，启用“新呼叫”窗口时，呼叫方式一定要选择“网络 TCP/IP”，地址项一定要选取网络上存在和正在使用的计算机的网络 TCP/IP 地址。

（2）通过网络上的目录服务器使用 NetMeeting（不论是内部网络上的目录服务器，或是 Internet 上的目录服务器，都可使用）。用这种方式使用 NetMeeting 时，启用“新呼叫”窗口时，呼叫方式一定要选择“目录服务器”，地址项一定要选取网络上存在和正在使用的目录服务器的网络地址。NetMeeting 软件本身就提供了许多目录服务器的地址，如：“工具”→“选项”窗口中的“呼叫”页面里的“启动 NetMeeting 时登录到目录服务器的服务器名”的列表窗口中，都是 Microsoft 公司在 Internet 上保留的用户服务器。国内的很多上网热线上也有目录服务器，如果需要的话，可到常用的电脑报刊上查询，或到邮局去查找。这种方式使用 NetMeeting 时，只要连到目录服务器上，就有很多用户组在目录服务器上交谈，此时可以加入到任一个允许加入的谈话组，不需要再进行联络。

1. NetMeeting 的初始设置

一般来说，正常安装完 Windows 98/2000、Windows ME 或 Windows XP 之后，NetMeeting 都会自动安装。如果没有安装，可以到微软官方网站直接下载。关于安装完成后的设定，则是在第一次启动 NetMeeting 时进行的。

初次使用 NetMeeting 时必须进行一些必要的调试和设置，如果是在 Internet 中使用 NetMeeting，必须通过专用的目录服务器才能使用，如果是在局域网中使用 NetMeeting，也需设置用户名并检测相关的软硬件是否能够正常工作等。

在调试 NetMeeting 的过程中对 NetMeeting 的主要参数进行了初步设置，要让其更好地为自己服务，还需根据需要进一步进行设置。

（1）单击屏幕左下角的“开始”→“运行”菜单项，在弹出的“运行”窗口中输入 conf，然后按 Enter 键，会出现如图 7.28 所示的界面，列举了 NetMeeting 的主要功能。

（2）单击“下一步”按钮，打开如图 7.29 所示的对话框，要求用户输入个人信息。用户输入的个人信息，将被显示在用户的列表中，供其他用户查阅。

图 7.28　NetMeeting 的主要功能

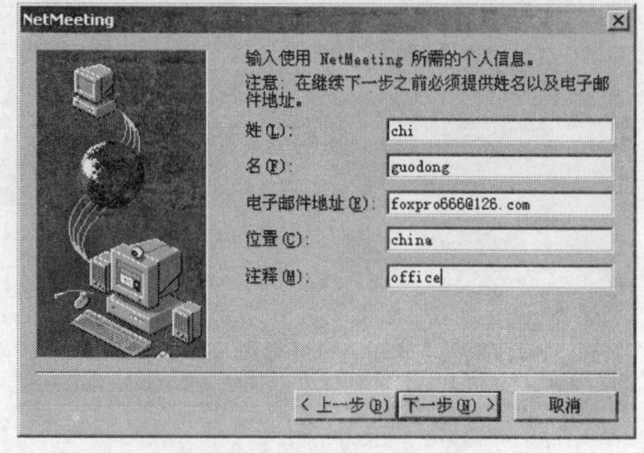

图 7.29　输入个人信息

（3）单击“下一步”按钮，弹出如图 7.30 所示的对话框，选择或输入要登录的服务器。

（4）单击“下一步”按钮，弹出如图 7.31 所示的对话框，指定连接到网络的速度。

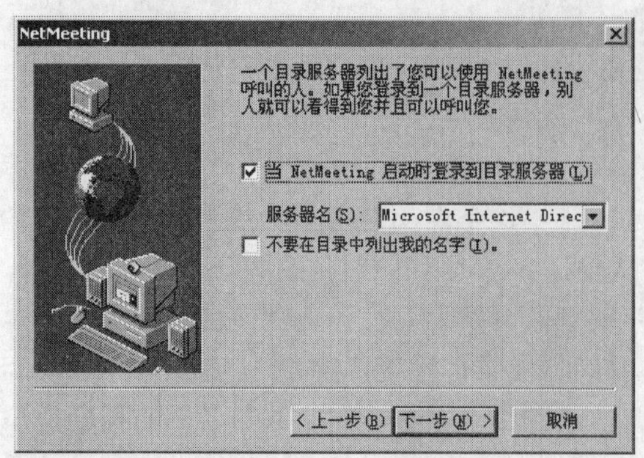

图 7.30 选择或输入要登录的服务器

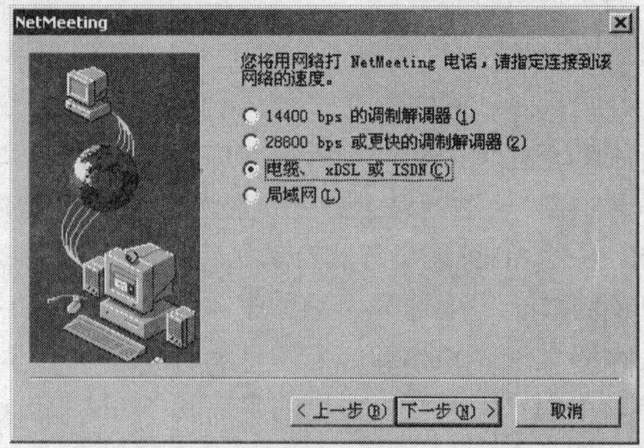

图 7.31 指定连接到网络的速度

（5）单击“下一步”按钮，弹出如图 7.32 所示的对话框，选择创建快捷方式。

（6）单击“下一步”按钮，弹出如图 7.33 所示的对话框，音频调节向导提示。

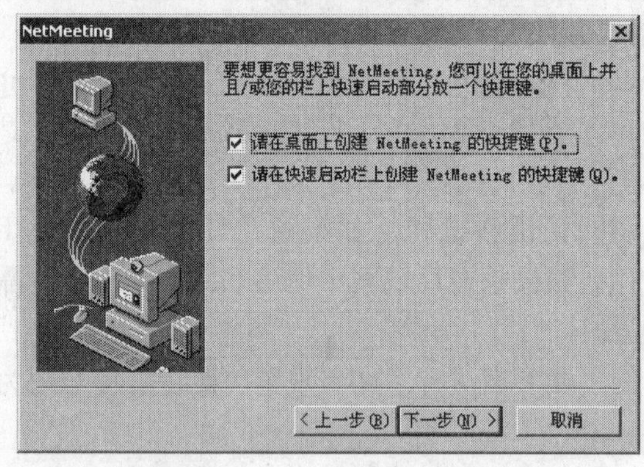

图 7.32 选择创建快捷方式

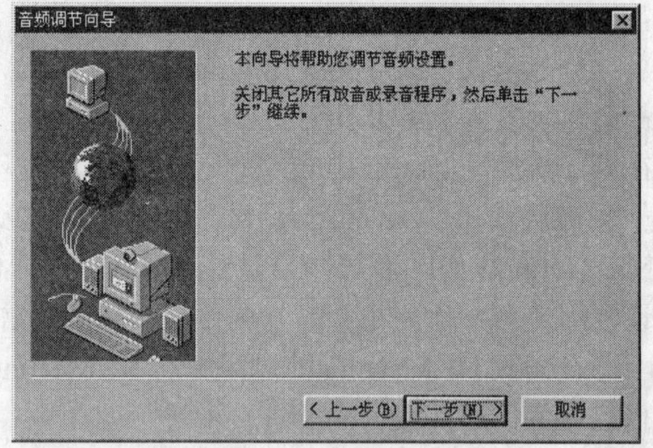

图 7.33 音频调节向导提示

（7）单击“下一步”按钮，弹出如图 7.34 所示的对话框，调节声卡音量。

（8）单击“下一步”按钮，弹出如图 7.35 所示的对话框，调节话筒。

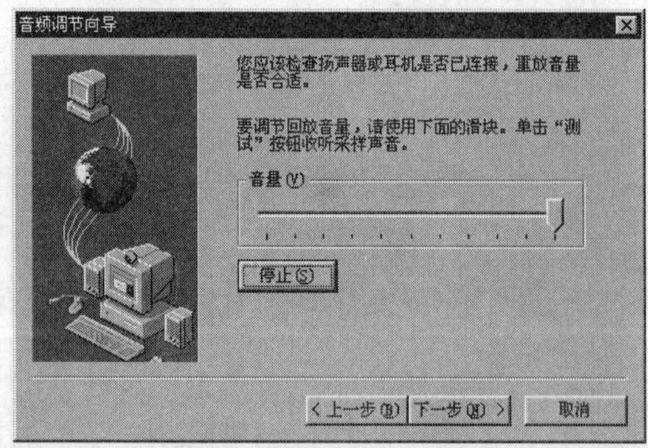

图 7.34 调节声卡音量

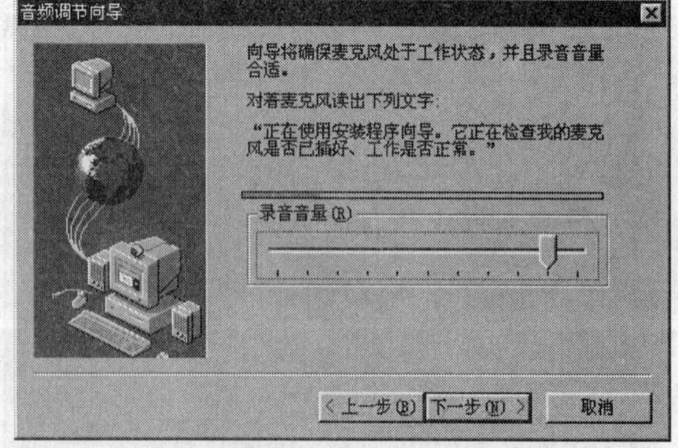

图 7.35 调节话筒

（9）单击“下一步”按钮，在弹出的对话框中，如果对所有设置满意，可以单击“完成”

按钮完成设置；如果想要更改某项设置，可以单击“上一步”按钮，继续设置。

2. NetMeeting 具体功能的操作

（1）呼叫联系人。用 NetMeeting 与他人联系时，首先要呼叫对方，通过 Internet 或是局域网发送呼叫给多个用户。

在“地址栏”里输入对方的地址，可以是电子邮件地址、计算机名、IP 地址、电话号码等，单击“呼叫”按钮。

当被呼叫方接受呼叫后，连接人员列表里就显示出当前人员名单，状态栏也显示当前的连接状态。操作成功后，就可以和呼叫人进行对话、电子白板或者应用程序共享了。

（2）即时传送文件。NetMeeting 最初的设置功能可以说就是一个网络电话软件，但是它比一般电话强的地方在于除了可以传送声音和影像外，还可以即时传递文件，特别是比较大的文件。发送文件的步骤如下：

1）通话双方同时使用 NetMeeting 连上线，选择“工具”→“功能表”→“文件传送”选项，出现“传送文件”窗口，选择要传送的文件（支持选择多个文件同时传送），单击“传送”按钮。

2）经过上面的步骤，文件就会自动传送出，并且 NetMeeting 窗口最下方会有文档名和进度指示轴。

3）传送完毕后会告知传送成功，单击“确定”按钮也就意味着文件传送大功告成。

接收文件的方式也类似，当对方传送出文件时，将会有一个文件传送讯息窗口，告知还剩下多久可以传完文件、所接收的文件名称、由谁传送该文件、文件大小等信息。

传送完毕后，也会告知传送成功。单击“结束”按钮，关闭窗口，或单击“打开”按钮直接打开该文件，还可以单击“删除”按钮以删除该文件。

也可以接收文件之后，再通过“工具”→“文件传送”→“打开 Received File 资料夹”选项，来处理所接收到的文件。文件将存于“C:\Program Files\NetMeeting\Received Files”文件夹中。

（3）召开网络会议。NetMeeting 可以让身处异地的人们轻松进行会议，还可以指定会议主持人来负责整个会议的进程，如果想成为会议主持人，可以进行如下操作：

1）单击“呼叫”菜单，选择“主持会议”。

2）在窗口里设置会议的名称、密码、安全性、呼叫性质，以及可使用的会议工具。参加会议非常简单，直接呼叫主持人，或者由主持人呼叫被邀请人都可以。

进入会议后，单击“聊天”按钮将自动在你和与会人员屏幕上打开聊天窗口。在“消息”栏里可以输入需要发送的信息，然后单击旁边的“发送信息”按钮，就可以将信息发送到聊天窗口中。聊天窗口中的信息可以是发给每一个人，也可以是发给指定的人，这决定于用户在“发送给”栏中的选择。

（4）电子白板方便实用。在 NetMeeting 的主窗口单击“白板”按钮即可打开本机和通话参与者机器上的白板窗口。电子白板是 NetMeeting 的一个显著功能，它允许与会人员中的每个人同时在电子白板屏幕中绘制图形、插入图片或输入文字等，并可以使用荧光笔和远程指示工具进行强调，而且可以将其他程序窗口或当前屏幕上显示的任意区域截取到电子白板中，然后利用白板和各种工具对其进行图解说明，相当于教学用的黑板。

（5）抓图和贴图。开启白板后要将白板最大化，以免遮住其他的应用程序。单击“选择区域”按钮，或是选择“工具”→“选择区域”选项，鼠标将会变成相机及十字型“+”的游标，白板将会最小化，按下鼠标左键不放，再移动鼠标，将会出现一个虚线方块，表示要抓下该区域的画面。然后，松开鼠标按键，将自动抓下图形并贴到白板内。

可以重复这些步骤，多抓几页画面，并贴到白板内，再编成画簿。视窗下方可看出共有几张图形，目前是第几张，可以直接按左右键以翻阅此画簿。

（6）远程桌面共享。远程桌面共享可以说是 NetMeeting 最强大的功能，在家办公时，利用 NetMeeting 的远程桌面共享功能将可以遥控办公室的计算机，让你如同在办公室一样。

1）单击 NetMeeting 主窗口的“工具”菜单，在弹出的下拉菜单中选择“远程桌面共享工具”后弹出远程桌面共享向导窗口。因为远程桌面共享使得他人对计算机可以有完全控制权，所以安全性的设置就显得非常重要。

2）单击“下一步”按钮后会弹出屏幕保护程序设置对话框，设置完毕后，远程桌面共享程序就设置完毕，这时在桌面任务栏会出现远程桌面共享按钮，用户可以在网上通过 NetMeeting 呼叫运行远程桌面共享服务的计算机，然后访问该计算机的共享桌面。一旦连接，呼叫主机计算机就可以操作访问的远程主机的共享桌面和任何程序。

进入会议后，可与对方进行语音对话，同时也可以进行文字交谈。进行文字交谈的操作方法非常简单，只需单击 NetMeeting 窗口中的“聊天”按钮或选择“工具”→“聊天”命令，打开聊天窗口，在“消息”文本框区输入要发送的文字信息，然后在“发送给”下拉列表框中选择要发送的对象（如果只建立了一个呼叫对象，则不必选择），再单击按钮，输入的文字信息就会显示在上方的交谈记录窗格中，如同在 QQ 的聊天模式下聊天一样。

3. NetMeeting 工具按钮说明

在 NetMeeting 中有很多工具按钮。下面它们进行简要说明。

（1）目录部分。NetMeeting 目录部分工具按钮如图 7.36 所示。

图 7.36 目录部分工具栏

其功能简介如下：

呼叫：呼叫对方，进行通话（可从目录页中双击呼叫）。

挂断：挂断目前的通话，或是拒绝别人的 Call In 电话。

停止：停止下载目录人名。

刷新：下载线上人名。

属性：以详细清单方式，显示参与通话的人名。

快速拨号：开启快速拨号电话簿，可以直接拨号，而不通过线上目录。

发送邮件：开启电子邮件软件，以传送电子邮件。

（2）当前会议部分。NetMeeting 当前会议部分工具按钮如图 7.37 所示。

图 7.37 当前会议工具栏

其功能简介如下：

共享：加入使用某个共享软件。

白板：开启白板视窗，以共享图形资料。

交谈：开启文字交谈视窗。

切换：将声音或影像切换到另一通话方。

协作：在会议期间，无须在每台计算机上安装软件即可共同创建文档、电子表格或其他文件，参与共享的人员可以共同协作完成某个项目。

（3）NetMeeting 音频调节栏 NetMeeting 音频调节栏如图 7.38 所示。

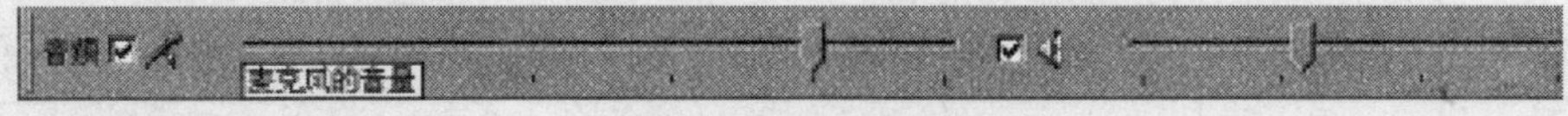

图 7.38　音频调节栏

其功能简介如下：

麦克风音量：麦克风录制声音开关及音量调整。

喇叭音量：喇叭音箱声音开关及音量调整。

实训：

1. 练习 NetMeeting 的配置和使用。
2. 注册 KC 号码，拨打网络电话。

7.5　网络聊天与网络寻呼

Internet 最基础的应用就是信息的交流，QQ 与 UC 等聊天工具以及网上聊天室满足了人们交流信息的需求，熟练掌握聊天工具及聊天室的使用方法，可以为生活和工作带来极大的便利。

网上聊天的内容很多，也很容易上瘾，但许多人实际上言之无物。为了轻松可以聊聊，不然还是别浪费时间，应尽量找到水准较高、对人有益的聊天室和聊友。打字速度要快，否则许多人都会不耐烦。当然随着技术的发展，声音视频对话将成为主流，那些为键盘所困的用户就可以开心畅谈了。

7.5.1　网络聊天及其种类

Internet 为网民提供了许多聊天方式，手握鼠标就能与世界各地的人们进行交流。下面介绍几种常见的聊天方式。

1. 使用专门的聊天软件

用户通过软件或者特定的网页建立和某个同时在使用 Internet 的用户之间的直接联系，就像电话线连接交谈的双方。专门的软件中比较早的是 ICQ（I Seek You，意为“我找到了你”），现在国产的软件也很多，都支持中文输入功能。表 7-4 中列出了常见的聊天软件与它们的特点比较。

2. 聊天室

聊天室（chatroom）是 Internet 上另一个重要的交流场所，它同样让用户可以和亲友、同事等通过 Internet 互相交谈。随着 Internet 技术的发展，聊天室的形式也发生了很大变化。目前，最常用的聊天室是基于浏览器的聊天室。用户进入一个聊天室，便可以主动和所有人交谈，也可以聆听别人的交谈。另外还有一些软件同时提供两种服务，供用户选择使用，例如现在流行的聊天软件 QQ、ET 等。

表 7-4 常见的聊天软件及其特点

软件名称	文本聊天	语音功能	视频功能	文件传输	特色功能
QQ	好	好	好	快	播放多媒体
MSN	好	好	好	一般	远程协助
网易泡泡	好	好	一般	快	大量免费短信
新浪 UC	好	一般	一般	一般	网络硬盘
雅虎通	好	一般	好	一般	聊天情景
MyIM	一般	无	无	一般	整合 QQ、MSN、雅虎通
TOM-Skype	一般	好	无	一般	网络电话
KC	好	好	有	一般	网络电话，整合 QQ、邮箱
E 话通	好	好	有	一般	可视聊天室

网络上的聊天网站非常多，表 7-5 中列出了国内使用比较多的聊天室以及它们的网址。

进入聊天室站点后，单击要进入的地区或左边的系统聊天室名称，再输入“昵称”，就可以进入聊天室聊天了。

表 7-5 国内经常使用的聊天室及网址

站名	网址	站名	网址
网易聊天室	Chat.163.com	无聊语音聊天室	www.51liao.com
集网聊天室	Chat.ebjet.com	喜聊语音聊天室	www.xiliao.com
新浪聊天室	Chat.sina.com.cn	聊聊语音聊天室	www.liaoliao.com
西陆聊天城	Chat.xilu.com	碧聊语音聊天室	Chat.yinsha.com
QQ 聊天室	Chat.qq.com	好聊语音聊天室	www.haoliao.net
263 聊天室	Chat.263.net.cn	真情互动聊天室	www.e573.net
Tom 聊天室	Chat.tom.com	雅虎聊天室	Cn.chat.yahoo.com
21cn 聊天室	Chat.21cn.com	中华网聊天室	Chat.china.com
碧海银沙聊天室	Chat.silversand.net	爱情俱乐部聊天室	www.mylc.com

在网上聊天时，一般需要进行用户注册，有些聊天室虽然允许不进行注册而以过客身份登录聊天，但注册用户可以享受更多的服务。

7.5.2 QQ 及其使用

QQ 是深圳腾讯公司开发的一款软件，可以在腾讯公司的网站（http://www.qq.com）免费下载，也可以在其他一些网站（如华军软件园）下载。QQ 的安装与大多数软件的安装方法相似，在此不再赘述。下面以最新版的 QQ2006bata 为例，着重讲解其使用方法。

1. QQ 的基本使用

（1）申请注册 QQ 号码。执行 QQ 程序，在登录界面中单击“申请号码”按钮，在弹出的如图 7.39 所示的“申请号码”窗口中选择申请免费 QQ 号码、QQ 行号码、靓号地带号码等需要的号码服务。

图 7.39　“申请号码”窗口

（2）登录 QQ。运行 QQ 出现如图 7.40 所示的“QQ 用户登录”窗口，输入 QQ 号码和密码单击“登录”按钮即可登录 QQ。

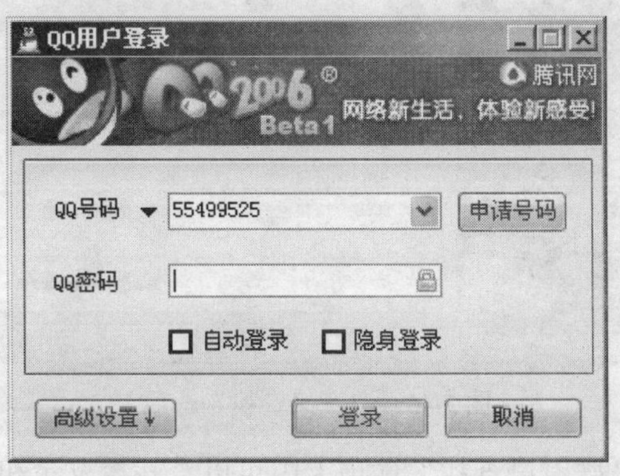

图 7.40　QQ 登录窗口

首次登录 QQ，为了保障信息安全，可在如图 7.41 所示的“请选择上网环境”对话框中选择相应的登录模式。

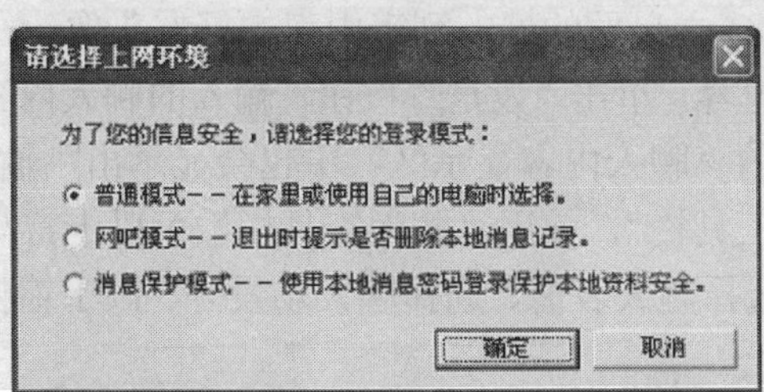

图 7.41　“请选择上网环境”对话框

（3）查找/添加 QQ 好友。新号码首次登录时，好友名单是空的，要和其他人联系，必须要先添加好友。单击 QQ 主界面中的“查找”按钮，出现如图 7.42 所示的“QQ2006 查找/添加好友”对话框，在“基本查找”选项卡中可以查看“看谁在线上”和当前在线人数。若知道对方的 QQ 号码、昵称或电子邮件，即可进行“精确查找”。

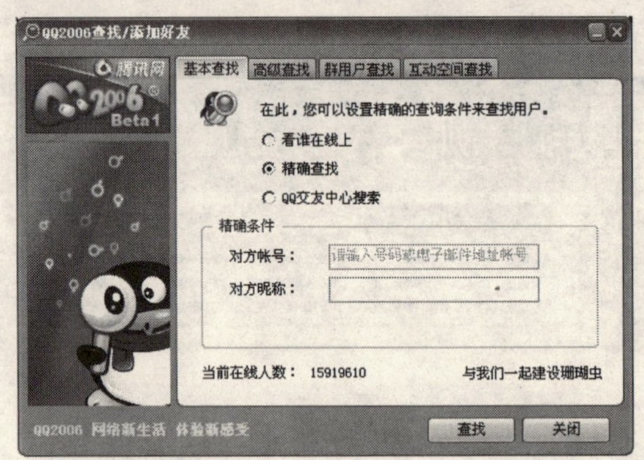

图 7.42 “添加好友”对话框

在如图 7.43 所示的“高级查找”选项卡中可以设置一个或多个查询条件来查询用户。可以自由选择组合“在线用户”、“有摄像头”、“省份”、“城市”等多个查询条件。

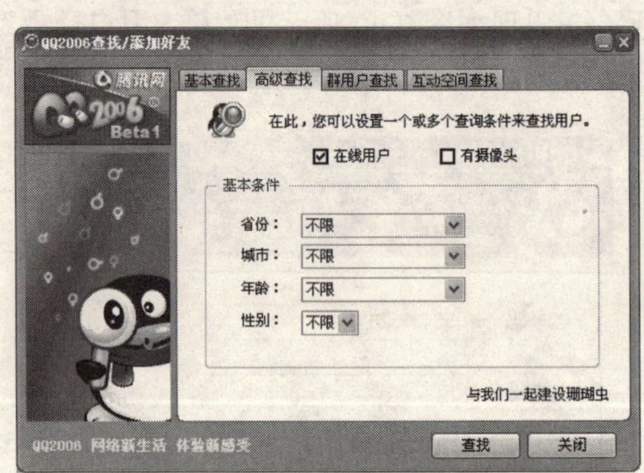

图 7.43 “高级查找”选项卡

在如图 7.44 所示的“群用户查找”选项卡中可以查找校友录和群用户。

当找到希望添加的好友时，选中该好友并单击“加为好友”按钮。如果对方设置了“身份验证的好友输入验证信息”则出现如图 7.45 所示的对话框。若对方通过验证，则添加好友成功。如果对方没有设置“身份验证的好友输入验证信息”则直接添加好友成功。

（4）文字聊天。在 QQ 主界面的好友列表中双击好友头像，在出现的聊天窗口的“聊天内容输入区”中输入聊天内容，单击“发送”按钮，输入的聊天内容即发送到好友的“聊天内容显示区”中（同时在你的“聊天内容显示区”中也会显示出刚输入的内容）。在 QQ“聊天窗口”还包含一个“聊天工具栏”，使用“聊天工具栏”可以丰富与好友聊天的内容，如：改变字体颜色、改变字号、选择聊天表情、选择聊天场景等。限于篇幅在这里不做详细介绍，请读者在使用过程中慢慢体会。

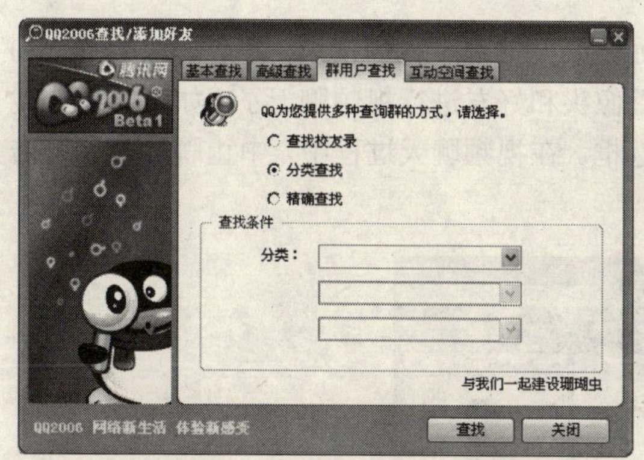

图 7.44　“群用户查找”选项卡

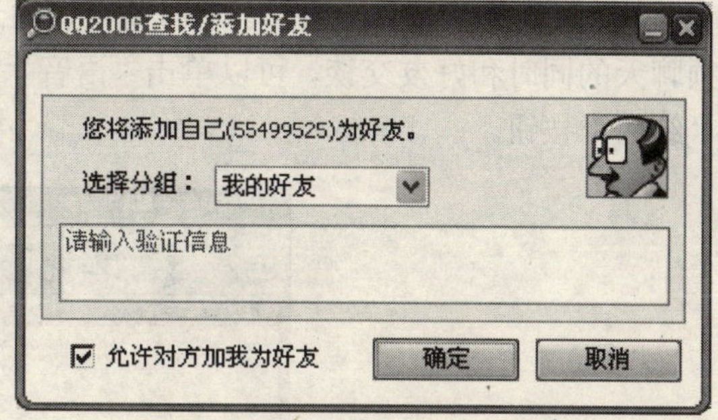

图 7.45　“添加好友”对话框

（5）语音/视频聊天。QQ2006 在文字聊天的基础上还支持语音/视频聊天,超级视频和超级语音下拉菜单分别如图 7.46 和图 7.47 所示。在聊天窗口中，单击“超级语音”→“超级语音”按钮，出现如图 7.48 所示的“请求语音聊天”窗口（如果中途不想和好友语音聊天了，可以单击“挂断”按钮中止等待）。如果好友接受了你的请求就可以通过耳麦和好友进行语音聊天了（和打电话类似）。

图 7.46　“视频聊天”菜单

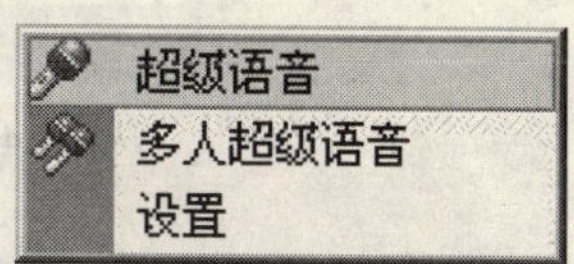

图 7.47　“语音聊天”菜单

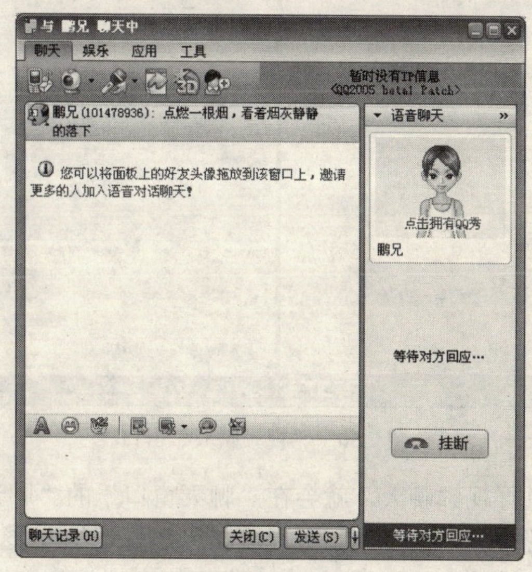

图 7.48　“请求语音聊天”窗口

如果好友请求和你进行语音聊天，就会出现如图 7.49 所示的“好友请求语音聊天”窗口，这时只要单击“接受”按钮就可以与好友进行语音聊天了。也可以选择“拒绝”按钮挂断电话。

QQ2006 有强大的视频聊天功能，在聊天窗口中，单击“视频聊天”按钮，出现如图 7.46 所示的下拉菜单，单击“超级视频”选项，出现“请求视频聊天”窗口（如果中途不想和好友视频聊天了，可以单击“取消”按钮中止邀请）。如果好友接受了你的请求，就会出现如图 7.50 所示的“视频聊天窗口”窗口。这时就可以通过摄像头和好友进行视频聊天了，如果想要在视频聊天的同时和好友交谈，可以单击“语音”复选框。在视频聊天过程中，中止聊天可以单击“结束”按钮。

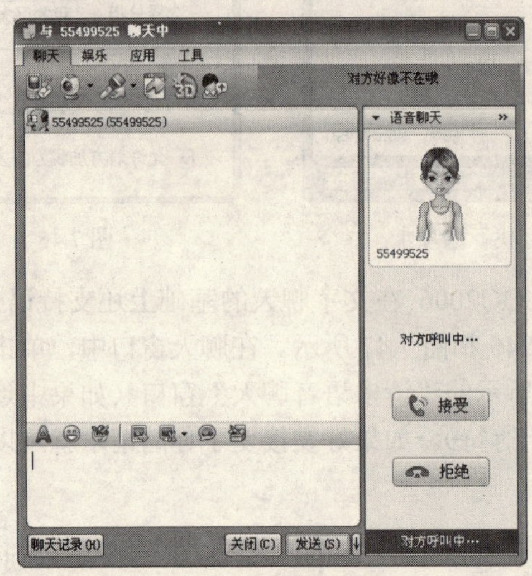

图 7.49 “好友请求语音聊天”窗口

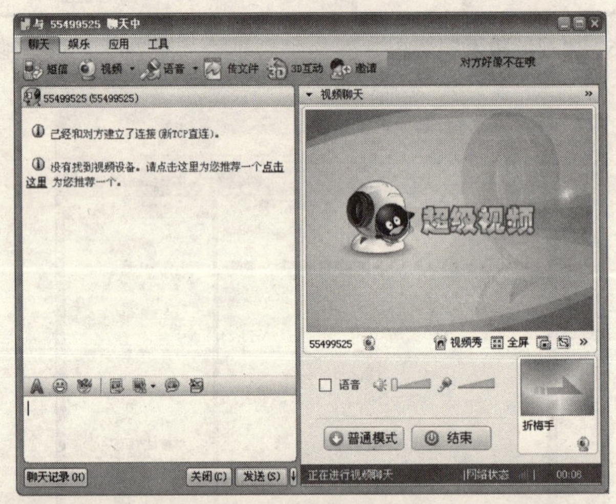

图 7.50 “视频聊天”窗口

如果好友请求和你进行视频聊天，就会在“聊天窗口”的“聊天内容显示区”中出现以下信息：“×××请求与您进行视频连接，您是要接受还是谢绝”，这时单击“接受”就可以进行视频聊天了，否则单击“谢绝”即可。

（6）使用“QQ 群”进行聊天。“QQ 群”是一组有着共同点的成员组成的团体，他们可以是一个班级的同学、一个单位的同事或有同一爱好的朋友。在“QQ 群”中，各个成员可以畅所欲言地谈天说地，使在地理上天各一方的成员一下缩短了距离，仿佛置身于同一个房间里一样。

在如图 7.44 所示的“QQ2006 查找/添加好友”对话框的“群用户查找”选项卡中，可以根据“查找条件”来进行 QQ 群的查找，查找到并加入 QQ 群之后，就可以与群中的好友进行交流了，如图 7.51 所示。

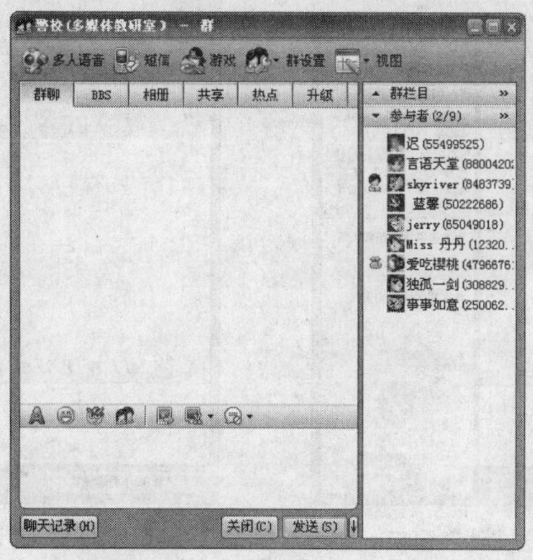

图 7.51　“群聊天”窗口

（7）发送文件。QQ2006 可以很方便地给在线的好友发送文件，在 QQ 主界面的好友列表中双击想要传送文件的好友头像，出现聊天窗口，在此窗口中单击“传送文件”→“发送文件”选项。出现如图 7.52 所示的“打开“对话框，在“打开”对话框中，选择所要发送的文件，单击“打开”按钮，等待好友接收该文件，如图 7.53 所示。

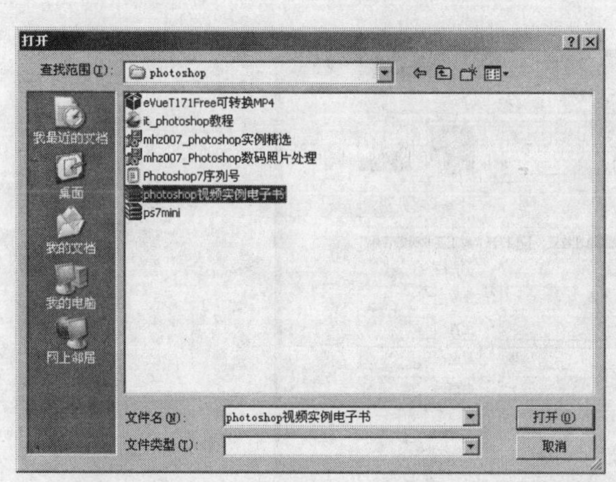

图 7.52　“打开”对话框

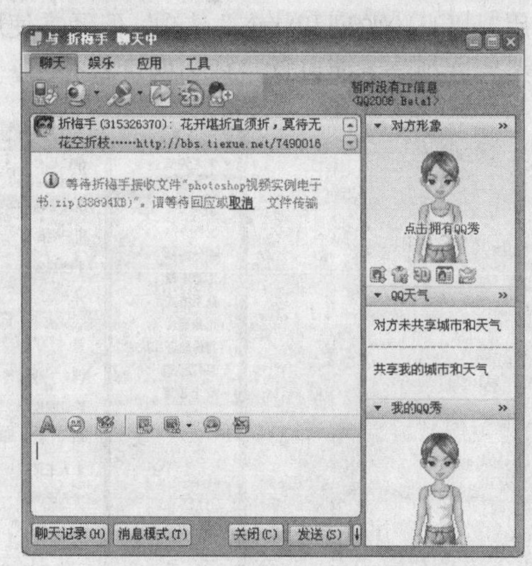

图 7.53　“发送文件”窗口

如果你的好友选择了“接收”文件，就会出现如图 7.54 所示的“正在传送文件”窗口。这时你只需要耐心等待，直到文件传送完毕。

当好友给你发送文件时，会出现如图 7.55 所示的“请求接收文件”窗口，在此窗口中，单击“接收”将文件保存在 QQ2006 默认的文件夹下；单击“另存为”弹出“另存为”对话框，可以选择保存的目标文件夹与文件名；单击“谢绝”不接收好友的文件传送请求。文件传送完毕会出现“文件已经保存到××目录下”的提示信息。

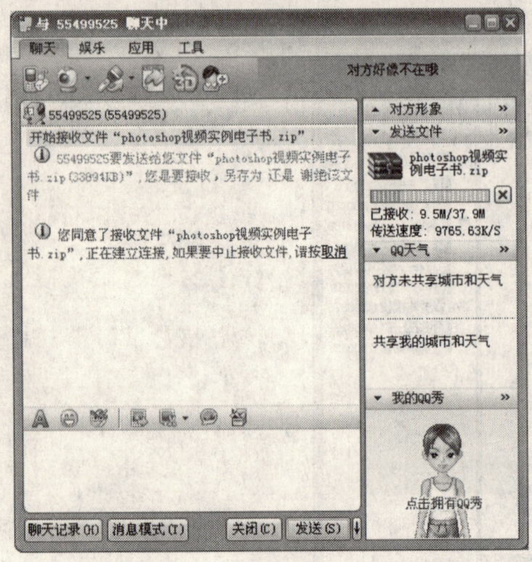
图 7.54 “正在传送文件”窗口

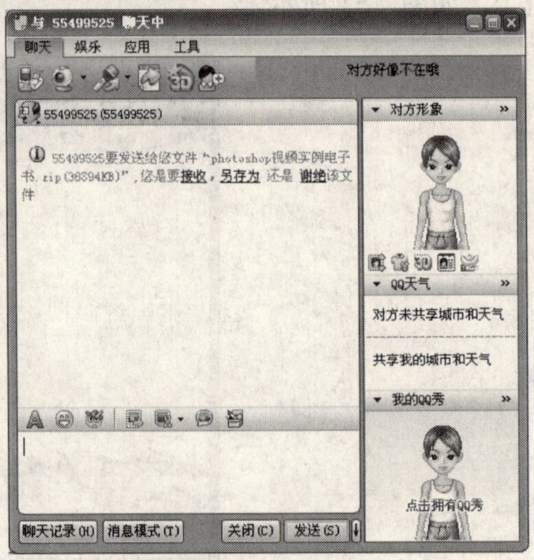
图 7.55 “请求接收文件”窗口

2. 个人设置

在 QQ 中“个人设置”主要是设置个人资料等信息，它的作用是使网络上的 QQ 好友对你有一个初步的了解，还可以通过“个人设置”来防止陌生人打扰你等。打开 QQ 主窗口中的“菜单”，单击“个人设置”，出现如图 7.56 所示的“QQ2006 设置”窗口。其中“个人设置”选项卡中有“个人资料”、“QQ 秀”、“3D 秀”、“宠物资料”、“网游资料”、“联系方式”、“形象照片”、“身份验证和状态”选项，但经常使用的就是“个人资料”、“联系方式”、“身份验证和状态”三项。下面以这三项为例进行介绍。

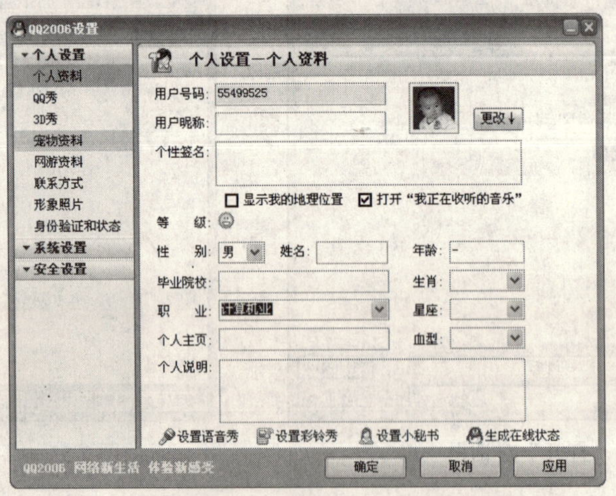
图 7.56 “个人资料”窗口

（1）个人资料。在“个人设置”选项卡中单击“个人资料”，出现“个人资料”窗口，如图 7.56 所示。在此窗口中可以填写个人信息。例如：用户昵称、个性签名、性别、姓名、年龄等。

“个人资料”设置项中的各项在网络上可以看到，这样就可以在网络上将自己的信息告诉网友了。但这些信息有时是需要保密的，因为人们大都不想把自己的隐私告诉给陌生人。

（2）联系方式。在“个人设置”选项卡中单击“联系方式”，出现“联系方式”窗口，如图 7.57 所示。在“联系方式”窗口中可以设定“国家/地区”、“省份”、“城市”、“邮政编码”等信息。其中的私人联系方式可以设定为“完全公开”、“仅好友可见”、“完全保密”三种模式。

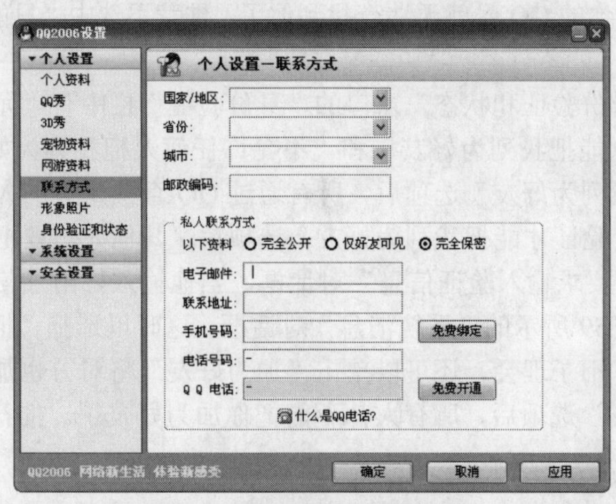

图 7.57　“联系方式”窗口

- 设定为“完全公开”模式时，QQ 好友和陌生人在查看你的资料时都可以看到你设定的“私人联系方式”。
- 设定为“仅好友可见”模式时，QQ 好友查看你的资料时可以看到你设定的“私人联系方式”，陌生人查看你的私人资料时就不能看到你设定的“私人联系方式”了。
- 设定为“完全保密”时，所有人在查看你的资料时都不能看到你设定的“私人联系方式”。

（3）身份验证和状态。在“个人设置”选项卡中单击“身份验证和状态”，出现“身份验证和状态”窗口，如图 7.58 所示。在“身份验证和状态”窗口中可以设置“状态提示”、“防打扰”、“身份验证”等信息。

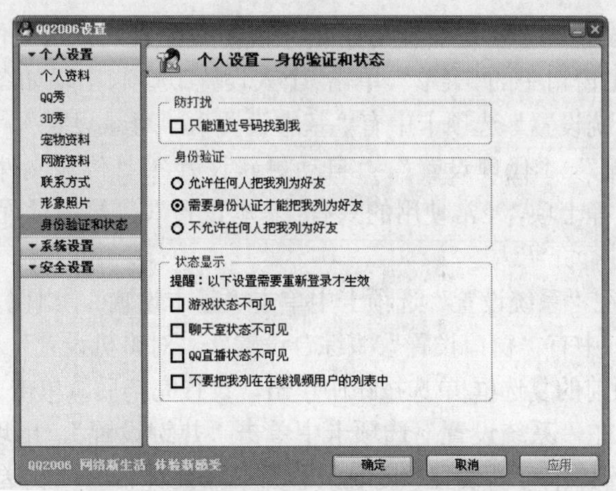

图 7.58　“身份验证和状态”窗口

1）状态提示。在“状态提示”栏中有“游戏状态不可见”，“聊天室状态不可见”、“QQ 直播状态不可见”和“不要把我列在在线视频用户列表里”四个复选框，通过对这些状态的设置可以调整用户在线时好友可见的状态。

2）防打扰。打开“身份验证和状态”窗口，单击“防打扰”栏中的“只能通过号码找到我”复选框，然后单击“确定”按钮即可完成“防打扰”模式的设定。设置好“防打扰”选项后，其他人如果不知道你的 QQ 号就无法查找到你了。推荐不选中“只能通过号码找到我”复选框。

3）身份验证。“身份验证和状态”窗口的“身份验证”栏中有“允许任何人把我列为好友”、“需要身份验证才能把我列为好友”和“不允许任何人把我列为好友”三个单选按钮。选中“允许任何人把我列为好友”选项后，所有通过 QQ 查找到你的人都可以直接把你加为好友；选中“需要身份验证才能把我列为好友”选项后，其他人想要把你加为好友时就会弹出如图 7.45 所示的“要求输入验证信息”对话框，当他输入好附加信息并发送过来之后，你的 QQ 将弹出如图 7.59 所示的“系统消息”对话框，这时以选择“拒绝”、“接受请求”或者单击“关闭”按钮，不予理会，还可以单击“加为好友”将对方也加为好友；选中“不允许任何人把我列为好友”选项后，所有人都不能把你加为好友了。推荐选中“需要身份验证才能把我列为好友”。

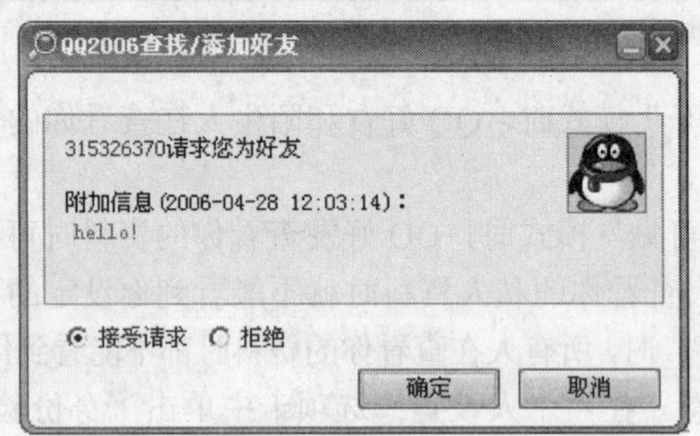

图 7.59　被添加好友时显示的窗口

3. 系统设置

在 QQ 中“系统设置”主要是设置 QQ 的系统参数，它的作用是使你可以更方便地使用 QQ 的功能。打开 QQ 主窗口中的“菜单”，单击“个人设置”选项，出现如图 7.60 所示的“QQ2006 设置”窗口。其中“系统设置”选项卡中有“基本设置”、“登录设置”、“热键设置”、“声音设置”、“状态转化和回复”、“代理设置”、“自动更新设置”、“传输文件设置”、“超级视频设置”、“影片截图设置”等十项，经常使用的只有“基本设置”、“热键设置”、“状态转化和回复”三项。下面对这三项进行介绍。

（1）基本设置。在“系统设置”选项卡中单击“基本设置”，出现“基本设置”窗口，如图 7.60 所示。在此窗口中有“窗口设置”、“综合设置”、“对讲机设置”三项，只要根据自己的需要在需要设置的选项前的复选框/单选按钮中单击，设置完毕后，单击“确定”按钮即可。

（2）热键设置。在“系统设置”选项卡中单击“热键设置”，出现“热键设置”窗口，如图 7.61 所示。在此窗口中可以设置“提取消息”、“捕捉屏幕”、“发送消息”、“对讲机发言”这四个功能的热键，而且每种功能都有默认的热键，如果需要自己定义热键则单击对应的“使用热键”单选按钮，然后在其后面的文本中输入热键即可。

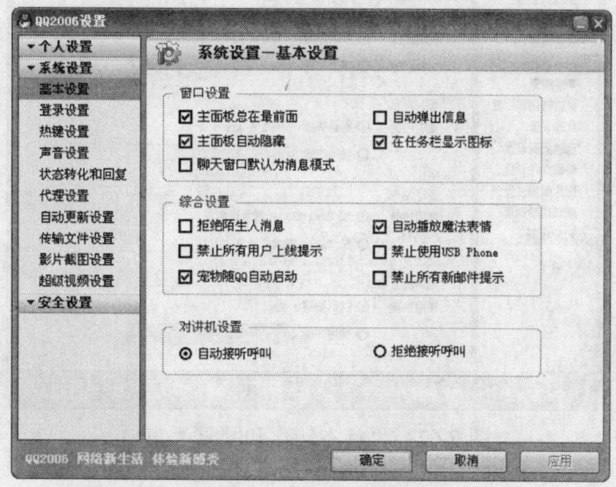

图 7.60　“基本设置”窗口

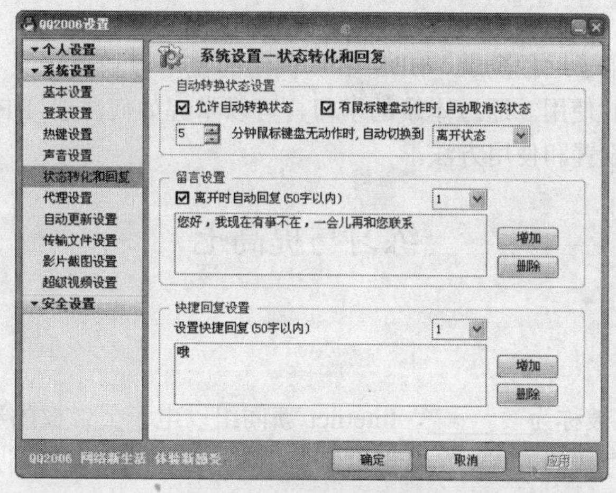

图 7.61　“热键设置”窗口

（3）状态转化和回复。在“系统设置”选项卡中单击“状态转化和回复”，出现“状态转化和回复”窗口，如图 7.62 所示。在此窗口中可以设置“自动转换状态设置”、“留言设置（自动回复）”、“快捷回复设置”三项。在“自动转换状态设置”栏中可以设置“允许自动转换状态”、“有鼠标键盘动作时，自动取消该状态”、“每隔*分钟鼠标键盘无动作时自动切换到*状态”。在“留言设置（自动回复）”栏中可以设置一些当你不在时对别人发信息的回复。在“快捷回复设置”栏中可以设置一些常用的语句，以便减少聊天时文字的录入，加快聊天速度。

实训：

1. 使用 QQ2006 申请一个 QQ 号码。
2. 在 QQ2006 中设置每隔 10 分钟鼠标键盘无动作时自动切换到离开状态。

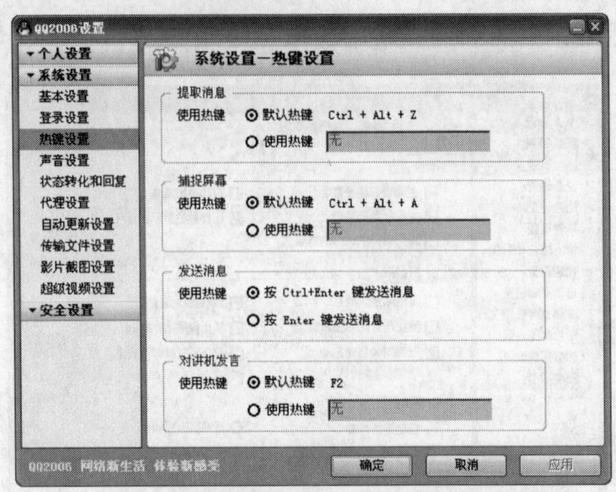

图 7.62 “状态转化和回复“窗口

本章小结

本章首先简要介绍了远程登录、BBS 和新闻组的使用等基础知识，然后详细讲解了网络电话和网络聊天软件的使用。通过本章的学习，可以掌握如何注册 BBS 账户，KC、QQ 和 NetMeeting 等软件的设置和使用方法。

练习与提高七

一、填空题

1．新闻组有时也被称为______，Internet 新闻组以电子公告板的形式提供服务，参与者可以利用这种快速而有效的方式，发布学术信息、政治经济大事、新闻热点、共同话题以及各种商业信息等。

2．Telnet（远程登录），就是用于从一个互联网站点登录到另一个站点的程序或命令。一个 Telnet______或______，可以将你带到另一台主机的登录提示界面上。

3．BBS 是英文 Bulletin Board System 的缩写，即______，它是一种远程交流方式的手段。在 BBS 中设立了许多讨论组，每个讨论组集中讨论一个特定的话题。

二、选择题

1．下列不属于 QQ 私人联系方式的是（ ）。

A．完全公开　　B．仅好友可见　　C．完全保密　　D．部分保密

2．下面（ ）不是 IP 电话的三种类型之一。

A．PC 到 PC　　B．PC 到电话　　C．电话到电话　　D．电话到 PC

三、简答题

1．Telnet 的基本应用有哪些?

2．NetMeeting 有哪两种使用方式？

3．BBS 的主要功能有哪些?

四、实践题

1．以 WWW 方式访问人民网的强国论坛，并为自己注册一个用户名。

2．应用自己的用户名登录，并浏览和回复他人的贴子。

3．使用自己的用户名发表文章，吸引大家参与讨论。

第 8 章　综合实训

本章主要介绍 Internet 几个基本应用的综合实训，既规定每个实训的要求，又详细介绍实训的每一个具体训练项目。

本章实训目标：

- E-mail 软件的安装与应用
- WWW 浏览器的安装与应用
- Web 服务器的安装与配置
- 个人主页的制作与上传

实训 1　E-mail 软件的安装与应用

实训内容：

（1）申请并使用一个免费的 E-mail 信箱。

（2）安装 E-mail 客户软件 Outlook Express。

（3）设置客户软件 Outlook Express。

（4）用 Outlook Express 收发并管理电子邮件。

实训要求：

（1）掌握 E-mail 信箱的申请、电子邮件的收发与管理。

（2）掌握 Outlook Express 软件的使用与配置。

任务一　免费 E-mail 信箱的申请

Internet 中的免费 E-mail 信箱有很多，可以到不同的网站申请，主要有搜狐（sohu.com）、新浪（sina.com.cn）、163（www.163.com）等。下面就以在 163 网站申请 E-mail 信箱为例进行实训。

步骤：

（1）单击桌面的上的 IE 浏览器图标，打开浏览器，在地址栏输入 http://www.163.com 进入 163 网站。

（2）在主页导航栏中单击“免费邮箱”进入 mail.163.com 页，在该页中单击“申请免费邮箱”按钮。

（3）按向导提示进行每步操作，如果最后没发现错误，则单击最后页面中的“完成”按钮，此时将出现信箱注册成功的页面。到此信箱申请完成。

任务二　163 信箱的使用

信箱申请成功之后，系统就为用户分配了一个 E-mail 地址。地址为用户名加@163.com，而用户名是在申请过程中输入的用户名，如用户名为 pdll2006，则用户的 E-mail 地址就是 pdll2006@163.com。

训练项目：

（1）收邮件。

（2）发邮件。

（3）在发送的邮件中添加附件。

任务三　163 信箱的高级配置

163 信箱还提供了较多的有用功能，配置好这些功能可以为使用电子信箱带来更多的方便。

训练项目：

（1）通讯录设置。

（2）密码修改。

（3）签名。

（4）自动转发与自动回复。

（5）反垃圾功能。

（6）反病毒功能。

（7）高级搜索。

（8）个人资料修改。

（9）我的相册。

任务四　E-mail 客户端软件 Outlook Express 的安装与使用

Outlook Express 是一个收发电子邮件的客户端软件，使用该软件可以直接收发电子邮件，并可以脱机阅读，为用户节省了大量的在线时间。

训练项目：

（1）Outlook Express 的安装。

（2）Outlook Express 的配置。

（3）Outlook Express 的使用。

实训 2　WWW 浏览器的安装与应用

实训内容：

（1）使用 Internet Explorer 浏览给定网站，熟悉浏览器的使用。

（2）Internet Explorer 的使用与常规选项配置。

（3）通过搜索引擎新浪（sina.com.cn）搜索给定信息。

实训要求：

（1）掌握 WWW 浏览器软件 Internet Explorer 的使用。

（2）掌握 Internet Explorer 的使用与常规选项配置。

（3）熟练应用浏览器查找所需信息。

任务一　Internet Explorer 的使用

步骤：

（1）双击桌面上的 IE 图标，打开浏览器。

（2）在 IE 地址栏输入给定网站地址。

（3）打开网站主页。

任务二　Internet Explorer 的常规选项设置

在使用 Internet Explorer 前应该对其常规选项进行设置。常规选项内容分为主页、Internet 临时文件、历史记录。

训练项目：

（1）设置主页。

- 使用当前页。
- 使用默认页。
- 使用空白页。

（2）处理 Internet 临时文件。

（3）设置历史记录保留天数。

任务三　利用搜索引擎查找给定信息

以新浪网站为例，利用搜索引擎查找所需要的信息。

步骤：

（1）单击桌面上的 IE 浏览器图标，打开浏览器，在地址栏输入 http://www.sina.com.cn 进入新浪网站主页。

（2）在主页导航栏中单击“搜索”进入 http://cha.iask.com/页，根据所要查找信息的分类，单击相应的选项卡。

（3）在搜索栏内输入要查找的信息，单击“搜索”。

实训 3　Web 服务器的安装与配置

实训内容：

（1）在 Windows XP 系统上安装 IIS Web 服务器软件。

（2）根据实际情况对软件进行配置。

实训要求：

掌握 IIS 的管理和配置。

任务一　安装 IIS

由于 Windows XP 操作系统的普及，并且它也支持 IIS 功能，所以在此操作系统上练习安装和配置 IIS 有实际应用意义。

步骤：

（1）在 Windows XP 中选择“开始”→“设置”，打开“控制面板”，选择“添加和删除程序”。

（2）选择“添加和删除 Windows 组件”，在弹出向导中选择“Internet 信息服务（IIS）”，确认后，提示插入光盘，完成。

任务二　IIS 的基本配置

步骤：

（1）在 Windows XP 中选择“开始”→“控制面板”，打开“控制面板”。

（2）单击“性能和维护”，打开“性能维护”对话框。

（3）单击打开“管理工具”窗口，查看是否有“Internet 信息服务”图标。

（4）双击“Internet 信息服务”图标，打开“Internet 信息服务”窗口。

（5）用鼠标右击“默认网站”，在下拉菜单中选择“属性”，打开“默认网站属性”对话框。

（6）练习各种属性的配置。

任务三　IIS 的高级配置和管理

IIS 还提供了较多的有用功能，根据需要配置好这些功能。

训练项目：

（1）配置 HTTP 首部。

（2）配置自定义错误。

（3）配置服务器扩展。

（4）配置网站。

（5）配置 ISAPI 筛选器。

（6）配置主目录。

（7）配置文档。

（8）配置目录安全性。

任务四　FTP 站点的配置

为了建立一个 FTP 站点，应在安装 IIS 时选择 FTP Server 服务，然后按下面的项目建立一个 FTP 站点的目录结构。

训练项目：

（1）FTP 站点的建立。

（2）FTP 属性的配置。

- FTP 站点。
- 安全账户。
- 信息。
- 主目录。
- 目录安全。

实训 4　个人主页的制作与上传

实训内容：

（1）利用现有素材文本编辑软件，用 HTML 语言编写一个个人主页。

（2）申请免费的个人空间。

（3）上传个人主页。

实训要求：

（1）掌握建立简单的个人主页。

（2）掌握 ftp 软件的安装及使用。

任务一　简单个人主页的制作

由于 HTML 文件与文本文件没有什么不同，可以用各种普通的文本编辑器进行编辑，用 Windows 自带的记事本编辑即可。

步骤：

（1）打开记事本。

（2）输入 html 格式代码。

（3）选择“文件”菜单下的“另存为”命令，类型选择“所有文件”，保存为扩展名为.htm 或.html 的文件（例如，index.htm）。

任务二　免费个人空间的申请

随着 Internet 的发展，用户在 Internet 中也可以有自己的空间，现在因特网上免费的空间有许多，可以利用搜索引擎按下面的方法进行查找：先找到提供免费主页的网站，再选择个人空间的种类，最后申请空间。例如，可以在 www.xinwen365.com 申请免费的个人空间。

步骤：

（1）输入网址，按提示输入相应的信息。

（2）填写必要的信息内容，如下示例的内容：

- ftp 服务器地址：222.47.183.72。
- ftp 服务器端口：21。
- ftp 服务器账号：qian2006。
- ftp 服务器密码：123456。

（3）现在申请的个人空间就是 www.qian2006.xinwen365.com。

任务三　个人主页上传

有了个人的主页和空间，下一步就是上传到服务器上。

训练项目：

（1）Web 上传。

（2）FTP 上传。

（3）WebFtp 上传。

针对本例中提到的网站，可以查到相应用法的具体操作步骤。

任务四　CuteFTP 软件的简单使用

了解 CuteFTP 软件的界面，其主程序由菜单栏、常用工具栏、工作区组成。菜单有 8 个，工具栏有 18 个按钮，工作区包括状态区、本地文件区、远程 ftp、站点文件区、上下载文件队列。此类软件的使用主要是进入界面后，配置好相应服务器的地址、端口、用户名、密码，连到服务器后选择相应的文件进行上传或下载。

训练项目：

（1）启动。

（2）配置。

（3）连接站点。

（4）上传、下载。

（5）查看。

参考文献

[1] 陈强，叶兵，朱玉娥．Internet 应用教程（第二版）．北京：清华大学出版社，2005
[2] 张剑平．Internet 和 Intranet 应用．北京：中国广播电视大学出版社，2001
[3] 刘瑞挺．全国计算机等级考试三级教程网络技术．北京：高等教育出版社，2004
[4] 谢希仁．计算机网络（第 4 版）．北京：电子工业出版社，2003
[5] 杜煜，姚鸿．计算机网络基础．北京：人民邮电出版社，2002
[6] 袁家政．计算机网络．西安：西安电子科技大学出版社，2001
[7] 李健等．网络互连技术教程．北京：人民邮电出版社，2002
[8] 黄燕．计算机网络教程．北京：人民邮电出版社，2004
[9] 李腊元，李春林．计算机网络技术（第 2 版）．北京：国防工业出版社，2002
[10] 刘洪忆，孟祥谦．Windows Server 2003 企业架构手册．北京：中国青年出版社，2004
[11] 刘晓辉．Windows Server 2003 服务器搭建、配置与管理．北京：中国水利水电出版社，2004
[12] 袁博，赵越．Windows Server 2003 局域网组建与配置手册．北京：中国青年出版社，2004
[13] 钟小平，张金石．网络服务器配置与应用（第 2 版）．北京：人民邮电出版社，2004
[14] 王洪，贾卓生，唐宏．计算机网络应用教程．北京：机械工业出版社，2003
[15] 王凤光，杨晓辉．计算机网络．北京：中国铁道出版社，2005
[16] 李畅．计算机网络实用教程．北京：中国铁道出版社，2005
[17] 孙印杰，商信华，李永波．Internet 技术及应用教程．北京：电子工业出版社，2006